중학 연산의 빅데이터

빅터 연산

중학 연산의 **빅데이터**

빅터 연산

3-B

3-A

구성과 특징

STRUCTURE

STEP 1

01 일차방정식의 뜻과 해 Feedback

정답과 해설 | 2쪽

❶ 일차방정식 : 방정식에서 우변의 모든 항을 좌변으로 이항하여 정리하였을 때, (x에 대한 일차식)$=0$의 꼴로 나타내어지는 방정식을 x에 대한 일차방정식이라 한다.
❷ 방정식의 해(근) : 방정식을 참이 되게 하는 미지수의 값
❸ 방정식을 푼다 : 방정식의 해를 구하는 것

주의 일차방정식의 해는 1개이다.

○ 다음 중 일차방정식인 것에는 ○표, 아닌 것에는 ×표를 하시오.

1-1 $2x+1$ ( ) **1-2** $-3x+5=0$ ( )

2-1 $x+1>0$ ( ) **2-2** $y=-x+1$ ( )

3-1 $3(x+2)+1=2x+5$ ( ) **3-2** $x(x+5)=x^2-2$ ( )

○ 다음 일차방정식을 푸시오.

4-1 $3x+5=x-3$ ______ **4-2** $2x-4=5x-10$ ______

5-1 $4x+2=-2x+14$ ______ **5-2** $7-2x=3x-13$ ______

핵심 체크

$2x-4$ ➡ 일차식, $2x-4=0$ ➡ 일차방정식, $2x-4>0$ ➡ 일차부등식, $y=2x-4$ ➡ 일차함수

02 이차방정식의 뜻

정답과 해설 | 2쪽

이차방정식 : 등식에서 우변의 모든 항을 좌변으로 이항하여 정리한 식이 (x에 대한 이차식)$=0$의 꼴로 나타내어지는 방정식을 x에 대한 이차방정식이라 한다.

$ax^2+bx+c=0$ (단, a, b, c는 상수, $a\neq0$)

참고 이차방정식이 되려면 반드시 (이차항의 계수)$\neq0$이어야 한다.

$x^2-x=2$
이항
$x^2-x-2=0$
이차식
→ 이차방정식

○ 다음은 등식에서 이항을 이용하여 식을 정리한 것이다. □ 안에 알맞은 것을 써넣으시오.

1-1 $x^2=(x+2)(5-x)$
➡ $x^2=-x^2+\square x+10$
$\therefore \square x^2-\square x-10=0$

1-2 $(x-1)^2+2x=3$ ➡ $x^2-\square=0$

2-1 $(x-3)(2x+2)=3$ ➡ $2x^2-\square x-\square=0$

2-2 $x(x-3)-3x=3(x+3)(x-2)$
➡ $2x^2+\square x-\square=0$

○ 다음 중 이차방정식인 것에는 ○표, 아닌 것에는 × 표를 하시오.

3-1 $2x^2-3x-8$ ( ) **3-2** $x^2-2x=-1$ ( )

4-1 $4x-1=2(x+1)$ ( ) **4-2** $-2x^2=0$ ( )

5-1 $5x^2+x=-2x+3$ ( ) **5-2** $x^3+10x=7x^2+x^3$ ( )

핵심 체크

이차항이 보인다고 이차방정식이라고 생각하면 안 된다. 반드시 우변의 모든 항을 좌변으로 이항하여 간단히 정리하였을 때, (이차식)$=0$인지 확인한다.

STEP 1 개념 정리 & 연산 반복 학습

주제별로 반드시 알아야 할 기본 개념과 원리가 자세히 설명되어 있습니다.
연산의 원리를 쉽고 재미있게 이해하도록 하였습니다.
가장 기본적인 문제를 반복적으로 풀어 개념을 확실하게 이해하도록 하였습니다.
핵심 체크 코너에서 개념을 다시 한번 되짚어 주고 틀리기 쉬운 예를 제시하였습니다.

STEP 2 1. 이차방정식

기본연산 집중연습 | 01~04

o 다음 중 이차방정식인 것에는 ○표, 아닌 것에는 ×표를 하시오.

1-1 $\frac{1}{2}x^2=0$ ( ) 1-2 $3x^2+x-10$ ( )

1-3 $2x+3=0$ ( ) 1-4 $(x+1)(x-4)=0$ ( )

1-5 $x^2+10=(x-1)^2$ ( ) 1-6 $2x+1$ ( )

1-7 $2x(x-1)=x^2+3$ ( ) 1-8 $x^2+2x+1=0$ ( )

1-9 $(x-1)(x+1)=x^2$ ( ) 1-10 $x^3-1=x(x^2-1)+x^2$ ( )

1-11 $x^2=-(x-1)^2$ ( ) 1-12 $x^2+4x-1=x+x^2$ ( )

o x의 값이 $-2, -1, 0, 1, 2$일 때, 다음 이차방정식의 해를 구하시오.

2-1 $x^2-x=0$ 2-2 $2x^2-4x=0$

2-3 $x^2-x-6=0$ 2-4 $x^2-x-2=0$

핵심 체크

① x에 대한 이차방정식 : $ax^2+bx+c=0$(a, b, c는 상수, $a\neq0$)의 꼴로 나타내어지는 방정식

12 | 1. 이차방정식

STEP 2 기본연산 집중연습

다양한 형태의 문제로 쉽고 재미있게 연산을 학습하면서
실력을 쌓을 수 있도록 구성하였습니다.

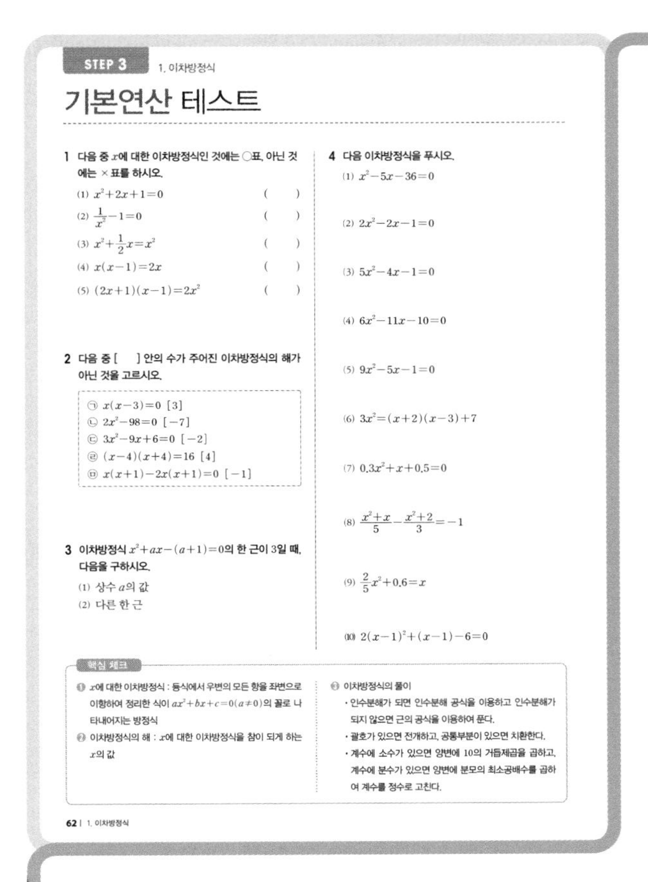
STEP 3 1. 이차방정식

기본연산 테스트

1 다음 중 x에 대한 이차방정식인 것에는 ○표, 아닌 것에는 × 표를 하시오.

(1) $x^2+2x+1=0$ ( )

(2) $\frac{1}{x^2}-1=0$ ( )

(3) $x^2+\frac{1}{2}x=x^2$ ( )

(4) $x(x-1)=2x$ ( )

(5) $(2x+1)(x-1)=2x^2$ ( )

2 다음 중 [ ] 안의 수가 주어진 이차방정식의 해가 아닌 것을 고르시오.

㉠ $x(x-3)=0$ [3]
㉡ $2x^2-98=0$ [−7]
㉢ $3x^2-9x+6=0$ [−2]
㉣ $(x-4)(x+4)=16$ [4]
㉤ $x(x+1)-2x(x+1)=0$ [−1]

3 이차방정식 $x^2+ax-(a+1)=0$의 한 근이 3일 때, 다음을 구하시오.

(1) 상수 a의 값
(2) 다른 한 근

4 다음 이차방정식을 푸시오.

(1) $x^2-5x-36=0$

(2) $2x^2-2x-1=0$

(3) $5x^2-4x-1=0$

(4) $6x^2-11x-10=0$

(5) $9x^2-5x-1=0$

(6) $3x^2=(x+2)(x-3)+7$

(7) $0.3x^2+x+0.5=0$

(8) $\frac{x^2+x}{5}-\frac{x^2+2}{3}=-1$

(9) $\frac{2}{5}x^2+0.6=x$

(10) $2(x-1)^2+(x-1)-6=0$

핵심 체크

① x에 대한 이차방정식 : 등식에서 우변의 모든 항을 좌변으로 이항하여 정리한 식이 $ax^2+bx+c=0(a\neq0)$의 꼴로 나타내어지는 방정식

② 이차방정식의 해 : x에 대한 이차방정식을 참이 되게 하는 x의 값

③ 이차방정식의 풀이
- 인수분해가 되면 인수분해 공식을 이용하고 인수분해가 되지 않으면 근의 공식을 이용하여 푼다.
- 괄호가 있으면 전개하고, 공통부분이 있으면 치환한다.
- 계수에 소수가 있으면 양변에 10의 거듭제곱을 곱하고, 계수에 분수가 있으면 양변에 분모의 최소공배수를 곱하여 계수를 정수로 고친다.

62 | 1. 이차방정식

STEP 3 기본연산 테스트

중단원별로 실력을 테스트할 수 있도록 구성하였습니다.

| 빅터 연산 공부 계획표 |

	주제	쪽수	학습한 날짜
STEP 1	**01** 일차방정식의 뜻과 해	6쪽	월 일
	02 이차방정식의 뜻	7쪽 ~ 8쪽	월 일
	03 이차방정식의 해(근)	9쪽 ~ 10쪽	월 일
	04 한 근이 주어질 때, 미지수의 값 구하기	11쪽	월 일
STEP 2	기본연산 집중연습	12쪽 ~ 13쪽	월 일
STEP 1	**05** $AB=0$의 성질을 이용한 이차방정식의 풀이	14쪽	월 일
	06 인수분해를 이용한 이차방정식의 풀이	15쪽 ~ 17쪽	월 일
	07 이차방정식의 중근	18쪽 ~ 19쪽	월 일
	08 이차방정식이 중근을 가질 조건	20쪽 ~ 21쪽	월 일
	09 이차방정식의 공통인 근	22쪽 ~ 23쪽	월 일
STEP 2	기본연산 집중연습	24쪽 ~ 25쪽	월 일
STEP 1	**10** 제곱근을 이용한 이차방정식 $x^2=q(q\geq 0)$의 해	26쪽 ~ 27쪽	월 일
	11 제곱근을 이용한 이차방정식 $(x-p)^2=q(q\geq 0)$의 해	28쪽 ~ 29쪽	월 일
	12 완전제곱식을 이용한 이차방정식의 풀이	30쪽 ~ 33쪽	월 일
STEP 2	기본연산 집중연습	34쪽 ~ 35쪽	월 일

	주제	쪽수	학습한 날짜
STEP 1	**13** 이차방정식의 근의 공식	36쪽 ~ 37쪽	월 일
	14 일차항의 계수가 짝수인 이차방정식의 근의 공식	38쪽 ~ 39쪽	월 일
	15 복잡한 이차방정식의 풀이(1) : 괄호	40쪽 ~ 41쪽	월 일
	16 복잡한 이차방정식의 풀이(2) : 소수	42쪽 ~ 43쪽	월 일
	17 복잡한 이차방정식의 풀이(3) : 분수	44쪽 ~ 45쪽	월 일
	18 복잡한 이차방정식의 풀이(4) : 치환	46쪽 ~ 47쪽	월 일
STEP 2	기본연산 집중연습	48쪽 ~ 49쪽	월 일
STEP 1	**19** 이차방정식의 근의 개수	50쪽 ~ 51쪽	월 일
	20 이차방정식의 두 근의 합과 곱	52쪽	월 일
	21 이차방정식 구하기	53쪽 ~ 54쪽	월 일
	22 계수가 유리수인 이차방정식의 근	55쪽	월 일
	23 이차방정식의 활용	56쪽 ~ 59쪽	월 일
STEP 2	기본연산 집중연습	60쪽 ~ 61쪽	월 일
STEP 3	기본연산 테스트	62쪽 ~ 63쪽	월 일

1

이차방정식

고대 이집트나 바빌로니아 사람들은 이차방정식을 풀려고 많은 노력을 기울였지만 일관된 방법을 알지는 못하였다. 628년에 인도의 수학자인 **브라마굽타**(Brahmagupta ; 598~670)가 쓴 수학책에는 이자를 구하는 문제의 풀이에서 완전제곱식을 이용하여 양수의 근을 구하였다. 또 그는 근의 공식과 비슷한 이차방정식의 일반적 풀이법도 정리했는데, 하나의 근만 구할 수 있도록 하였다. 실제로 이차방정식의 두 근이 존재한다는 것을 발견한 사람은 바스카라(Bhaskara, A. ; 1114~1185)였다.

01 일차방정식의 뜻과 해 Feedback

정답과 해설 | 2쪽

❶ 일차방정식 : 방정식에서 우변의 모든 항을 좌변으로 이항하여 정리하였을 때, (x에 대한 일차식)$=0$의 꼴로 나타내어지는 방정식을 x에 대한 일차방정식이라 한다.

❷ 방정식의 해(근) : 방정식을 참이 되게 하는 미지수의 값

❸ 방정식을 푼다 : 방정식의 해를 구하는 것

주의 일차방정식의 해는 1개이다.

○ 다음 중 일차방정식인 것에는 ○표, 아닌 것에는 ×표를 하시오.

1-1 $2x+1$ (   )

1-2 $-3x+5=0$ (   )

2-1 $x+1>0$ (   )

2-2 $y=-x+1$ (   )

3-1 $3(x+2)+1=2x+5$ (   )

3-2 $x(x+5)=x^2-2$ (   )

○ 다음 일차방정식을 푸시오.

4-1 $3x+5=x-3$ ______

4-2 $2x-4=5x-10$ ______

5-1 $4x+2=-2x+14$ ______

5-2 $7-2x=3x-13$ ______

핵심 체크

$2x-4$ ➡ 일차식, $2x-4=0$ ➡ 일차방정식, $2x-4>0$ ➡ 일차부등식, $y=2x-4$ ➡ 일차함수

02 이차방정식의 뜻

정답과 해설 | 2쪽

이차방정식 : 등식에서 우변의 모든 항을 좌변으로 이항하여 정리한 식이
(x에 대한 이차식)$=0$의 꼴로 나타내어지는 방정식을 x에 대한 이차방정식이라 한다.

$$ax^2+bx+c=0 \text{ (단, } a, b, c\text{는 상수, } a\neq 0)$$

참고 이차방정식이 되려면 반드시 (이차항의 계수)$\neq 0$이어야 한다.

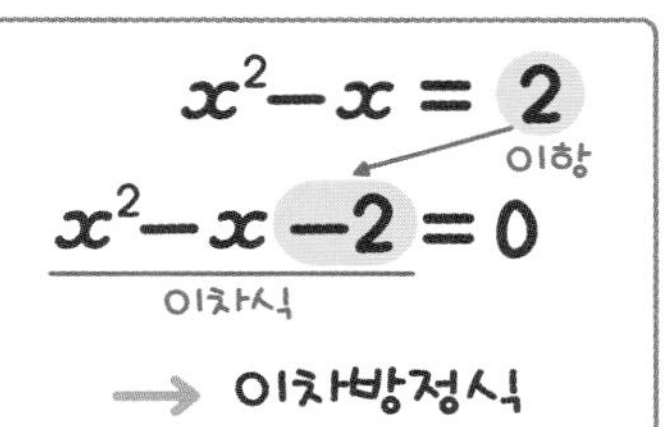

○ 다음은 등식에서 이항을 이용하여 식을 정리한 것이다. □ 안에 알맞은 것을 써넣으시오.

1-1 $x^2=(x+2)(5-x)$
➡ $x^2=-x^2+\square x+10$
$\therefore \square x^2-\square x-10=0$

1-2 $(x-1)^2+2x=3$ ➡ $x^2-\square=0$

2-1 $(x-3)(2x+2)=3$ ➡ $2x^2-\square x-\square=0$

2-2 $x(x-3)-3x=3(x+3)(x-2)$
➡ $2x^2+\square x-\square=0$

○ 다음 중 이차방정식인 것에는 ○표, 아닌 것에는 ×표를 하시오.

3-1 $2x^2-3x-8$ (　　)

3-2 $x^2-2x=-1$ (　　)

4-1 $4x-1=2(x+1)$ (　　)

4-2 $-2x^2=0$ (　　)

5-1 $5x^2+x=-2x+3$ (　　)

5-2 $x^3+10x=7x^2+x^3$ (　　)

핵심 체크

이차항이 보인다고 이차방정식이라고 생각하면 안 된다. 반드시 우변의 모든 항을 좌변으로 이항하여 간단히 정리하였을 때, (이차식)$=0$인지 확인한다.

02 이차방정식의 뜻

○ 다음 중 이차방정식인 것에는 ○표, 아닌 것에는 ×표를 하시오.

6-1 $x^2+1=x(x+6)$ ( )

6-2 $(x+2)^2=2x^2+5x$ ( )

7-1 $x^2=10$ ( )

7-2 $x^2+3x-10=-x^2+2x$ ( )

8-1 $x^2=(x-1)^2$ ( )

8-2 $2x+1=0$ ( )

○ 다음 식이 x에 대한 이차방정식이 되기 위한 상수 a의 조건을 구하시오.

9-1 $ax^2+2x-3=0$
➡ x^2의 계수는 0이 아니어야 하므로
$a\neq$ □

9-2 $ax^2-4x+5=0$ ________

10-1 $(a-2)x^2+4x+1=0$
➡ □ $\neq 0$ $\quad\therefore a\neq$ □

10-2 $(a-1)x^2-3x-2=0$ ________

핵심 체크

$ax^2+bx+c=0$(a, b, c는 상수)이 x에 대한 이차방정식이 될 조건 ➡ $a\neq 0$

03 이차방정식의 해(근)

정답과 해설 | 2쪽

❶ 이차방정식의 해(근) : x에 대한 이차방정식을 참이 되게 하는 x의 값

❷ 이차방정식을 푼다 : 이차방정식의 해를 모두 구하는 것

예 x의 값이 $-1, 0, 1$일 때, 이차방정식 $x^2+x-2=0$의 해를 구하시오.

x의 값	좌변	우변	참 / 거짓
-1	$(-1)^2+(-1)-2=-2$	0	거짓
0	$0^2+0-2=-2$	0	거짓
1	$1^2+1-2=0$	0	참

즉 $x^2+x-2=0$을 참이 되게 하는 x의 값은 1이므로 이차방정식 $x^2+x-2=0$의 해는 $x=1$이다.

○ x의 값이 $-1, 0, 1, 2$일 때, 다음 이차방정식의 해를 구하시오.

1-1 $x(x-2)=0$

➡

x의 값	좌변	우변	참 / 거짓
-1	$(-1)\times(-1-2)=3$	0	거짓
0	$0\times(0-2)=0$	0	참
1	$1\times(1-2)=$ ☐	0	☐
2	$2\times(2-2)=$ ☐	0	☐

따라서 구하는 해는 ________

1-2 $(x-1)(x+1)=0$ ________

2-1 $x^2+x=0$ ________

2-2 $x^2-2x-3=0$ ________

○ x의 값이 $0, 1, 2, 3, 4$일 때, 다음 이차방정식의 해를 구하시오.

3-1 $(x-2)(x-3)=0$ ________

3-2 $2x^2-5x-3=0$ ________

4-1 $x^2-4x+3=0$ ________

4-2 $x^2-6x+8=0$ ________

핵심 체크

x의 값을 주어진 이차방정식에 각각 대입하여 참이 되는 것을 찾는다.

03 이차방정식의 해(근)

○ 다음 [ ] 안의 수가 주어진 이차방정식의 해인 것에는 ○표, 아닌 것에는 ×표를 하시오.

5-1 $x(x-4)=-4$ [2] ( )

5-2 $(x-1)(x+5)=0$ [-1] ( )

6-1 $x(x-2)=0$ [0] ( )

6-2 $x^2-3x=0$ [3] ( )

7-1 $2x^2+x-3=0$ [-1] ( )

7-2 $(x+1)^2=0$ [1] ( )

8-1 $x^2-4x-5=0$ [5] ( )

8-2 $(x-2)(x+1)=0$ [-2] ( )

9-1 $x^2=2$ [2] ( )

9-2 $x^2-x-6=0$ [-2] ( )

핵심 체크

$x=m$이 이차방정식 $ax^2+bx+c=0$의 해이다. ➡ $x=m$을 $ax^2+bx+c=0$에 대입하면 등식이 성립한다. ➡ $am^2+bm+c=0$

04 한 근이 주어질 때, 미지수의 값 구하기

정답과 해설 | 3쪽

이차방정식 $x^2+ax-10=0$의 한 근이 -2일 때, 상수 a의 값 구하기

$x^2+ax-10=0$에 $x=-2$를 대입하면

$(-2)^2+a\times(-2)-10=0$

$4-2a-10=0$, $-2a=6$ $\quad\therefore a=-3$

주의 이차방정식의 근이 음수일 때에는 괄호를 이용하여 대입한다.

○ 다음 이차방정식의 한 근이 주어질 때, 상수 a의 값을 구하시오.

1-1 이차방정식 $x^2+ax+6=0$의 한 근이 -3
➡ $x^2+ax+6=0$에 $x=$☐을 대입하면
(☐)$^2+a\times$☐$+6=0$ $\quad\therefore a=$☐

1-2 이차방정식 $x^2+ax+2=0$의 한 근이 2

2-1 이차방정식 $x^2-x+a=0$의 한 근이 3

2-2 이차방정식 $ax^2+3x+2=0$의 한 근이 -2

3-1 이차방정식 $x^2+3ax-7=0$의 한 근이 -1

3-2 이차방정식 $2x^2-ax-3=0$의 한 근이 3

4-1 이차방정식 $x^2+ax-2a+1=0$의 한 근이 -3

4-2 이차방정식 $(a-1)x^2-6x+2a+1=0$의 한 근이 1

핵심 체크

주어진 한 근을 이차방정식에 대입하여 미지수의 값을 구한다.

기본연산 집중연습 | 01~04

○ 다음 중 이차방정식인 것에는 ○표, 아닌 것에는 ×표를 하시오.

1-1 $\frac{1}{2}x^2=0$ ( )

1-2 $3x^2+x-10$ ( )

1-3 $2x+3=0$ ( )

1-4 $(x+1)(x-4)=0$ ( )

1-5 $x^2+10=(x-1)^2$ ( )

1-6 $2x+1$ ( )

1-7 $2x(x-1)=x^2+3$ ( )

1-8 $x^2+2x+1=0$ ( )

1-9 $(x-1)(x+1)=x^2$ ( )

1-10 $x^3-1=x(x^2-1)+x^2$ ( )

1-11 $x^2=-(x-1)^2$ ( )

1-12 $x^2+4x-1=x+x^2$ ( )

○ x의 값이 $-2, -1, 0, 1, 2$일 때, 다음 이차방정식의 해를 구하시오.

2-1 $x^2-x=0$

2-2 $2x^2-4x=0$

2-3 $x^2-x-6=0$

2-4 $x^2-x-2=0$

핵심 체크

❶ x에 대한 이차방정식 : $ax^2+bx+c=0$(a, b, c는 상수, $a\neq0$)의 꼴로 나타내어지는 방정식

3. 아래 그림과 같은 미로를 다음 규칙에 따라 통과하려고 한다. 이때 어떤 길을 따라가야 하는지 그림 위에 길을 표시하시오. (단, 한 번 지나간 길은 다시 지나가지 않는다.)

규칙

① 수가 주어진 칸은 그 수를 해로 갖는 이차방정식이 있는 이웃한 칸으로만 갈 수 있다.

② 이차방정식이 주어진 칸은 그 이차방정식의 해가 되는 수가 있는 이웃한 칸으로만 갈 수 있다.

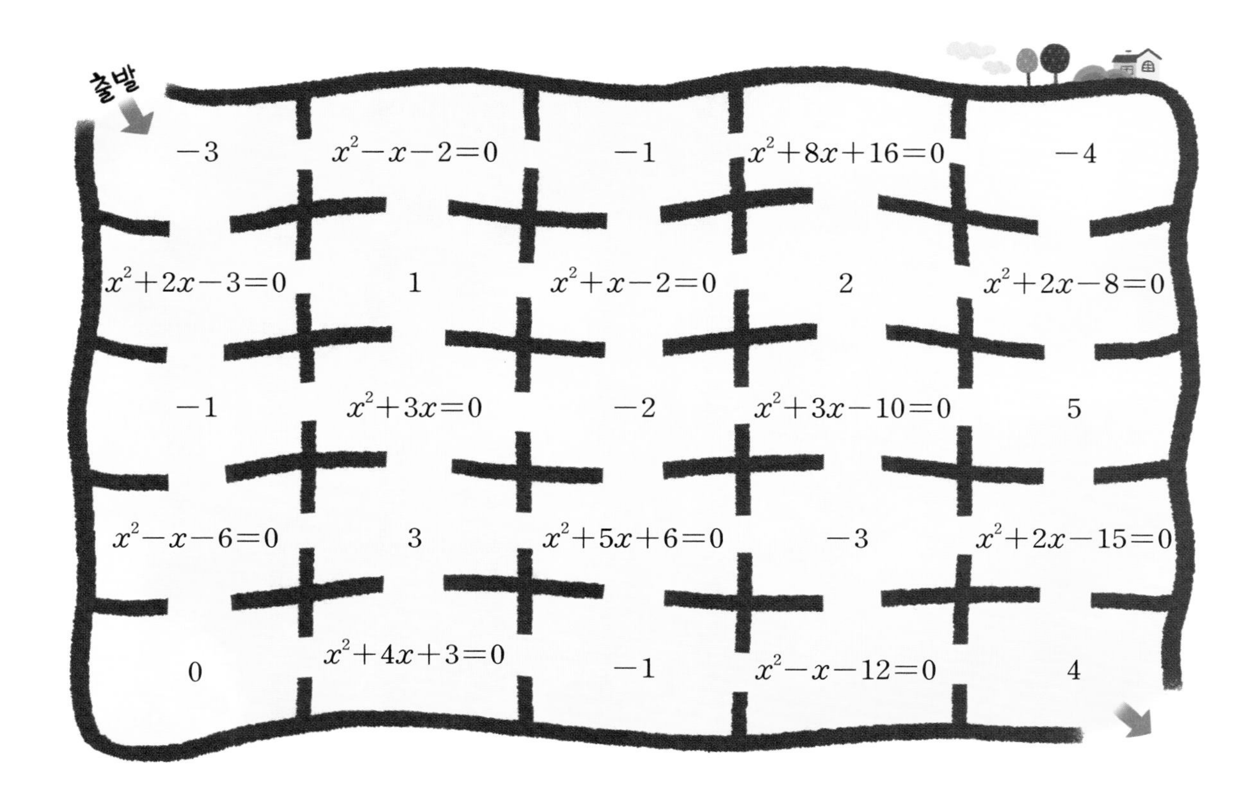

○ 다음 [ ] 안의 수가 주어진 이차방정식의 한 근일 때, 상수 a의 값을 구하시오.

4-1 $x^2+ax+1=0$ $[-1]$

4-2 $x^2+ax-12=0$ $[-4]$

4-3 $x^2+(a-1)x-6=0$ $[-3]$

4-4 $3x^2+ax+a-7=0$ $[3]$

핵심 체크

❷ 이차방정식의 해 : 이차방정식 $ax^2+bx+c=0(a\neq0)$을 참이 되게 하는 x의 값

05 $AB=0$의 성질을 이용한 이차방정식의 풀이

정답과 해설 | 4쪽

두 수 또는 두 식 A, B에 대하여 다음이 성립한다.

$AB=0$이면 $A=0$ 또는 $B=0$

❶ $(x-1)(x-2)=0$
$x-1=0$ 또는 $x-2=0$
$\therefore x=1$ 또는 $x=2$

❷ $x(x+1)=0$
$x=0$ 또는 $x+1=0$
$\therefore x=0$ 또는 $x=-1$

$x(x+1)=0$의 해를 $x=-1$만 구하면 안 돼!

○ 다음 이차방정식을 푸시오.

1-1 $(x+2)(x-5)=0$
➡ $x+2=0$ 또는 $\square=0$
$\therefore x=-2$ 또는 $x=\square$

1-2 $2x(x-4)=0$ ________

2-1 $(x+7)(x-7)=0$ ________

2-2 $(x+6)(x+5)=0$ ________

3-1 $(x-1)(2x-1)=0$ ________

3-2 $(x+1)(2x-3)=0$ ________

4-1 $(3x-1)(2x+1)=0$ ________

4-2 $\frac{1}{4}(x-2)(4x+5)=0$ ________

핵심 체크

두 수 또는 두 식 A, B에 대하여 $AB=0$이면 ① $A=0$, $B=0$ ② $A=0$, $B\neq0$ ③ $A\neq0$, $B=0$의 세 가지 경우가 성립한다.
즉 ①~③ 중 어느 하나가 성립한다는 의미로 $A=0$ 또는 $B=0$이라 한다.

06 인수분해를 이용한 이차방정식의 풀이

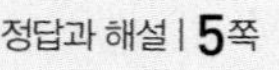

$ax^2+bx+c=0$ 의 꼴로 정리	➡	$a(x-\alpha)(x-\beta)=0$ 의 꼴로 인수분해	➡	$x-\alpha=0$ 또는 $x-\beta=0$ $\therefore x=\alpha$ 또는 $x=\beta$

예 $x^2=3x+18$ 에서 $x^2-3x-18=0$
$(x+3)(x-6)=0$
$x+3=0$ 또는 $x-6=0$
$\therefore x=-3$ 또는 $x=6$

인수분해 공식
① $ma+mb=m(a+b)$
② $a^2+2ab+b^2=(a+b)^2$
$a^2-2ab+b^2=(a-b)^2$
③ $a^2-b^2=(a+b)(a-b)$
④ $x^2+(a+b)x+ab$
$=(x+a)(x+b)$
⑤ $acx^2+(ad+bc)x+bd$
$=(ax+b)(cx+d)$

○ 다음 이차방정식을 푸시오.

1-1
$x^2-3x=0$
➡ $x(x-3)=0$ ← $ma+mb=m(a+b)$
$x=0$ 또는 $x-3=0$
$\therefore x=0$ 또는 $x=$ ☐

1-2 $15x^2-5x=0$ ________

2-1 $x^2+5x=0$ ________

2-2 $6x^2-4x=0$ ________

3-1 $2x^2-5x=0$ ________

3-2 $x^2+4x=0$ ________

4-1 $x^2=-8x$ ________

4-2 $2x^2=3x$ ________

핵심 체크

이차방정식 $ax^2+bx+c=0$의 좌변을 두 일차식의 곱으로 인수분해할 수 있을 때, $AB=0$의 성질을 이용하여 이차방정식을 풀 수 있다.

06 인수분해를 이용한 이차방정식의 풀이

○ 다음 이차방정식을 푸시오.

5-1

$x^2-4=0$

➡ $(x+2)(x-2)=0$ ← $a^2-b^2=(a+b)(a-b)$

$x+2=0$ 또는 $x-2=0$

$\therefore x=-2$ 또는 $x=\square$

5-2 $x^2-9=0$ __________

6-1 $4x^2-9=0$ __________

6-2 $16x^2-1=0$ __________

7-1

$x^2+7x+10=0$

➡ $(x+2)(x+5)=0$ ← $x^2+(a+b)x+ab=(x+a)(x+b)$

$x+2=\square$ 또는 $x+5=\square$

$\therefore x=\square$ 또는 $x=\square$

7-2 $x^2-9x+20=0$ __________

8-1 $x^2+5x+6=0$ __________

8-2 $x^2+3x+2=0$ __________

9-1 $x^2-7x+12=0$ __________

9-2 $x^2-5x-36=0$ __________

10-1 $x^2+3x-28=0$ __________

10-2 $x^2-2x-8=0$ __________

핵심 체크

$a^2-b^2=(a+b)(a-b)$

$x^2+(a+b)x+ab=(x+a)(x+b)$

○ 다음 이차방정식을 푸시오.

11-1

$2x^2-7x+3=0$

$acx^2+(ad+bc)x+bd$
$=(ax+b)(cx+d)$

➡ $(x-3)(2x-1)=0$

$x-3=0$ 또는 $2x-1=0$

$\therefore$ $x=$☐ 또는 $x=$☐

11-2 $2x^2+3x-5=0$ ________

12-1 $3x^2-7x+2=0$ ________

12-2 $5x^2-4x-1=0$ ________

13-1 $5x^2+7x-6=0$ ________

13-2 $6x^2-13x+6=0$ ________

14-1 $6x^2-11x-10=0$ ________

14-2 $9x^2-3x-2=0$ ________

○ 다음 이차방정식을 푸시오.

15-1 $(x-3)(x-4)=-7x+16$ ________

15-2 $x(x+1)=20$ ________

16-1 $(2x+7)(5x-1)+16=0$ ________

16-2 $(3x-4)(x+3)=-2x-6$ ________

핵심 체크

$acx^2+(ad+bc)x+bd=(ax+b)(cx+d)$

07 이차방정식의 중근

이차방정식의 중근 : 이차방정식의 두 해가 중복되어 서로 같을 때, 이 해를 주어진 이차방정식의 중근이라 한다.

예 $x^2+4x+4=0$에서 $(x+2)^2=0$ $\therefore x=-2$ (중근)

└→ $(x+2)(x+2)=0$

$\therefore x=-2$ 또는 $x=-2$

'중근'이라는 말이 없이 $x=-2$만 쓰면 일차방정식의 해와 헷갈릴 수 있으니까 꼭 쓰자.

○ 다음 이차방정식을 푸시오.

1-1 $(x+7)^2=0$

➡ $x+7=0$ $\therefore x=$ ☐ (중근)

1-2 $(x-3)^2=0$ ________

2-1 $6(x-4)^2=0$ ________

2-2 $(5x+2)^2=0$ ________

3-1 $x^2+12x+36=0$

➡ $(x+6)^2=0$ $\therefore x=$ ☐ (중근)

3-2 $x^2-10x+25=0$ ________

4-1 $x^2+4x+4=0$ ________

4-2 $x^2-14x+49=0$ ________

핵심 체크

이차방정식이 $a(x-p)^2=0(a\neq0)$의 꼴로 인수분해되면 이 이차방정식은 중근 $x=p$를 갖는다.

└→ 완전제곱식

○ 다음 이차방정식을 푸시오.

5-1 $4x^2-12x+9=0$

➡ $(2x-\square)^2=0$ $\quad\therefore x=\square$ (중근)

5-2 $16x^2+40x+25=0$ ______

6-1 $9x^2-6x+1=0$ ______

6-2 $25x^2-10x+1=0$ ______

7-1 $16x^2+8x+1=0$ ______

7-2 $9x^2-12x+4=0$ ______

8-1 $x^2+9=-6x$ ______

8-2 $x^2-16x=-64$ ______

9-1 $4x^2+1=-4x$ ______

9-2 $16x^2=24x-9$ ______

10-1 $7x^2-14x+7=0$

➡ $7(x^2-2x+1)=0$

$7(x-\square)^2=0$ $\quad\therefore x=\square$ (중근)

10-2 $3x^2+30x+75=0$ ______

핵심 체크

이차방정식의 해가 중근일 때, 해 옆에 '중근'이라고 쓰지 않으면 일차방정식의 해와 혼동할 수 있으므로 반드시 해 옆에 중근이라 쓴다.

08 이차방정식이 중근을 가질 조건

이차방정식이 (완전제곱식)=0의 꼴로 나타내어지면 중근을 가진다.

➡ 이차방정식 $x^2+ax+b=0$이 중근을 가지려면 좌변이 완전제곱식이어야 하므로

$x^2+ax+b=x^2+2\times x\times\frac{a}{2}+\left(\frac{a}{2}\right)^2$ $\quad\therefore b=\left(\frac{a}{2}\right)^2$ ← (상수항)$=\left\{\frac{(x\text{의 계수})}{2}\right\}^2$

완전제곱식 : 다항식의 제곱으로 된 식 또는 이 식에 상수를 곱한 식

예 $(x+3)^2$, $2(a-b)^2$, $-2(3x-y)^2$

○ 다음 등식이 성립하도록 ☐ 안에 알맞은 수를 써넣으시오.

1-1 $x^2+2x+\square=(x+\square)^2$

$\left(\frac{2}{2}\right)^2$ 완전제곱식

1-2 $x^2-4x+\square=(x-\square)^2$

$\left(\frac{-4}{2}\right)^2$ 완전제곱식

2-1 $x^2+8x+\square=(x+\square)^2$

2-2 $x^2-6x+\square=(x-\square)^2$

○ 다음 이차방정식이 중근을 가지도록 하는 상수 k의 값을 구하시오.

3-1 $x^2+4x+k=0$

➡ $k=\left(\frac{\square}{2}\right)^2=\square$

3-2 $x^2+10x+k=0$ ________

4-1 $x^2-2x+k-1=0$ ________

4-2 $x^2-8x+20+k=0$ ________

핵심 체크

x^2의 계수가 1인 이차방정식이 중근을 가지려면 (상수항)$=\left\{\frac{(x\text{의 계수})}{2}\right\}^2$이어야 한다.

○ 다음 이차방정식이 중근을 가지도록 하는 상수 k의 값을 구하시오.

5-1 $x^2-6x+2k-3=0$ ________

5-2 $x^2-3x+k-1=0$ ________

6-1

$x^2+2kx+64=0$

➡ $64=\left(\frac{2k}{2}\right)^2$, $k^2=64$ $\therefore k=$ ☐

6-2 $x^2+kx+25=0$ ________

7-1 $x^2+2kx+9=0$ ________

7-2 $x^2+kx+4=0$ ________

8-1

$3x^2+6x+k=0$

➡ 양변을 3으로 나누면 $x^2+2x+\frac{k}{3}=0$

$\frac{k}{3}=\left(\frac{☐}{2}\right)^2=$ ☐ $\therefore k=$ ☐

8-2 $2x^2-8x+2k-1=0$ ________

9-1 $4x^2-12x+k-5=0$ ________

9-2 $2x^2+8kx+8=0$ ________

핵심 체크

이차방정식에서 x^2의 계수가 1이 아닐 때에는 반드시 x^2의 계수를 1로 만든 다음에 중근을 가질 조건을 생각한다.

09 이차방정식의 공통인 근

두 이차방정식의 공통인 근 : 두 이차방정식을 동시에 만족하는 근

$(x-a)(x-b)=0 \rightarrow$ $\boxed{x=a}$ 또는 $x=b$

$(x-a)(x-c)=0 \rightarrow$ $\boxed{x=a}$ 또는 $x=c$

공통인 근

○ 다음 두 이차방정식의 공통인 근을 구하시오.

1-1 $x^2-x-12=0$, $2x^2-5x-12=0$

➡ ① $x^2-x-12=0$을 풀면

$x=-3$ 또는 $x=\square$

② $2x^2-5x-12=0$을 풀면

$x=\square$ 또는 $x=-\frac{3}{2}$

따라서 두 이차방정식의 공통인 근은

$x=\square$이다.

1-2 $x^2+7x+10=0$, $5x^2+7x-6=0$

______

2-1 $2x^2+7x+3=0$, $x^2-3x-18=0$

______

2-2 $6x^2-x-1=0$, $9x^2-1=0$

______

3-1 $x^2-3x-10=0$, $x^2-7x+10=0$

______

3-2 $x^2+5x-24=0$, $5x^2-16x+3=0$

______

4-1 $x^2+x-6=0$, $x^2+8x+15=0$

______

4-2 $x^2+3x-4=0$, $x^2+2x-3=0$

______

핵심 체크

각각의 이차방정식을 풀어 공통인 근을 찾는다.

○ 다음 두 이차방정식의 공통인 근을 구하시오.

5-1 $x^2-2x-15=0,\ 4x^2+11x-3=0$

5-2 $x^2-10x+21=0,\ x^2-6x-7=0$

6-1 $2x^2+5x-3=0,\ (x+1)(x-2)=10$

6-2 $(x+2)(x-6)=-7,\ x^2-7x-8=0$

○ 다음 두 이차방정식의 공통인 근이 [ ] 안의 수와 같을 때, 상수 a, b의 값을 각각 구하시오.

7-1 $x^2-x+a=0,\ x^2-bx=0\ [2]$

7-2 $x^2-2x+a=0,\ 2x^2+bx-3=0\ [3]$

8-1 $x^2+ax-8=0,\ 2x^2+9x+b=0\ [-2]$

8-2 $2x^2+ax-6=0,\ x^2-4x+b=0\ [-3]$

9-1 $x^2+3x+a=0,\ x^2-x+b=0\ [1]$

9-2 $x^2+ax+12=0,\ 2x^2-3x+b=0\ [2]$

핵심 체크

두 이차방정식의 공통인 근이 $x=\alpha$이다. ➡ 각각의 이차방정식에 $x=\alpha$를 대입하여 미지수의 값을 구한다.

기본연산 집중연습 | 05~09

○ 다음 이차방정식을 푸시오.

1-1 $x(x-5)=0$

1-2 $(2x-1)(x+4)=0$

1-3 $x^2-x-42=0$

1-4 $9x^2+6x+1=0$

1-5 $2x^2+3x-2=0$

1-6 $4x^2-9=0$

1-7 $(x+1)(x-5)=16$

1-8 $6x^2-7x-5=0$

1-9 $x^2+4x-12=0$

1-10 $25x^2=30x-9$

1-11 $(x-1)(x+2)=40$

1-12 $10x^2-3x-1=0$

1-13 $x^2+4x-21=0$

1-14 $2x^2-10x=0$

핵심 체크

❶ 인수분해를 이용한 이차방정식의 풀이 방법

① (x에 대한 이차식)$=0$의 꼴로 정리한다. ➡ ② 좌변을 인수분해한다.

➡ ③ $AB=0$이면 $A=0$ 또는 $B=0$임을 이용하여 이차방정식의 해를 구한다.

○ 다음 이차방정식이 중근을 가질 때, 상수 a의 값을 구하시오.

2-1 $x^2-4x+a-3=0$

2-2 $x^2+ax+16=0$

2-3 $x^2-8x+3a+1=0$

2-4 $x^2-(a-2)x+25=0$

3. 다음 중 공통인 근이 있는 두 이차방정식을 말한 학생을 모두 구하시오.

$2x^2-5x+2=0,\ 4x^2-8x+3=0$

$3x^2+12x+12=0,\ x^2-2x-3=0$

$x(x-2)=8,\ x^2+10x+24=0$

$x^2+x-6=0,\ 3x^2-4x-4=0$

$x^2-16x+15=0,\ x^2-4x=21$

$x^2+3x-10=0,\ x^2+5x-14=0$

핵심 체크

❷ 이차방정식 $x^2+ax+b=0$이 중근을 가질 조건 ➡ $b=\left(\dfrac{a}{2}\right)^2$

STEP 1

10 제곱근을 이용한 이차방정식 $x^2=q(q\geq0)$의 해

이차방정식 $x^2=q\ (q\geq0)$의 해는 $x=\pm\sqrt{q}$이다.
→ $x=\sqrt{q}$ 또는 $x=-\sqrt{q}$

❶ $x^2-10=0$
$x^2=10$ (이항)
$\therefore x=\pm\sqrt{10}$

❷ $2x^2-6=0$
$2x^2=6$
$x^2=3$
$\therefore x=\pm\sqrt{3}$

제곱근 : 음이 아닌 수 a에 대하여 $x^2=a$일 때, x를 a의 제곱근이라 한다.
예 3의 제곱근 x
➡ $x^2=3$
➡ $x=\pm\sqrt{3}$

○ 제곱근을 이용하여 다음 이차방정식을 푸시오.

1-1 $x^2=8$
➡ $x=\pm\sqrt{\square}=\pm\square\sqrt{2}$

1-2 $x^2=17$ ________

2-1 $x^2=4$ ________

2-2 $x^2=20$ ________

3-1 $x^2-18=0$
➡ $x^2=\square$ $\therefore x=\pm\sqrt{\square}=\pm\square\sqrt{2}$

3-2 $x^2-15=0$ ________

4-1 $x^2-16=0$ ________

4-2 $x^2-24=0$ ________

핵심 체크

이차방정식 $x^2=q(q\geq0)$의 해 ➡ $x=\pm\sqrt{q}$

○ 제곱근을 이용하여 다음 이차방정식을 푸시오.

5-1 $5x^2=35$

➡ $x^2=\square$　　$\therefore\ x=\pm\sqrt{\square}$

5-2 $3x^2=18$ ________

6-1 $25x^2=16$ ________

6-2 $9x^2=5$ ________

7-1 $4x^2-24=0$

➡ $4x^2=\square$, $x^2=\square$　　$\therefore\ x=\pm\sqrt{\square}$

7-2 $6x^2-90=0$ ________

8-1 $3x^2-27=0$ ________

8-2 $5x^2-80=0$ ________

9-1 $2x^2-64=0$ ________

9-2 $4x^2-1=0$ ________

10-1 $9x^2+8=17$ ________

10-2 $16x^2+9=21$ ________

핵심 체크

$ax^2+b=0$의 꼴의 이차방정식은 상수항을 우변으로 이항하고, 양변을 x^2의 계수로 나누어 $x^2=q(q\geq 0)$로 바꾼다.

11 제곱근을 이용한 이차방정식 $(x-p)^2=q(q\geq 0)$의 해

이차방정식 $(x-p)^2=q\ (q\geq 0)$의 해는 $x-p=\pm\sqrt{q}$ $\quad \therefore x=p\pm\sqrt{q}$

❶ $(x-2)^2=1$
$x-2=\pm 1$
$x-2=1$ 또는 $x-2=-1$
$\therefore x=3$ 또는 $x=1$

$x-2$를 하나의 문자로 생각한다.

❷ $(x-3)^2=8$
$x-3=\pm 2\sqrt{2}$
$\therefore x=3\pm 2\sqrt{2}$

$x-3$을 하나의 문자로 생각한다.

→ $x=3+2\sqrt{2}$ 또는 $x=3-2\sqrt{2}$

○ 제곱근을 이용하여 다음 이차방정식을 푸시오.

1-1 $(x+1)^2=9$
➡ $x+1=\pm\square$
$\therefore x=\square$ 또는 $x=\square$

1-2 $(x-5)^2=4$ ________

2-1 $(x-2)^2=16$ ________

2-2 $(x+3)^2=36$ ________

3-1 $(x+2)^2=7$ ________

3-2 $(x-3)^2=12$ ________

4-1 $(x-8)^2-25=0$ ________

4-2 $(2x-1)^2-8=0$ ________

핵심 체크

이차방정식 $(x-p)^2=q(q\geq 0)$의 해 ➡ $x=p\pm\sqrt{q}$

○ 제곱근을 이용하여 다음 이차방정식을 푸시오.

5-1 $2(x+7)^2=10$
➡ $(x+7)^2=\square$ ← 양변을 2로 나누기
$x+7=\pm\sqrt{\square}$ ← 제곱근 이용
$\therefore x=\square$ ← 해 구하기

5-2 $9(x-5)^2=54$ __________

6-1 $4(x-2)^2=28$ __________

6-2 $14(x-8)^2=42$ __________

7-1 $2(x-3)^2=16$ __________

7-2 $5(x+2)^2=60$ __________

8-1 $3(x+2)^2-15=0$ __________

8-2 $2(x+3)^2-12=0$ __________

9-1 $2(x-3)^2-18=0$ __________

9-2 $7(x-1)^2-28=0$ __________

10-1 $4(x+1)^2-9=0$ __________

10-2 $2(x-2)^2-7=0$ __________

핵심 체크

이차방정식의 해를 구할 때 분모에 무리수가 있으면 유리화한다.

12 완전제곱식을 이용한 이차방정식의 풀이

인수분해가 되지 않는 이차방정식은 완전제곱식의 꼴로 바꾸어 계산한다.

❶ 양변을 x^2의 계수로 나눈다.	$2x^2+8x-4=0$에서 $x^2+4x-2=0$ (양변을 2로 나눈다.)
❷ 상수항을 우변으로 이항한다.	$x^2+4x=2$
❸ 양변에 $\left\{\frac{(x\text{의 계수})}{2}\right\}^2$을 더한다.	$x^2+4x+\left(\frac{4}{2}\right)^2=2+\left(\frac{4}{2}\right)^2$
❹ (완전제곱식)=(상수)의 꼴로 바꾼다.	$(x+2)^2=6$
❺ 제곱근의 성질을 이용하여 해를 구한다.	$x+2=\pm\sqrt{6}$ $\therefore x=-2\pm\sqrt{6}$

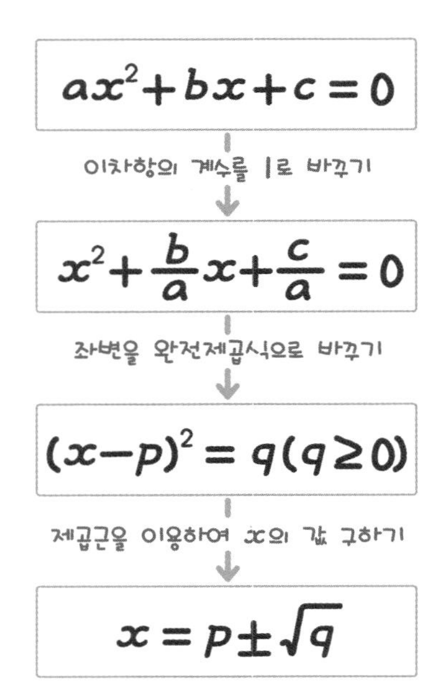

○ 다음 이차방정식을 $(x+p)^2=q$의 꼴로 나타내시오.

1-1
$x^2+8x+6=0$
➡ $x^2+8x=\square$
$x^2+8x+\square=-6+\square$
$\therefore (x+\square)^2=\square$

1-2 $x^2-10x+3=0$ ________

2-1 $x^2-4x+2=0$ ________

2-2 $x^2+2x-1=0$ ________

3-1 $x^2-6x+4=0$ ________

3-2 $x^2+x-3=0$ ________

핵심 체크

x^2의 계수가 1일 때

상수항을 우변으로 이항한다. ➡ 양변에 $\left\{\frac{(x\text{의 계수})}{2}\right\}^2$을 더한다. ➡ (완전제곱식)=(상수)의 꼴로 바꾼다.

○ 다음 이차방정식을 $(x+p)^2=q$의 꼴로 나타내시오.

4-1

$3x^2-18x-3=0$
➡ $x^2-6x-\square=0$
$x^2-6x=\square$
$x^2-6x+\square=1+\square$
$\therefore (x-\square)^2=\square$

4-2 $5x^2-20x-10=0$ ________

5-1 $2x^2+8x-3=0$ ________

5-2 $2x^2-4x+1=0$ ________

6-1 $4x^2+8x-3=0$ ________

6-2 $4x^2+2x-3=0$ ________

○ 다음은 완전제곱식을 이용하여 이차방정식을 푸는 과정이다. $\square$ 안에 알맞은 수를 써넣으시오.

7-1 $x^2-8x-7=0$

$x^2-8x-7=0$에서
$x^2-8x=7$ ← 상수항을 우변으로 이항한다.
$x^2-8x+\square=7+\square$ ← 양변에 $\left(\frac{-8}{2}\right)^2$을 더한다.
$(x-\square)^2=\square$ ← (완전제곱식)=(상수)의 꼴로 바꾼다.
$x-\square=\pm\sqrt{\square}$ ← 제곱근의 성질을 이용한다.
$\therefore x=\square\pm\sqrt{\square}$ ← 해를 구한다.

7-2 $x^2+6x-4=0$

$x^2+6x-4=0$에서
$x^2+6x=4$
$x^2+6x+\square=4+\square$
$(x+\square)^2=\square$
$x+\square=\pm\sqrt{\square}$
$\therefore x=\square\pm\sqrt{\square}$

핵심 체크

x^2의 계수가 1이 아닐 때에는 먼저 x^2의 계수가 1이 되도록 양변을 x^2의 계수로 나눈다.

12 완전제곱식을 이용한 이차방정식의 풀이

○ 다음은 완전제곱식을 이용하여 이차방정식을 푸는 과정이다. □ 안에 알맞은 수를 써넣으시오.

8-1 $2x^2+4x-8=0$

$2x^2+4x-8=0$에서
양변을 2로 나눈다.
$x^2+2x-4=0$
$x^2+2x=4$
$x^2+2x+\square=4+\square$
$(x+\square)^2=\square$
$x+\square=\pm\sqrt{\square}$
$\therefore x=\square$

8-2 $4x^2-16x-8=0$

$4x^2-16x-8=0$에서
$x^2-4x-2=0$
$x^2-4x=2$
$x^2-4x+\square=2+\square$
$(x-\square)^2=\square$
$x-\square=\pm\sqrt{\square}$
$\therefore x=\square$

○ 완전제곱식을 이용하여 다음 이차방정식을 푸시오.

9-1

$x^2-12x-1=0$
➡ 이차방정식을 $(x+p)^2=q$의 꼴로 나타내면
□
따라서 이차방정식의 해는
□

9-2 $x^2+8x+3=0$ ________

10-1 $x^2-2x-5=0$ ________

10-2 $x^2+10x+8=0$ ________

핵심 체크

완전제곱식을 이용한 이차방정식의 풀이 방법

① 양변을 x^2의 계수로 나눈다. ➡ ② 상수항을 우변으로 이항한다. ➡ ③ 양변에 $\left\{\frac{(x\text{의 계수})}{2}\right\}^2$을 더한다.

➡ ④ (완전제곱식)=(상수)의 꼴로 바꾼다. ➡ ⑤ 제곱근의 성질을 이용하여 해를 구한다.

○ 완전제곱식을 이용하여 다음 이차방정식을 푸시오.

11-1 $x^2+4x-8=0$ __________

11-2 $x^2-6x+2=0$ __________

12-1 $x^2-5x-4=0$ __________

12-2 $x^2+7x+5=0$ __________

13-1 $3x^2-6x-12=0$

➡ 이차방정식을 $(x+p)^2=q$의 꼴로 나타내면

[ ]

따라서 이차방정식의 해는

[ ]

13-2 $2x^2+20x+8=0$ __________

14-1 $3x^2-12x-6=0$ __________

14-2 $4x^2+8x-16=0$ __________

15-1 $2x^2-10x+1=0$ __________

15-2 $3x^2+9x-6=0$ __________

핵심 체크

이차방정식 $ax^2+bx+c=0$에서

- 좌변을 인수분해할 수 있으면 인수분해를 이용하여 이차방정식을 푼다.
- 좌변을 인수분해할 수 없으면 $(x-p)^2=q(q\geq 0)$의 꼴로 바꿔서 이차방정식을 푼다.

기본연산 집중연습 | 10~12

○ 제곱근을 이용하여 다음 이차방정식을 푸시오.

1-1 $x^2=64$

1-2 $x^2-100=0$

1-3 $x^2+6=45$

1-4 $5x^2=75$

1-5 $6x^2=48$

1-6 $3x^2-147=0$

1-7 $(x+4)^2=20$

1-8 $(x+5)^2=28$

1-9 $(x-6)^2=45$

1-10 $4(x-2)^2=1$

1-11 $2(x-1)^2=5$

1-12 $3(2x-3)^2=6$

핵심 체크

❶ 이차방정식 $x^2=q(q\geq0)$의 해 ➡ $x=\pm\sqrt{q}$

❷ 이차방정식 $(x-p)^2=q(q\geq0)$의 해 ➡ $x=p\pm\sqrt{q}$

○ 다음은 주어진 이차방정식의 풀이 과정을 다섯 장의 카드에 나누어 적은 것이다. 이 카드를 풀이 순서대로 나열하시오.

2-1 $x^2-6x+4=0$

㉠ $x^2-6x+9=-4+9$

㉡ $x-3=\pm\sqrt{5}$

㉢ $x^2-6x=-4$

㉣ $x=3\pm\sqrt{5}$

㉤ $(x-3)^2=5$

2-2 $x^2-10x+20=0$

㉠ $x-5=\pm\sqrt{5}$

㉡ $x^2-10x+25=-20+25$

㉢ $x=5\pm\sqrt{5}$

㉣ $(x-5)^2=5$

㉤ $x^2-10x=-20$

○ 완전제곱식을 이용하여 다음 이차방정식을 푸시오.

3-1 $x^2+8x-15=0$

3-2 $x^2-5x+1=0$

3-3 $2x^2+4x-3=0$

3-4 $5x^2-10x-2=0$

3-5 $4x^2+4x-7=0$

3-6 $\frac{1}{2}x^2-3x-9=0$

핵심 체크

❸ 이차방정식 $ax^2+bx+c=0$의 좌변을 인수분해할 수 없을 때에는 $(x-p)^2=q(q\geq 0)$의 꼴로 바꾼 후 제곱근의 성질을 이용하여 해를 구한다.

13 이차방정식의 근의 공식

이차방정식 $ax^2+bx+c=0(a\neq0)$의 해는 근의 공식을 이용하여 구할 수 있다.

예 이차방정식 $x^2+5x+2=0$에서

$a=1$, $b=5$, $c=2$이므로

$$x=\frac{-5\pm\sqrt{5^2-4\times1\times2}}{2\times1}=\frac{-5\pm\sqrt{17}}{2}$$

근의 공식

$$x=\frac{-b\pm\sqrt{b^2-4ac}}{2a}\ (\text{단, } b^2-4ac\geq0)$$

○ 다음은 근의 공식을 이용하여 이차방정식을 푸는 과정이다. □ 안에 알맞은 수를 써넣으시오.

1-1 $x^2-3x-2=0$

근의 공식에 $a=1$, $b=-3$, $c=-2$를 대입하면

$$x=\frac{-(\square)\pm\sqrt{(\square)^2-4\times\square\times(-2)}}{2\times1}=\frac{3\pm\sqrt{\square}}{2}$$

1-2 $x^2+3x+1=0$

근의 공식에 $a=1$, $b=3$, $c=1$을 대입하면

$$x=\frac{-\square\pm\sqrt{\square^2-4\times1\times1}}{2\times1}=\frac{-\square\pm\sqrt{\square}}{2}$$

2-1 $2x^2+5x-2=0$

근의 공식에 $a=2$, $b=\square$, $c=-2$를 대입하면

$$x=\frac{-\square\pm\sqrt{\square^2-4\times2\times(\square)}}{2\times2}=\frac{-\square\pm\sqrt{\square}}{4}$$

2-2 $3x^2+4x-1=0$

근의 공식에 $a=3$, $b=\square$, $c=\square$을 대입하면

$$x=\frac{-\square\pm\sqrt{\square^2-4\times3\times(\square)}}{2\times3}=\frac{-4\pm\sqrt{\square}}{6}=\frac{-2\pm\sqrt{\square}}{3}$$

핵심 체크

- 이차방정식의 근의 공식에서 a는 이차항의 계수, b는 일차항의 계수, c는 상수항을 나타낸다.
- 근의 공식을 이용할 때, a, b, c가 음수이면 괄호를 사용하여 실수하지 않도록 주의한다.

○ 다음은 $ax^2+bx+c=0(a\neq0)$ 꼴의 이차방정식이다. ☐ 안에 알맞은 수를 써넣고, 근의 공식을 이용하여 이차방정식을 푸시오.

3-1 $x^2-3x+1=0$
➡ $a=$☐, $b=$☐, $c=$☐

____

3-2 $x^2+4x+1=0$
➡ $a=$☐, $b=$☐, $c=$☐

____

4-1 $3x^2+3x-1=0$
➡ $a=$☐, $b=$☐, $c=$☐

____

4-2 $2x^2-7x+4=0$
➡ $a=$☐, $b=$☐, $c=$☐

____

○ 다음 이차방정식을 근의 공식을 이용하여 푸시오.

5-1 $x^2+5x-7=0$ ______________

5-2 $x^2-x-4=0$ ______________

6-1 $2x^2+x-4=0$ ______________

6-2 $x^2+5x+5=0$ ______________

7-1 $4x^2-7x+1=0$ ______________

7-2 $5x^2-9x+2=0$ ______________

핵심 체크

이차방정식 $ax^2+bx+c=0$의 해는 근의 공식 $x=\frac{-b\pm\sqrt{b^2-4ac}}{2a}$ $(b^2-4ac\geq0)$를 이용하여 구할 수 있다.
이때 a, b, c가 음수이면 근의 공식에 대입할 때 괄호를 사용하여 실수하지 않도록 주의한다.

14 일차항의 계수가 짝수인 이차방정식의 근의 공식

이차방정식 $ax^2+2b'x+c=0$의 해는 짝수 공식을 이용하여 구하면 편리하다.

예 $x^2+6x+2=0$에서 $a=1$, $b'=3$, $c=2$이므로 ($6 = 2\times3$)

$$x=\frac{-3\pm\sqrt{3^2-1\times2}}{1}=-3\pm\sqrt{7}$$

비교 근의 공식으로 풀면 $a=1$, $b=6$, $c=2$이므로

$$x=\frac{-6\pm\sqrt{6^2-4\times1\times2}}{2\times1}$$

$$=\frac{-6\pm\sqrt{28}}{2}=\frac{-6\pm2\sqrt{7}}{2}$$ 약분

$$=-3\pm\sqrt{7}$$

짝수 공식

$$x=\frac{-b'\pm\sqrt{b'^2-ac}}{a}\ (\text{단, } b'^2-ac\geq0)$$

○ 다음은 짝수 공식을 이용하여 이차방정식을 푸는 과정이다. □ 안에 알맞은 수를 써넣으시오.

1-1 $9x^2-6x-1=0$

짝수 공식에 $a=9$, $b'=-3$, $c=-1$을 대입하면

$$x=\frac{-(\square)\pm\sqrt{(\square)^2-9\times(-1)}}{9}$$

$$=\frac{\square\pm\sqrt{18}}{3}=\square\pm\sqrt{\square}$$

답을 쓸 때, 약분이 되면 약분하여 간단하게 나타내!

1-2 $x^2-2x-5=0$

짝수 공식에 $a=1$, $b'=-1$, $c=-5$를 대입하면

$$x=\frac{-(\square)\pm\sqrt{(\square)^2-1\times(-5)}}{1}$$

$$=\square\pm\sqrt{\square}$$

2-1 $x^2-8x+3=0$

짝수 공식에 $a=1$, $b'=\square$, $c=3$을 대입하면

$$x=\frac{-(\square)\pm\sqrt{(\square)^2-1\times\square}}{1}$$

$$=\square\pm\sqrt{\square}$$

2-2 $5x^2-6x-2=0$

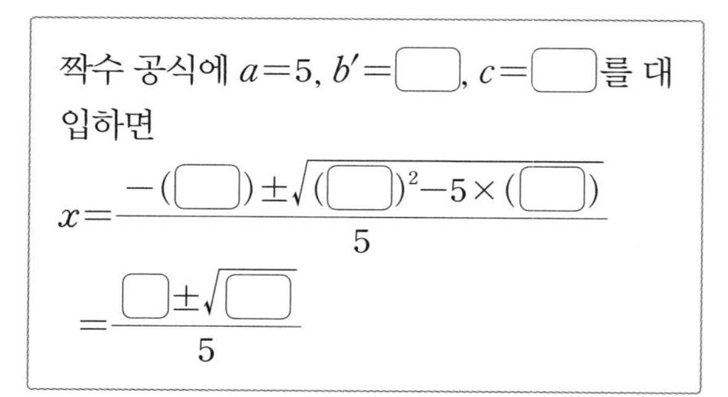

짝수 공식에 $a=5$, $b'=\square$, $c=\square$를 대입하면

$$x=\frac{-(\square)\pm\sqrt{(\square)^2-5\times(\square)}}{5}$$

$$=\frac{\square\pm\sqrt{\square}}{5}$$

핵심 체크

x의 계수가 짝수인 경우 짝수 공식을 이용하면 약분하는 한 단계의 과정을 줄일 수 있어 편리하다.

○ 다음은 $ax^2+2b'x+c=0(a\neq0)$ 꼴의 이차방정식이다. ☐ 안에 알맞은 수를 써넣고, 짝수 공식을 이용하여 이차방정식을 푸시오.

3-1 $x^2-4x+1=0$
➡ $a=$☐, $b'=$☐, $c=$☐

______

3-2 $3x^2+2x-3=0$
➡ $a=$☐, $b'=$☐, $c=$☐

______

4-1 $2x^2-2x-1=0$
➡ $a=$☐, $b'=$☐, $c=$☐

______

4-2 $x^2+4x+2=0$
➡ $a=$☐, $b'=$☐, $c=$☐

______

○ 다음 이차방정식을 짝수 공식을 이용하여 푸시오.

5-1 $x^2-6x+3=0$ ______

5-2 $x^2+10x+8=0$ ______

6-1 $3x^2-2x-2=0$ ______

6-2 $2x^2+6x-3=0$ ______

7-1 $2x^2-4x-3=0$ ______

7-2 $3x^2+10x+2=0$ ______

핵심 체크

이차방정식 $ax^2+2b'x+c=0$의 해는 짝수 공식 $x=\frac{-b'\pm\sqrt{b'^2-ac}}{a}$ $(b'^2-ac\geq0)$를 이용하여 구할 수 있다.
이때 a, b', c가 음수이면 짝수 공식에 대입할 때 괄호를 사용하여 실수하지 않도록 주의한다.

15 복잡한 이차방정식의 풀이(1) : 괄호

❶ 괄호가 있으면 분배법칙, 곱셈 공식 등을 이용하여 괄호를 풀어 $ax^2+bx+c=0$의 꼴로 정리한다.

❷ 좌변을 인수분해할 수 있으면 인수분해를 이용하여 풀고, 인수분해할 수 없으면 근의 공식을 이용한다.

예
$$(x+3)^2=4x+9$$
좌변을 전개
$$x^2+6x+9=4x+9$$
$ax^2+bx+c=0$의 꼴로 나타내기
$$x^2+2x=0$$
좌변을 인수분해
$$x(x+2)=0$$
$$\therefore x=0 \text{ 또는 } x=-2$$

○ 주어진 이차방정식을 정리하고, 이차방정식을 푸시오.

1-1 $x(x+3)=2x^2-3$

➡ 괄호를 풀어 정리하면

$x^2-\square x-3=0$

근의 공식을 이용하여 풀면

$x=\dfrac{\square\pm\sqrt{\square}}{2}$

1-2 $(x-1)^2=2x^2-2$ ➡ $x^2+\square x-\square=0$

______

2-1 $(x+2)^2=4(x+5)$ ➡ $x^2-\square=0$

______

2-2 $(x+3)(x-3)=8x$ ➡ $x^2-\square x-\square=0$

______

3-1 $(x-1)(x+2)=2x+4$ ➡ $x^2-x-\square=0$

______

3-2 $(2x-1)(x-4)=-3x+1$

➡ $2x^2-\square x+\square=0$

______

핵심 체크

괄호가 있으면 분배법칙, 곱셈 공식 등을 이용하여 괄호를 풀어 $ax^2+bx+c=0$의 꼴로 정리한다.

- 곱셈 공식: $(a+b)^2=a^2+2ab+b^2$, $(a-b)=a^2-2ab+b^2$
  $(a+b)(a-b)=a^2-b^2$, $(x+a)(x+b)=x^2+(a+b)x+ab$
- 분배법칙: $m(a+b)=ma+mb$

○ 다음 이차방정식을 푸시오.

4-1 $2x^2-x=(x-1)(x-4)$

____

4-2 $(x+5)(x-5)=2(x-1)$

____

5-1 $2x^2=(x-1)(x-5)+1$

____

5-2 $x^2+18=6(3-x)$

____

6-1 $3x^2=(x+2)(x-3)+7$

____

6-2 $(x+3)(x-1)=-2-2x^2$

____

7-1 $x(x-2)=(2x+1)(3-x)$

____

7-2 $(x-1)(2x+1)=(x+1)^2$

____

핵심 체크

괄호가 있는 이차방정식의 풀이 방법

① 괄호를 전개하여 $ax^2+bx+c=0$의 꼴로 정리한다.

② 인수분해 또는 근의 공식을 이용한다.

16 복잡한 이차방정식의 풀이(2) : 소수

계수에 소수가 있으면 양변에 10의 거듭제곱을 곱하여 계수를 정수로 바꾸어 푼다.
→ 10, 100, 1000, ⋯

예 $0.1x^2-0.3x-0.2=0$
$x^2-3x-2=0$ ← 양변에 10을 곱한다.

$\therefore x=\dfrac{-(-3)\pm\sqrt{(-3)^2-4\times1\times(-2)}}{2\times1}$ ← 근의 공식을 이용하여 푼다.

$=\dfrac{3\pm\sqrt{17}}{2}$

○ 주어진 이차방정식을 정리하고, 이차방정식을 푸시오.

1-1 $0.1x^2-0.2x-1.5=0$
➡ 양변에 10을 곱하면
$x^2-2x-\square=0$
좌변을 인수분해하면
$(x-\square)(x+3)=0$
$\therefore x=\square$ 또는 $x=-3$

1-2 $0.2x^2-0.8x+0.7=0$ ➡ $2x^2-\square x+\square=0$

2-1 $0.2x^2+0.1x-1=0$ ➡ $2x^2+x-\square=0$

2-2 $0.3x^2+x+0.5=0$ ➡ $3x^2+\square x+\square=0$

3-1 $0.2x^2+0.9x+1=0$ ➡ $2x^2+\square x+\square=0$

3-2 $x^2-0.5x-0.3=0$ ➡ $10x^2-\square x-\square=0$

핵심 체크

- 계수에 소수가 있으면 양변에 10, 100, 1000, ⋯ 중 적당한 수를 곱한다.
- 계수를 정수로 만들기 위해 어떤 수를 곱할 때는 소수에만 곱하는 것이 아니라 모든 항에 같은 수를 곱해야 한다.
  예 $x^2-0.3x-0.2=0$에 10을 곱하는 경우 ➡ $x^2-3x-2=0$(×), $10x^2-3x-2=0$(○)

○ 다음 이차방정식을 푸시오.

4-1 $0.3x^2-0.4x-1=0$ ______________

4-2 $1.2x^2-2x-0.6=0$ ______________

5-1 $x^2-0.3x=0.1$ ______________

5-2 $0.3x^2+0.2x=0.5$ ______________

6-1 $0.4x^2-0.8x+0.4=0$ ______________

6-2 $0.4x^2-x+0.3=0$ ______________

7-1 $0.2x^2-x+0.15=0$ ______________

7-2 $1.6x^2-0.8x=-1.6x+0.32$ ______________

핵심 체크

계수에 소수가 있는 이차방정식의 풀이 방법

① 양변에 10, 100, 1000, … 중 적당한 수를 곱한다.

② 인수분해 또는 근의 공식을 이용한다.

17 복잡한 이차방정식의 풀이(3) : 분수

계수에 분수가 있으면 양변에 분모의 최소공배수를 곱하여 계수를 정수로 바꾸어 푼다.

예 $\frac{1}{6}x^2+\frac{1}{4}x-\frac{1}{3}=0$ → 양변에 분모의 최소공배수 12를 곱한다.

$2x^2+3x-4=0$ → 근의 공식을 이용하여 푼다.

$\therefore x=\frac{-3\pm\sqrt{3^2-4\times2\times(-4)}}{2\times2}$

$=\frac{-3\pm\sqrt{41}}{4}$

○ 주어진 이차방정식을 정리하고, 이차방정식을 푸시오.

1-1 $\frac{1}{2}x^2-\frac{1}{6}x-\frac{1}{3}=0$

➡ 양변에 분모의 최소공배수 ☐을 곱하면

$3x^2-x-2=0$

좌변을 인수분해하면

$(3x+☐)(x-☐)=0$

$\therefore x=$ ☐ 또는 $x=1$

1-2 $\frac{1}{6}x^2-\frac{1}{3}x-\frac{1}{3}=0$ ➡ $x^2-☐x-☐=0$

____

2-1 $\frac{3}{2}x^2+\frac{1}{2}x-\frac{1}{4}=0$ ➡ $6x^2+☐x-☐=0$

____

2-2 $\frac{1}{4}x^2-\frac{5}{6}x+\frac{1}{3}=0$ ➡ $3x^2-☐x+☐=0$

____

3-1 $\frac{1}{2}x^2-\frac{1}{5}x-1=0$ ➡ $5x^2-☐x-☐=0$

____

3-2 $\frac{1}{6}x^2-x+\frac{3}{2}=0$ ➡ $x^2-☐x+☐=0$

____

핵심 체크

- 계수에 분수가 있으면 양변에 분모의 최소공배수를 곱한다.
- 계수를 정수로 만들기 위해 어떤 수를 곱할 때는 분수에만 곱하는 것이 아니라 모든 항에 같은 수를 곱해야 한다.

예 $\frac{1}{4}x^2-\frac{1}{2}x-1=0$에 분모의 최소공배수 4를 곱하는 경우 ➡ $x^2-2x-1=0$ (×), $x^2-2x-4=0$ (◯)

○ 다음 이차방정식을 푸시오.

4-1 $\frac{1}{5}x^2+\frac{1}{2}x-\frac{3}{10}=0$ ______

4-2 $\frac{1}{4}x^2-\frac{1}{3}x-\frac{1}{2}=0$ ______

5-1 $\frac{1}{2}x^2+\frac{1}{6}=\frac{3}{4}x$ ______

5-2 $\frac{1}{3}x^2+\frac{1}{9}=x$ ______

6-1 $\frac{3}{4}x^2+\frac{1}{2}x=\frac{5}{6}$ ______

6-2 $\frac{x^2}{4}+\frac{x-3}{6}=1$ ______

7-1 $0.2x^2+\frac{2}{5}x-\frac{1}{10}=0$ ______

7-2 $\frac{1}{2}x^2-0.3x-\frac{1}{5}=0$ ______

소수와 분수가 섞여 있을 때는 소수를 기약분수로 바꾼 후 분모의 최소공배수를 곱해!

8-1 $\frac{2}{5}x^2+0.3=x$ ______

8-2 $0.5x^2-\frac{2}{3}x=\frac{1}{6}$ ______

핵심 체크

- 계수에 분수가 있는 이차방정식은 양변에 분모의 최소공배수를 곱하여 계수를 정수로 바꾸어 푼다.
- 계수에 분수와 소수가 섞여 있으면 소수를 기약분수로 바꾸어 푼다.

18 복잡한 이차방정식의 풀이(4) : 치환

공통부분이 있으면 공통부분을 한 문자로 치환한 후 푼다.

예 $(x+2)^2+3(x+2)-4=0$ → $x+2=A$로 치환

$A^2+3A-4=0$ → 좌변을 인수분해

$(A-1)(A+4)=0$

$\therefore A=1$ 또는 $A=-4$ → $A=x+2$를 대입

즉 $x+2=1$ 또는 $x+2=-4$

$\therefore x=-1$ 또는 $x=-6$

$A=1$ 또는 $A=-4$로 답하지 말고 반드시 $A=x+2$를 대입하여 x의 값을 구해야 해!

○ 다음 이차방정식을 푸시오.

1-1 $(x-1)^2-2(x-1)-15=0$

➡ $x-1=A$로 치환하면

$A^2-2A-15=0$

$(A-\square)(A+3)=0$

$\therefore A=\square$ 또는 $A=-3$

즉 $x-1=\square$ 또는 $x-1=-3$

$\therefore x=\square$ 또는 $x=-2$

1-2 $(x+1)^2+5(x+1)+6=0$

➡ $\square=A$로 치환한다.

____

2-1 $(x-1)^2+6(x-1)+9=0$

➡ $\square=A$로 치환한다.

____

2-2 $(x-3)^2-16(x-3)+64=0$

➡ $\square=A$로 치환한다.

____

3-1 $(x+2)^2-2(x+2)-24=0$

➡ $\square=A$로 치환한다.

____

3-2 $(x+3)^2-9(x+3)+14=0$

➡ $\square=A$로 치환한다.

____

핵심 체크

공통부분이 있는 이차방정식에서 공통부분을 A로 치환할 때 A의 값이 주어진 방정식의 해라고 착각하지 않도록 한다.
반드시 A에 원래의 식을 대입하여 x의 값을 구해야 한다.

○ 다음 이차방정식을 푸시오.

4-1 $3(x+2)^2-2(x+2)-1=0$

4-2 $3(x-2)^2-7(x-2)-6=0$

5-1 $3(x-2)^2+8(x-2)-3=0$

5-2 $5(x-3)^2-21(x-3)+4=0$

6-1 $(x-1)^2-4(x-1)=21$

6-2 $(x-2)^2+6(x-2)=40$

7-1 $(2x+1)^2-3(2x+1)+2=0$

7-2 $(3x+2)^2+5(3x+2)-14=0$

핵심 체크

공통부분이 있는 이차방정식의 풀이 ➡ ① 공통부분을 A로 치환한다.
② 인수분해 또는 근의 공식을 이용하여 A의 값을 구한다.
③ 치환한 식에 A의 값을 대입하여 x의 값을 구한다.

기본연산 집중연습 | 13~18

○ 다음 이차방정식을 푸시오.

1-1 $x^2+x-1=0$

1-2 $x^2-2x-5=0$

1-3 $x^2-3x-5=0$

1-4 $x^2+6x+2=0$

1-5 $x^2+4x-2=0$

1-6 $x^2+6x-5=0$

1-7 $3x^2+5x+1=0$

1-8 $2x^2+x-4=0$

1-9 $3x^2-4x-2=0$

1-10 $5x^2+7x-2=0$

1-11 $4x^2-x-2=0$

1-12 $3x^2+7x+1=0$

핵심 체크

❶ 근의 공식 : 이차방정식 $ax^2+bx+c=0$의 해는

$x=\dfrac{-b\pm\sqrt{b^2-4ac}}{2a}$ (단, $b^2-4ac\geq0$)

❷ 짝수 공식 : 이차방정식 $ax^2+2b'x+c=0$의 해는

$x=\dfrac{-b'\pm\sqrt{b'^2-ac}}{a}$ (단, $b'^2-ac\geq0$)

○ 다음 이차방정식을 푸시오.

2-1 $(x+2)(x-2)=3x$ S

2-2 $0.2x(x+3)=0.5$ I

2-3 $\frac{1}{3}x^2+\frac{1}{6}=\frac{3}{4}x$ L

2-4 $0.3x^2-0.8x-1=0$ H

2-5 $x^2-0.2x-\frac{2}{5}=0$ T

2-6 $0.6x-\frac{x^2-x}{5}=-1$ P

2-7 $\frac{x(x-1)}{5}=\frac{(x-3)(x+2)}{3}$ O

2-8 $(x-3)^2-4(x-3)-5=0$ A

이차방정식의 해에 해당하는 알파벳을 빈칸에 써넣어 보세요. 이때 알파벳으로 완성된 단어는 무엇일까요?

$x=\frac{4\pm\sqrt{46}}{3}$	$x=\frac{1\pm\sqrt{61}}{2}$	$x=-1$ 또는 $x=4$	$x=-1$ 또는 $x=5$	$x=\frac{-3\pm\sqrt{19}}{2}$	$x=\frac{1\pm\sqrt{41}}{10}$	$x=2$ 또는 $x=8$	$x=\frac{1}{4}$ 또는 $x=2$

핵심 체크

③ 복잡한 이차방정식의 풀이

- 괄호가 있으면 전개하여 정리한다.
- 계수가 소수이면 양변에 10의 거듭제곱을 곱하여 계수를 정수로 바꾼다.
- 계수가 분수이면 양변에 분모의 최소공배수를 곱하여 계수를 정수로 바꾼다.
- 공통부분이 있으면 (공통부분)$=A$로 치환한다.

STEP 1

19 이차방정식의 근의 개수

이차방정식 $ax^2+bx+c=0(a\neq0)$의 근의 개수는 근의 공식 $x=\frac{-b\pm\sqrt{b^2-4ac}}{2a}$에서 b^2-4ac의 부호에 따라 결정된다.

❶ $b^2-4ac>0$ ⟶ 서로 다른 두 근을 갖는다. ⟶ 근이 2개

❷ $b^2-4ac=0$ ⟶ 한 근(중근)을 갖는다. ⟶ 근이 1개

❸ $b^2-4ac<0$ ⟶ 근이 없다. ⟶ 근이 0개

참고 이차방정식 $ax^2+bx+c=0$이 근을 가질 조건 ➡ $b^2-4ac\geq0$

○ 주어진 이차방정식 $ax^2+bx+c=0$에 대하여 ☐ 안에 $>$, $=$, $<$ 중 알맞은 것을 써넣고, 근의 개수를 구하시오.

1-1 $x^2+2x-3=0$
➡ $a=1$, $b=2$, $c=-3$이므로
$b^2-4ac=2^2-4\times1\times(-3)$ ☐ 0
따라서 근의 개수는 ______개이다.

1-2 $2x^2+x+3=0$
➡ b^2-4ac ☐ 0 ______개

2-1 $x^2-6x+9=0$
➡ b^2-4ac ☐ 0 ______개

2-2 $x^2+2x+2=0$
➡ b^2-4ac ☐ 0 ______개

3-1 $x^2-x+1=0$
➡ b^2-4ac ☐ 0 ______개

3-2 $4x^2-x-2=0$
➡ b^2-4ac ☐ 0 ______개

4-1 $3x^2+7x+2=0$
➡ b^2-4ac ☐ 0 ______개

4-2 $9x^2-6x+1=0$
➡ b^2-4ac ☐ 0 ______개

핵심 체크

이차방정식 $ax^2+bx+c=0$의 근의 개수를 구할 때는 b^2-4ac의 부호로 판단한다.
(i) $b^2-4ac>0$ ➡ 근이 2개 (ii) $b^2-4ac=0$ ➡ 근이 1개 (iii) $b^2-4ac<0$ ➡ 근이 0개

○ 주어진 이차방정식의 근이 다음과 같을 때, 상수 k의 값 또는 k의 값의 범위를 구하시오.

5-1 $x^2+6x+k=0$

(1) 서로 다른 두 근

➡ $6^2-4\times1\times k$ ☐ 0이어야 하므로

$36-4k$ ☐ 0 $\quad\therefore k$ ☐ 9

(2) 중근

➡ $6^2-4\times1\times k$ ☐ 0이어야 하므로

$36-4k$ ☐ 0 $\quad\therefore k$ ☐ 9

(3) 근이 없다.

➡ $6^2-4\times1\times k$ ☐ 0이어야 하므로

$36-4k$ ☐ 0 $\quad\therefore k$ ☐ 9

5-2 $3x^2-5x-k=0$

(1) 서로 다른 두 근

(2) 중근

(3) 근이 없다.

6-1 $x^2-6x+k-1=0$

(1) 서로 다른 두 근

(2) 중근

(3) 근이 없다.

6-2 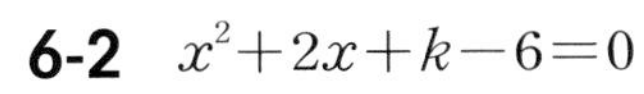 $x^2+2x+k-6=0$

(1) 서로 다른 두 근

(2) 중근

(3) 근이 없다.

핵심 체크

- 이차방정식 $ax^2+bx+c=0$이
  (i) 서로 다른 두 근을 가진다. ➡ $b^2-4ac>0$ (ii) 중근을 가진다. ➡ $b^2-4ac=0$ (iii) 근이 없다. ➡ $b^2-4ac<0$
- 일차항의 계수가 짝수일 때, 즉 $ax^2+2b'x+c=0$일 때에는 b'^2-ac를 이용하는 것이 편리하다.

20 이차방정식의 두 근의 합과 곱

이차방정식 $ax^2+bx+c=0(a\neq0)$에서

(두 근의 합) $=-\dfrac{b}{a}$, (두 근의 곱) $=\dfrac{c}{a}$

주의

이차방정식 $x^2+2x-3=0$의 두 근의 합과 곱 구하기

방법 1 $x^2+2x-3=0$은 $(x-1)(x+3)=0$에서
두 근이 1, -3이므로
(두 근의 합) $=1+(-3)=-2$
(두 근의 곱) $=1\times(-3)=-3$

방법 2 $x^2+2x-3=0$은 $a=1$, $b=2$, $c=-3$이므로
(두 근의 합) $=-\dfrac{b}{a}=-\dfrac{2}{1}=-2$
(두 근의 곱) $=\dfrac{c}{a}=\dfrac{-3}{1}=-3$

○ 다음 이차방정식의 두 근을 α, β라 할 때, $\alpha+\beta$, $\alpha\beta$의 값을 각각 구하시오.

1-1 $x^2-3x+2=0$
➡ $a=1$, $b=-3$, $c=\square$이므로
$\alpha+\beta=-\dfrac{b}{a}=\square$
$\alpha\beta=\dfrac{c}{a}=\square$

1-2 $4x^2+8x-5=0$
➡ $\alpha+\beta=\square$, $\alpha\beta=\square$

2-1 $3x^2+10x-6=0$
➡ $\alpha+\beta=\square$, $\alpha\beta=\square$

2-2 $2x^2-3x-1=0$
➡ $\alpha+\beta=\square$, $\alpha\beta=\square$

3-1 $x^2-2x=0$
➡ $\alpha+\beta=\square$, $\alpha\beta=\square$

3-2 $4x^2+5x+1=0$
➡ $\alpha+\beta=\square$, $\alpha\beta=\square$

핵심 체크

이차방정식 $ax^2+bx+c=0(a\neq0)$에서 (두 근의 합) $=-\dfrac{b}{a}$, (두 근의 곱) $=\dfrac{c}{a}$

21 이차방정식 구하기

정답과 해설 | 20쪽

❶ 두 근이 α, β이고 x^2의 계수가 a인 이차방정식 ➡ $a(x-\alpha)(x-\beta)=0$

❷ 중근이 α이고 x^2의 계수가 a인 이차방정식 ➡ $a(x-\alpha)^2=0$

❸ 두 근의 합이 m, 곱이 n이고 x^2의 계수가 a인 이차방정식
➡ $a(x^2-mx+n)=0$

○ 다음 조건을 만족하는 이차방정식을 $ax^2+bx+c=0$의 꼴로 나타내시오.

1-1 두 근이 1, -4이고 x^2의 계수가 1인 이차방정식
➡ $(x-\square)(x+\square)=0$
$\therefore x^2+\square x-\square=0$

1-2 두 근이 -3, 2이고 x^2의 계수가 1인 이차방정식

2-1 두 근이 -1, 2이고 x^2의 계수가 1인 이차방정식

2-2 두 근이 -2, 3이고 x^2의 계수가 1인 이차방정식

3-1 두 근이 2, -3이고 x^2의 계수가 3인 이차방정식

3-2 두 근이 3, -5이고 x^2의 계수가 4인 이차방정식

4-1 두 근이 -1, $\frac{3}{2}$이고 x^2의 계수가 2인 이차방정식

4-2 두 근이 $\frac{1}{2}$, $\frac{1}{3}$이고 x^2의 계수가 6인 이차방정식

핵심 체크

두 근이 α, β이고 x^2의 계수가 a인 이차방정식 ➡ $a(x-\alpha)(x-\beta)=0$

정답과 해설 | 20쪽

21 이차방정식 구하기

○ **다음 조건을 만족하는 이차방정식을 $ax^2+bx+c=0$의 꼴로 나타내시오.**

5-1 중근이 3이고 x^2의 계수가 2인 이차방정식

➡ $2(x-\square)^2=0$

$\therefore\ 2x^2-\square x+\square=0$

5-2 중근이 2이고 x^2의 계수가 3인 이차방정식

6-1 중근이 -3이고 x^2의 계수가 2인 이차방정식

6-2 중근이 6이고 x^2의 계수가 1인 이차방정식

7-1 중근이 -4이고 x^2의 계수가 $\frac{1}{2}$인 이차방정식

7-2 중근이 $-\frac{1}{2}$이고 x^2의 계수가 4인 이차방정식

8-1 두 근의 합이 5, 곱이 3이고 x^2의 계수가 1인 이차방정식

➡ $x^2-\square x+3=0$

8-2 두 근의 합이 -7, 곱이 5이고 x^2의 계수가 1인 이차방정식

9-1 두 근의 합이 6, 곱이 -2이고 x^2의 계수가 3인 이차방정식

9-2 두 근의 합이 -4, 곱이 2이고 x^2의 계수가 $\frac{1}{2}$인 이차방정식

핵심 체크

- 중근이 α이고 x^2의 계수가 a인 이차방정식 ➡ $a(x-\alpha)^2=0$
- 두 근의 합이 m이, 곱이 n이고 x^2의 계수가 a인 이차방정식 ➡ $a(x^2-mx+n)=0$

22 계수가 유리수인 이차방정식의 근

정답과 해설 | 21쪽

a, b, c가 유리수인 이차방정식 $ax^2+bx+c=0(a\neq0)$의 한 근이 $p+q\sqrt{m}$이면 다른 한 근은 $p-q\sqrt{m}$이다. (단, p, q는 유리수, $\sqrt{m}$은 무리수)

예 이차방정식 $x^2-4x-3=0$의 한 근이 $2+\sqrt{7}$
➡ 다른 한 근은 $2-\sqrt{7}$

○ a, b, c가 유리수인 이차방정식 $ax^2+bx+c=0$에 대하여 한 근이 다음과 같을 때, x^2의 계수가 1인 이차방정식을 구하시오.

1-1 $1+\sqrt{2}$

(1) 다른 한 근 ________

(2) 두 근의 합 ________

(3) 두 근의 곱 ________

(4) 이차방정식 ________

1-2 $2+\sqrt{6}$

(1) 다른 한 근 ________

(2) 두 근의 합 ________

(3) 두 근의 곱 ________

(4) 이차방정식 ________

2-1 $-2+\sqrt{3}$

(1) 다른 한 근 ________

(2) 두 근의 합 ________

(3) 두 근의 곱 ________

(4) 이차방정식 ________

2-2 $-1-\sqrt{7}$

(1) 다른 한 근 ________

(2) 두 근의 합 ________

(3) 두 근의 곱 ________

(4) 이차방정식 ________

3-1 $4+\sqrt{7}$

(1) 다른 한 근 ________

(2) 두 근의 합 ________

(3) 두 근의 곱 ________

(4) 이차방정식 ________

3-2 $3+\sqrt{11}$

(1) 다른 한 근 ________

(2) 두 근의 합 ________

(3) 두 근의 곱 ________

(4) 이차방정식 ________

핵심 체크

이차방정식 $ax^2+bx+c=0$(a, b, c는 유리수)의 한 근이 $p+q\sqrt{m}$이면 다른 한 근은 $p-q\sqrt{m}$이다.
무리수 부분의 부호가 서로 반대
(단, p, q는 유리수, $\sqrt{m}$은 무리수)

23 이차방정식의 활용

이차방정식의 활용 문제는 다음과 같은 순서로 푼다.

❶ 미지수 정하기 … 구하려는 것을 미지수 x로 놓는다.
❷ 방정식 세우기 … 문제에서 수량 사이의 관계를 파악하여 x에 대한 이차방정식을 세운다.
❸ 방정식 풀기 … 이차방정식을 풀어 해를 구한다.
❹ 답 정하기 … 구한 해 중 문제의 뜻에 맞는 것을 선택한다.

1-1 **차가 3이고 곱이 54인 두 자연수를 구하려고 한다. 다음 물음에 답하시오.**

(1) 작은 수를 x라 하면 큰 수는 ☐이다.

(2) 두 수의 곱이 54임을 이용하여 x에 대한 방정식을 세우시오.

(3) (2)에서 세운 방정식을 푸시오.

(4) 연속하는 두 자연수를 구하시오.

1-2 **차가 4이고 곱이 45인 두 자연수를 구하려고 한다. 다음 물음에 답하시오.**

(1) 작은 수를 x라 하고 x에 대한 방정식을 세우시오.

(2) (1)에서 세운 방정식을 풀어 두 자연수를 구하시오.

2-1 **진욱이는 동생보다 4살 많고 두 사람의 나이의 곱이 192일 때, 진욱이의 나이를 구하려고 한다. 다음 물음에 답하시오.**

(1) 진욱이의 나이를 x살이라 하고 x에 대한 방정식을 세우시오.

(2) (1)에서 세운 방정식을 풀어 진욱이의 나이를 구하시오.

2-2 **진희와 동생의 나이의 차는 3살이다. 진희와 동생의 나이의 제곱의 합이 425일 때, 진희와 동생의 나이를 구하려고 한다. 다음 물음에 답하시오.**

(1) 동생의 나이를 x살이라 하고 x에 대한 방정식을 세우시오.

(2) (1)에서 세운 방정식을 풀어 진희와 동생의 나이를 구하시오.

핵심 체크

차가 a인 두 수 ➡ $x, x+a$ (또는 $x-a, x$)

3-1 연속하는 두 자연수의 제곱의 합이 85일 때, 두 자연수를 구하려고 한다. 다음 물음에 답하시오.

(1) 연속하는 두 자연수를 x, ☐로 놓는다.

(2) 연속하는 두 자연수의 제곱의 합이 85임을 이용하여 x에 대한 방정식을 세우시오.

____

(3) (2)에서 세운 방정식을 푸시오.

____

(4) 연속하는 두 자연수를 구하시오.

____

3-2 연속하는 세 자연수 중 가장 큰 수의 제곱과 가장 작은 수의 제곱의 차가 가운데 수의 제곱에서 5를 뺀 것과 같을 때, 세 자연수를 구하려고 한다. 다음 물음에 답하시오.

(1) 연속하는 세 자연수 중 가운데 수를 x라 하고, x에 대한 방정식을 세우시오.

____

(2) 연속하는 세 자연수를 구하시오.

____

4-1 사탕 45개를 한 모둠의 학생들에게 똑같이 나누어 주었다. 학생 한 명이 받은 사탕의 개수가 모둠의 학생 수보다 4만큼 작다고 할 때, 이 모둠의 학생 수를 구하려고 한다. 다음 물음에 답하시오.

(1) 모둠의 학생 수를 x명이라 하면 한 학생이 받은 사탕의 개수는 (☐)개이다.

(2) (학생 수)$\times$(한 학생이 받은 사탕의 개수) $=45$
임을 이용하여 x에 대한 방정식을 세우시오.

____

(3) (2)에서 세운 방정식을 푸시오.

____

(4) 모둠의 학생 수를 구하시오.

____

4-2 책 120권을 학생들에게 똑같이 나누어 주었다. 학생 수는 한 학생이 받은 책의 수보다 7만큼 크다고 할 때, 학생 수를 구하려고 한다. 다음 물음에 답하시오.

(1) 학생 수를 x명이라 하고 x에 대한 방정식을 세우시오.

____

(2) 학생 수를 구하시오.

____

핵심 체크

- 연속하는 두 자연수(정수) : x, $x+1$ (또는 $x-1$, x)
- 연속하는 세 자연수(정수) : $x-1$, x, $x+1$ (또는 x, $x+1$, $x+2$)
- 연속하는 두 홀수(짝수) : x, $x+2$

5-1 다음 그림과 같이 정사각형의 가로의 길이를 12 cm 늘이고, 세로의 길이를 6 cm 줄였더니 그 넓이가 88 cm^2가 되었다. 처음 정사각형의 한 변의 길이를 구하려고 할 때, 물음에 답하시오.

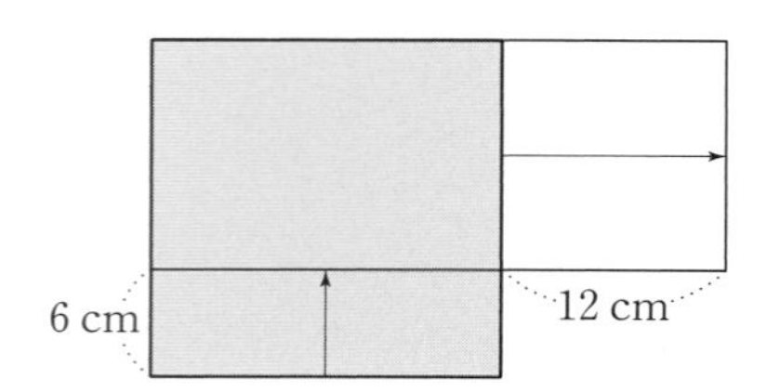

(1) 처음 정사각형의 한 변의 길이를 x cm라 하면 나중 직사각형의 가로의 길이는 ( ) cm, 세로의 길이는 ( ) cm이다.

(2) (가로의 길이)×(세로의 길이) =(직사각형의 넓이) 임을 이용하여 x에 대한 방정식을 세우시오.

(3) (2)에서 세운 방정식을 푸시오.

(4) 처음 정사각형의 한 변의 길이를 구하시오.

5-2 다음 그림과 같이 넓이가 96 m^2인 직사각형 모양의 텃밭이 있다. 이 텃밭의 가로의 길이가 세로의 길이보다 4 m 더 길다고 할 때, 텃밭의 가로의 길이를 구하려고 한다. 물음에 답하시오.

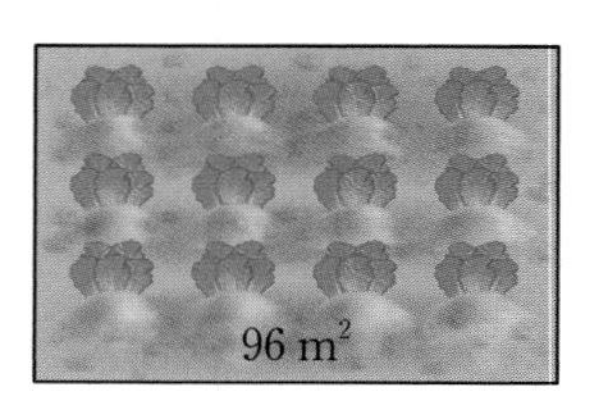

(1) 텃밭의 가로의 길이를 x m라 하고 x에 대한 방정식을 세우시오.

(2) (1)에서 세운 방정식을 푸시오.

(3) 텃밭의 가로의 길이를 구하시오.

5-3 어떤 정사각형의 가로의 길이를 2 cm, 세로의 길이를 6 cm 늘였더니 넓이가 처음 정사각형의 넓이의 5배인 직사각형이 되었다. 처음 정사각형의 한 변의 길이를 구하시오.

핵심 체크

- 길이가 x인 한 변을 a만큼 늘이면 그 길이는 ➡ $x+a$
- 길이가 x인 한 변을 a만큼 줄이면 그 길이는 ➡ $x-a$
- (직사각형의 넓이)=(가로의 길이)×(세로의 길이)

6-1 지면에서 초속 25 m로 똑바로 위로 던진 공의 x초 후의 높이가 $(25x-5x^2)$ m라 할 때, 다음 물음에 답하시오.

(1) 공의 높이가 30 m가 되는 것은 공을 던진 지 몇 초 후인지 구하시오.

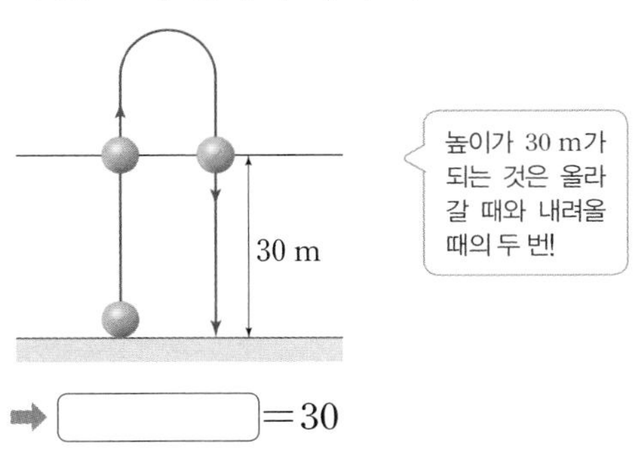

➡ $\boxed{}=30$

____

(2) 공이 다시 땅에 떨어지는 것은 공을 던진 지 몇 초 후인지 구하시오.

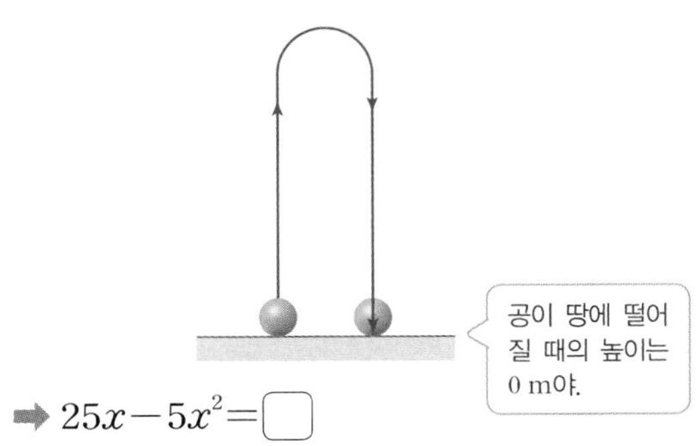

➡ $25x-5x^2=\boxed{}$

____

6-2 지상으로부터 4 m 높이의 건물의 꼭대기에서 초속 30 m로 똑바로 쏘아 올린 물 로켓의 x초 후의 지면으로부터의 높이가 $(-5x^2+30x+4)$ m라 한다. 이 물 로켓의 높이가 지면으로부터 44 m가 되는 것은 쏘아 올린 지 몇 초 후인지 구하시오.

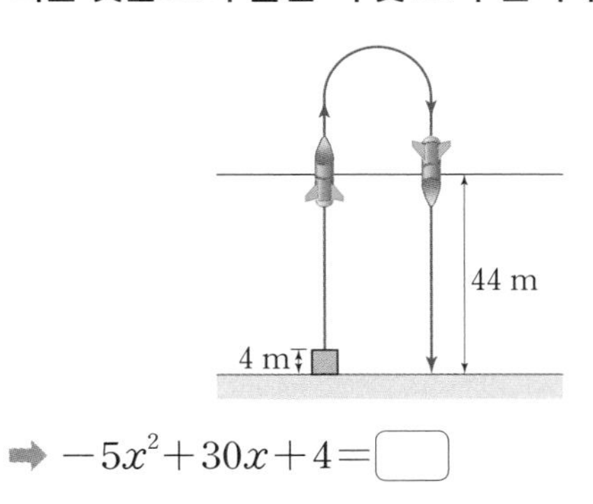

➡ $-5x^2+30x+4=\boxed{}$

____

6-3 지면에서 초속 60 m로 쏘아 올린 물체의 t초 후의 높이가 $(60t-5t^2)$ m라 할 때, 이 물체의 높이가 175 m가 되는 것은 쏘아 올린 지 몇 초 후인지 구하시오.

____

핵심 체크

- 지면에서 쏘아 올린 물체가 다시 땅에 떨어지면 그 높이는 0 m이다.
- 물체가 일정한 높이에 도달하는 시간은 올라갈 때 한 번, 내려올 때 한 번으로 총 두 번 나올 수 있다.

기본연산 집중연습 | 19~23

1. 다음 이차방정식을 보고 정국이와 나연이의 대화에서 a, b의 각각 값을 구하시오.

서로 다른 두 개의 근을 갖는 이차방정식은 a개야.

정국

나연

근을 갖는 이차방정식은 b개야.

㉠ $x^2+x+5=0$	㉡ $4x^2-12x+9=0$	㉢ $x^2-7x+12=0$
㉣ $x^2-5x+3=0$	㉤ $x^2-2x+1=0$	㉥ $3x^2-6x-5=0$
㉦ $x^2+x+1=0$	㉧ $2x^2-x-3=0$	㉨ $x^2-18x+81=0$

○ 다음 이차방정식의 두 근의 합과 곱을 차례대로 구하시오.

2-1 $4x^2-5x-2=0$

2-2 $-5x^2+7x+5=0$

2-3 $x^2-3x+2=0$

2-4 $x^2=-9x+5$

2-5 $3x^2+5x=3(x+2)$

2-6 $(x+2)^2=7$

핵심 체크

❶ 이차방정식 $ax^2+bx+c=0$은

$b^2-4ac>0$이면 서로 다른 두 근을 가진다.
$b^2-4ac=0$이면 중근을 가진다.
(위 두 경우: 근을 가진다.)
$b^2-4ac<0$이면 근을 갖지 않는다.

❷ 이차방정식 $ax^2+bx+c=0$에서

(두 근의 합)$=-\frac{b}{a}$

(두 근의 곱)$=\frac{c}{a}$

○ 다음 조건을 만족하는 이차방정식을 $ax^2+bx+c=0$의 꼴로 나타내시오.

3-1 두 근이 -1, -2이고 x^2의 계수가 1인 이차방정식

3-2 두 근이 -2, 5이고 x^2의 계수가 3인 이차방정식

3-3 중근이 $-\frac{1}{3}$이고 x^2의 계수가 -3인 이차방정식

3-4 두 근의 합이 -3, 두 근의 곱이 -7이고 x^2의 계수가 2인 이차방정식

○ 다음 물음에 답하시오.

4-1 연속하는 세 자연수가 있다. 가장 큰 수의 제곱은 나머지 두 수의 제곱의 합보다 32가 작을 때, 가장 작은 수를 구하시오.

4-2 지면에서 초속 20 m로 쏘아 올린 물체의 t초 후의 높이가 $(20t-5t^2)$ m라 할 때, 이 물체가 다시 지면으로 떨어지는 것은 쏘아 올린 지 몇 초 후인지 구하시오.

4-3 세로의 길이가 가로의 길이보다 5 m 짧고, 넓이가 104 m^2인 직사각형이 있다. 이 직사각형의 가로의 길이와 세로의 길이를 각각 구하시오.

4-4 어떤 소설책을 펼쳐서 펼쳐진 두 면의 쪽수의 곱이 210일 때, 두 면의 쪽수를 구하시오.

펼쳐진 두 면의 쪽수는 연속하는 두 자연수야.

핵심 체크

❸ 두 근이 α, β이고 x^2의 계수가 a인 이차방정식
➡ $a(x-\alpha)(x-\beta)=0$
➡ $a\{x^2-(\alpha+\beta)x+\alpha\beta\}=0$

❹ 연속하는 세 자연수
➡ $x-1$, x, $x+1$ (또는 x, $x+1$, $x+2$)

❺ 지면에서 쏘아 올린 물체가 땅에 떨어지면 그 높이는 0 m이다.

기본연산 테스트

1 다음 중 x에 대한 이차방정식인 것에는 ○표, 아닌 것에는 ×표를 하시오.

(1) $x^2+2x+1=0$ ( )

(2) $\frac{1}{x^2}-1=0$ ( )

(3) $x^2+\frac{1}{2}x=x^2$ ( )

(4) $x(x-1)=2x$ ( )

(5) $(2x+1)(x-1)=2x^2$ ( )

2 다음 중 [ ] 안의 수가 주어진 이차방정식의 해가 아닌 것을 고르시오.

ㄱ $x(x-3)=0$ [3]
ㄴ $2x^2-98=0$ [−7]
ㄷ $3x^2-9x+6=0$ [−2]
ㄹ $(x-4)(x+4)=16$ [4]
ㅁ $x(x+1)-2x(x+1)=0$ [−1]

3 이차방정식 $x^2+ax-(a+1)=0$의 한 근이 3일 때, 다음을 구하시오.

(1) 상수 a의 값

(2) 다른 한 근

4 다음 이차방정식을 푸시오.

(1) $x^2-5x-36=0$

(2) $2x^2-2x-1=0$

(3) $5x^2-4x-1=0$

(4) $6x^2-11x-10=0$

(5) $9x^2-5x-1=0$

(6) $3x^2=(x+2)(x-3)+7$

(7) $0.3x^2+x+0.5=0$

(8) $\frac{x^2+x}{5}-\frac{x^2+2}{3}=-1$

(9) $\frac{2}{5}x^2+0.6=x$

(10) $2(x-1)^2+(x-1)-6=0$

핵심 체크

❶ x에 대한 이차방정식 : 등식에서 우변의 모든 항을 좌변으로 이항하여 정리한 식이 $ax^2+bx+c=0(a\neq0)$의 꼴로 나타내어지는 방정식

❷ 이차방정식의 해 : x에 대한 이차방정식을 참이 되게 하는 x의 값

❸ 이차방정식의 풀이
- 인수분해가 되면 인수분해 공식을 이용하고 인수분해가 되지 않으면 근의 공식을 이용하여 푼다.
- 괄호가 있으면 전개하고, 공통부분이 있으면 치환한다.
- 계수에 소수가 있으면 양변에 10의 거듭제곱을 곱하고, 계수에 분수가 있으면 양변에 분모의 최소공배수를 곱하여 계수를 정수로 고친다.

5 다음을 구하시오.

(1) 이차방정식 $2x^2+4x+k=0$이 근을 갖지 않을 때, 상수 k의 값의 범위

(2) 이차방정식 $x^2+8x+2k+1=0$이 근을 가질 때, 상수 k의 값의 범위

6 이차방정식 $2x^2+4x-3=0$의 두 근의 합과 곱을 각각 구하시오.

7 다음 조건을 만족하는 이차방정식을 $ax^2+bx+c=0$의 꼴로 나타내시오.

(1) 두 근이 -3, 5이고 x^2의 계수가 2인 이차방정식

(2) 중근이 7이고 x^2의 계수가 1인 이차방정식

(3) 두 근의 합이 -4, 곱이 1이고 x^2의 계수가 3인 이차방정식

(4) 한 근이 $2-\sqrt{5}$이고 x^2의 계수가 1인 이차방정식

8 연속하는 두 짝수의 제곱의 합이 52일 때, 두 짝수를 구하시오.

9 어떤 정사각형의 가로의 길이를 5 cm 늘이고, 세로의 길이를 3 cm 줄였더니 그 넓이는 240 cm^2가 되었다. 처음 정사각형의 한 변의 길이를 구하시오.

10 지면에서 초속 40 m로 쏘아 올린 물 로켓의 t초 후의 높이가 $(40t-5t^2)$ m일 때, 다음 물음에 답하시오.

(1) 지면에서 높이가 35 m인 지점을 지나는 것은 쏘아 올린 지 몇 초 후인지 구하시오.

(2) 쏘아 올린 후 지면으로 다시 떨어질 때까지 걸린 시간은 몇 초인지 구하시오.

핵심 체크

❹ 이차방정식 $ax^2+bx+c=0$이 근을 가질 조건
➡ $b^2-4ac\geq 0$

❺ 이차방정식 $ax^2+bx+c=0$에서
(두 근의 합)$=-\dfrac{b}{a}$, (두 근의 곱)$=\dfrac{c}{a}$

❻ 두 근이 α, β이고 x^2의 계수가 a인 이차방정식
➡ $a(x-\alpha)(x-\beta)=0$
➡ $a\{x^2-(\alpha+\beta)x+\alpha\beta\}=0$

❼ 이차방정식 $ax^2+bx+c=0$ (a, b, c는 유리수)의 한 근이 $p+q\sqrt{m}$이면 다른 한 근은 $p-q\sqrt{m}$이다.
(단, p, q는 유리수, $\sqrt{m}$은 무리수)

❽ 이차방정식의 활용 문제는 다음 순서로 푼다.
(i) 구하려는 것을 미지수 x로 놓는다.
(ii) 문제의 뜻에 맞게 이차방정식을 세운다.
(iii) 이차방정식을 푼다.
(iv) 문제의 뜻에 맞는 답을 구한다.

| 빅터 연산 공부 계획표 |

	주제	쪽수	학습한 날짜
STEP 1	**01** 함수와 함숫값의 뜻	66쪽	월 일
	02 일차함수의 뜻	67쪽	월 일
	03 이차함수의 뜻	68쪽~69쪽	월 일
	04 이차함수의 함숫값	70쪽~71쪽	월 일
STEP 2	기본연산 집중연습	72쪽~73쪽	월 일
STEP 1	**05** 일차함수 $y=ax$의 그래프	74쪽	월 일
	06 일차함수 $y=ax+b$의 그래프	75쪽	월 일
	07 이차함수 $y=x^2$, $y=-x^2$의 그래프	76쪽	월 일
	08 이차함수 $y=ax^2$의 그래프	77쪽~79쪽	월 일
	09 이차함수 $y=ax^2$의 그래프가 지나는 점	80쪽~81쪽	월 일
STEP 2	기본연산 집중연습	82쪽~83쪽	월 일
STEP 1	**10** 이차함수 $y=ax^2+q$의 그래프	84쪽~88쪽	월 일
	11 이차함수 $y=ax^2+q$의 그래프가 지나는 점	89쪽	월 일
	12 이차함수 $y=a(x-p)^2$의 그래프	90쪽~94쪽	월 일
	13 이차함수 $y=a(x-p)^2$의 그래프가 지나는 점	95쪽	월 일
STEP 2	기본연산 집중연습	96쪽~97쪽	월 일
STEP 1	**14** 이차함수 $y=a(x-p)^2+q$의 그래프	98쪽~102쪽	월 일
	15 이차함수 $y=a(x-p)^2+q$의 그래프가 지나는 점	103쪽	월 일
	16 이차함수의 그래프의 종합	104쪽~108쪽	월 일
STEP 2	기본연산 집중연습	109쪽~110쪽	월 일
STEP 1	**17** 이차함수 $y=a(x-p)^2+q$에서 a, p, q의 부호	111쪽~112쪽	월 일
	18 이차함수 $y=a(x-p)^2+q$에서 a, p, q의 그래프의 평행이동	113쪽~114쪽	월 일
STEP 2	기본연산 집중연습	115쪽	월 일
STEP 3	기본연산 테스트	116쪽~119쪽	월 일

2

이차함수의 그래프(1)

멀리서 농구 골대로 농구공을 던지면 처음에는 힘차게 올라가다가 어느 순간부터는 중력의 작용에 의하여 서서히 아래로 떨어지고, 지면에 가까워질수록 빨리 떨어진다. 마찬가지로 분수대에서 비스듬하게 위로 쏘아 올린 물줄기는 부드러운 곡선으로 휘어지며 땅에 떨어진다.

이처럼 지면으로부터 위로 쏘아 올린 물체의 운동은 중력의 작용에 의하여 매 순간 속력이 변하고, 그 물체가 날아가면서 그리는 곡선은 이차함수의 그래프의 모양과 같다.

STEP 1

01 함수와 함숫값의 뜻 Feedback

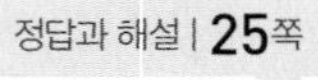

❶ 함수 : 두 변수 x, y에 대하여 x의 값이 하나 정해짐에 따라 y의 값이 오직 하나씩 정해지는 관계가 있을 때, y를 x의 함수라 한다.

❷ 함수의 표현 : y가 x의 함수일 때, 이것을 기호로 $y=f(x)$와 같이 나타낸다.
  예 함수 $y=f(x)$에 대하여 $y=2x+5$이면 $f(x)=2x+5$로 나타낼 수 있다.

❸ 함숫값 : 함수 $y=f(x)$에서 x의 값에 따라 하나씩 결정되는 y의 값
  예 함수 $f(x)=2x+5$에 대하여 $x=3$일 때의 함숫값 ➡ $f(3)=2\times3+5=11$

○ 다음 중 y가 x의 함수인 것에는 ○표, 아닌 것에는 ×표를 하시오.

1-1 자연수 x의 약수의 개수 y개 (　　)

1-2 자연수 x의 약수 y (　　)

2-1 자연수 x보다 큰 자연수 y (　　)

2-2 한 개에 1000원 하는 아이스크림 x개의 값 y원 (　　)

○ 다음을 구하시오.

3-1 함수 $f(x)=-3x+1$에 대하여 $f(-2)$의 값

______

3-2 함수 $f(x)=\frac{2}{3}x$에 대하여 $f(6)$의 값

______

4-1 함수 $f(x)=-\frac{1}{2}x$에 대하여 $2f(4)$의 값

______

4-2 함수 $f(x)=2x-3$에 대하여 $f(1)+f(-1)$의 값

______

핵심 체크

x의 값이 하나 정해짐에 따라 y의 값이 하나도 정해지지 않거나, 두 개 이상 정해지면 함수가 아니다.

02 일차함수의 뜻 Feedback

정답과 해설 | 25쪽

일차함수 : 함수 $y=f(x)$에서 y가 x에 대한 일차식, 즉

$$y=ax+b \text{ (a, b는 상수, } a\neq 0)$$

↳ $f(x)=ax+b$로 나타내기도 한다.

로 나타내어질 때, 이 함수를 x에 대한 일차함수라 한다.

○ 다음 중 일차함수인 것에는 ○표, 아닌 것에는 ×표를 하시오.

1-1 $y=2x$ ( )

1-2 $-3x+1=0$ ( )

2-1 $5x-4$ ( )

2-2 $y=-\frac{3}{4}x+1$ ( )

○ x와 y 사이의 관계가 다음과 같을 때, y를 x에 대한 식으로 나타내고 일차함수인 것에는 ○표, 아닌 것에는 ×표를 하시오.

3-1 밑변의 길이가 x cm, 높이가 8 cm인 삼각형의 넓이 y cm^2

➡ $y=$☐ ( )

3-2 한 변의 길이가 x cm인 정사각형의 넓이 y cm^2

➡ $y=$☐ ( )

4-1 한 자루에 50원인 연필 x자루와 한 개에 5000원인 필통 1개를 구입한 총 금액 y원

➡ $y=$☐ ( )

4-2 시속 x km로 100 km의 거리를 달릴 때 걸린 시간 y시간

➡ $y=$☐ ( )

핵심 체크

$a\neq 0$일 때

- $ax+b$ ➡ x에 대한 일차식
- $ax+b>0$ ➡ x에 대한 일차부등식
- $ax+b=0$ ➡ x에 대한 일차방정식
- $y=ax+b$ ➡ x에 대한 일차함수

03 이차함수의 뜻

이차함수 : 함수 $y=f(x)$에서 y가 x에 대한 이차식, 즉

$$y=ax^2+bx+c \ (a,\ b,\ c\text{는 상수},\ a\neq 0)$$

로 나타내어질 때, 이 함수를 x에 대한 이차함수라 한다.

예 $y=x^2$, $y=-x^2+3$, $y=2x^2+3x-1$

➡ $y=$(x에 대한 이차식)으로 나타내어지므로 이차함수이다.

$y=-3x+2$, $y=\frac{2}{x^2}$, $y=x^3+x^2+1$

➡ 이차함수가 아니다.

○ 다음 중 이차함수인 것에는 ○표, 아닌 것에는 ×표를 하시오.

1-1 $y=2x-2$ (　　　)

1-2 $y=x^2-5$ (　　　)

2-1 $y=-x(x+7)$ (　　　)

2-2 $x^2+6x+9=0$ (　　　)

3-1 $y=x^2-(x+1)^2$ (　　　)

3-2 $y=\frac{3}{2}x^2-5$ (　　　)

4-1 $y=-\frac{1}{x^2}$ (　　　)

4-2 $y=1+x^3$ (　　　)

5-1 $y=x(x-4)+4x^2$ (　　　)

5-2 $y=(x+1)^2-2x^2$ (　　　)

핵심 체크

$a\neq 0$일 때

- ax^2+bx+c ➡ x에 대한 이차식
- $ax^2+bx+c=0$ ➡ x에 대한 이차방정식
- $y=ax^2+bx+c$ ➡ x에 대한 이차함수

○ 다음 문장에서 y를 x에 대한 식으로 나타내고, 이차함수인 것에는 ○표, 아닌 것에는 ×표를 하시오.

6-1 한 변의 길이가 x cm인 정사각형의 둘레의 길이 y cm

➡ $y=$☐ (　　)

6-2 가로의 길이가 x cm, 세로의 길이가 $(x+4)$ cm인 직사각형의 넓이 $y\ \text{cm}^2$

➡ $y=$☐ (　　)

7-1 한 변의 길이가 각각 x cm, $(x+3)$ cm인 두 정사각형의 넓이의 합 $y\ \text{cm}^2$

➡ $y=$☐ (　　)

7-2 둘레의 길이가 30 cm인 직사각형의 세로의 길이가 x cm일 때, 이 직사각형의 넓이 $y\ \text{cm}^2$

➡ $y=$☐ (　　)

8-1 반지름의 길이가 x cm인 원의 둘레의 길이 y cm

➡ $y=$☐ (　　)

8-2 반지름의 길이가 x cm인 원의 넓이 $y\ \text{cm}^2$

➡ $y=$☐ (　　)

9-1 밑면이 한 변의 길이가 x인 정사각형이고 높이가 $2x$인 직육면체의 부피

➡ $y=$☐ (　　)

9-2 반지름의 길이가 x인 구의 부피 y

➡ $y=$☐ (　　)

10-1 5000원으로 x원짜리 공책 3권을 사고 남은 돈 y원

➡ $y=$☐ (　　)

10-2 시속 60 km로 달리는 자동차가 x시간 동안 이동한 거리 y km

➡ $y=$☐ (　　)

핵심 체크

이차함수 찾는 방법

① $y=$(x에 대한 식)으로 정리한다.

② 우변이 x에 대한 이차식이면 이차함수이다.

04 이차함수의 함숫값

함숫값 : 함수 $y=f(x)$에서 x의 값에 따라 결정되는 y의 값

예 함수 $f(x)=x^2+3x+1$에 대하여 $x=-2$일 때의 함숫값 ➡ $f(-2)=(-2)^2+3\times(-2)+1=4-6+1=-1$

○ 이차함수 $f(x)=x^2+1$에 대하여 다음을 구하시오.

1-1 $f(-4)=(\square)^2+1=\square$

1-2 $-3f(2)$ ____________

2-1 $f(1)-f(-1)$ ____________

2-2 $3f(5)-5f(3)$ ____________

○ 이차함수 $f(x)=-2x^2+x-3$에 대하여 다음을 구하시오.

3-1 $f(2)$ ____________

3-2 $2f(-1)$ ____________

4-1 $f(3)-f(4)$ ____________

4-2 $2f(-2)-3f(-3)$ ____________

핵심 체크

이차함수 $f(x)=ax^2+bx+c$에서 $f(\blacktriangle)$의 값 구하기

➡ x 대신 ▲를 대입

➡ $f(\blacktriangle)=a\times\blacktriangle^2+b\times\blacktriangle+c$

○ 다음을 구하시오.

5-1 이차함수 $f(x)=2x^2+k$에 대하여 $f(2)=10$일 때, 상수 k의 값

$f(2)=2\times\square^2+k=\square$
$f(2)=10$이므로 $\square=10$ $\therefore k=\square$

5-2 이차함수 $f(x)=-\frac{1}{2}x^2+k$에 대하여 $f(4)=-3$일 때, 상수 k의 값

6-1 이차함수 $f(x)=x^2+2x+k$에 대하여 $f(-1)=1$일 때, 상수 k의 값

6-2 이차함수 $f(x)=-2x^2+x-k$에 대하여 $f(2)=-3$일 때, 상수 k의 값

7-1 이차함수 $f(x)=kx^2+2$에 대하여 $f(1)=3$일 때, 상수 k의 값

7-2 이차함수 $f(x)=3x^2-kx+4$에 대하여 $f(-1)=10$일 때, 상수 k의 값

8-1 이차함수 $f(x)=4x^2+2x+k$에 대하여 $f\left(-\frac{1}{2}\right)=4$일 때, $f(1)$의 값 (단, k는 상수)

8-2 이차함수 $f(x)=-x^2+3x+k$에 대하여 $f(1)=3$일 때, $f(-2)$의 값 (단, k는 상수)

9-1 이차함수 $f(x)=2x^2-x+k$에 대하여 $f(3)=8$일 때, $f\left(\frac{3}{2}\right)$의 값 (단, k는 상수)

9-2 이차함수 $f(x)=kx^2+3x+2$에 대하여 $f(-1)=-3$일 때, $f(4)$의 값 (단, k는 상수)

핵심 체크

이차함수 $y=f(x)$에 미지수가 있고 $f(a)=b$가 주어졌을 때,
$y=f(x)$에 $x=a, y=b$를 대입하여 미지수의 값을 구할 수 있다.

기본연산 집중연습 | 01~04

1. 윤정이네 가족은 주어진 함수가 이차함수이면 아래쪽으로 이동하고, 이차함수가 아니면 오른쪽으로 이동하여 도착하게 되는 곳으로 여행을 가려고 한다. 윤정이네 가족이 가게 되는 여행지를 말하시오.

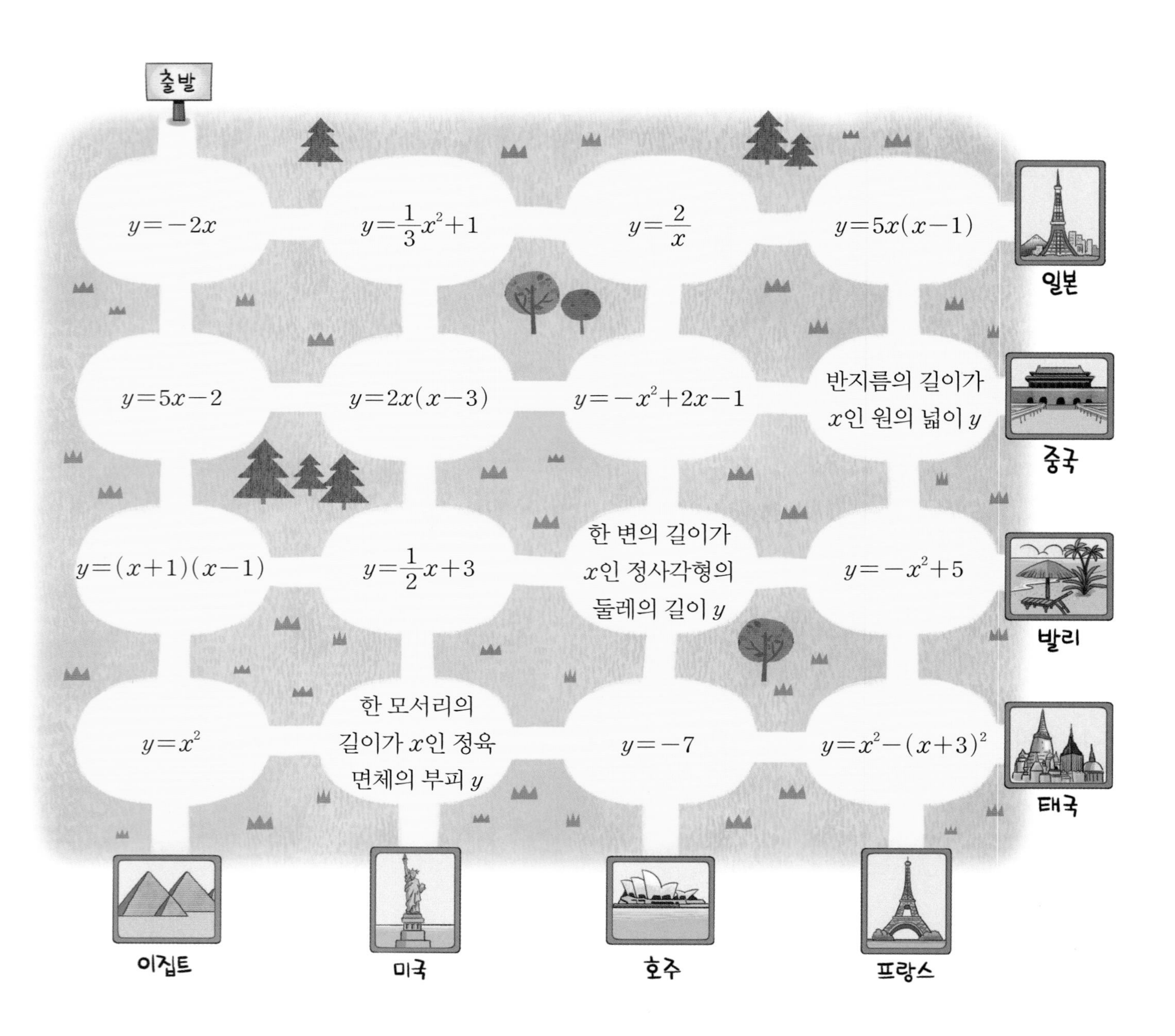

핵심 체크

❶ $y=$(x에 대한 일차식), 즉 $y=ax+b$ (a, b는 상수, $a\neq0$)의 꼴 ➡ 일차함수

❷ $y=$(x에 대한 이차식), 즉 $y=ax^2+bx+c$ (a, b, c는 상수, $a\neq0$)의 꼴 ➡ 이차함수

○ 아래 주어진 이차함수에 대하여 다음을 구하시오.

2-1 $f(x)=-x^2+7$

(1) $f(-2)$　(2) $-f(2)$　(3) $2f(-3)$

2-2 $f(x)=-x^2+2x-1$

(1) $f(1)$　(2) $f(-1)$　(3) $2f(-2)$

2-3 $f(x)=\frac{1}{3}x^2-x+\frac{2}{3}$

(1) $f(-4)$　(2) $-3f(1)$　(3) $4f(-1)-f(4)$

○ 다음을 구하시오.

3-1 이차함수 $f(x)=-kx^2$에 대하여 $f(-1)=-3$일 때, 상수 k의 값

3-2 이차함수 $f(x)=-3x^2+k$에 대하여 $f(2)=-5$일 때, 상수 k의 값

3-3 이차함수 $f(x)=x^2-kx+5$에 대하여 $f(-1)=7$일 때, $f(-4)$의 값 (단, k는 상수)

3-4 이차함수 $f(x)=-3x^2+kx-1$에 대하여 $f(1)=-2$일 때, $f(2)$의 값 (단, k는 상수)

핵심 체크

③ 함수 $y=f(x)$에서 $x=a$일 때의 함숫값 ➡ x 대신 a를 대입하여 구한다.

④ $f(a)=b$ ➡ $y=f(x)$에 $x=a$, $y=b$를 대입하면 등식이 성립한다.

05 일차함수 $y=ax$의 그래프 Feedback

정답과 해설 | 27쪽

❶ x의 값이 수 전체일 때, 일차함수 $y=ax$ $(a\neq 0)$의 그래프는 원점을 지나는 직선이다.

❷ $a>0$일 때

(i) 오른쪽 위로 향하는 직선이다.

(ii) x의 값이 증가하면 y의 값도 증가한다.

(iii) 제1, 3사분면을 지난다.

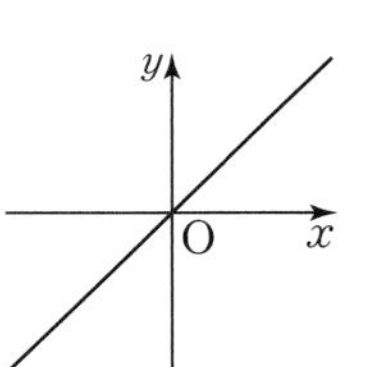

❸ $a<0$일 때

(i) 오른쪽 아래로 향하는 직선이다.

(ii) x의 값이 증가하면 y의 값은 감소한다.

(iii) 제2, 4사분면을 지난다.

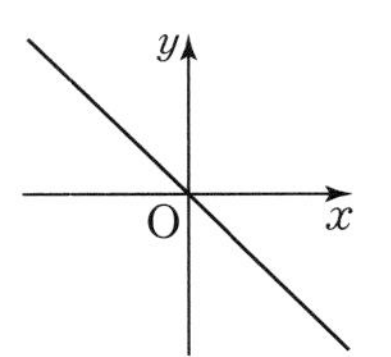

참고 일차함수 $y=ax$의 그래프에서 a의 절댓값이 클수록 y축에 가깝다.

○ 다음 일차함수의 그래프를 좌표평면 위에 그리시오.

1-1 $y=x$

① 원점 (0, ☐)을 지난다.

② $x=1$일 때, $y=1$이므로 점 (☐, ☐)을 지난다.

③ ①, ②의 두 점을 지나는 직선을 그린다.

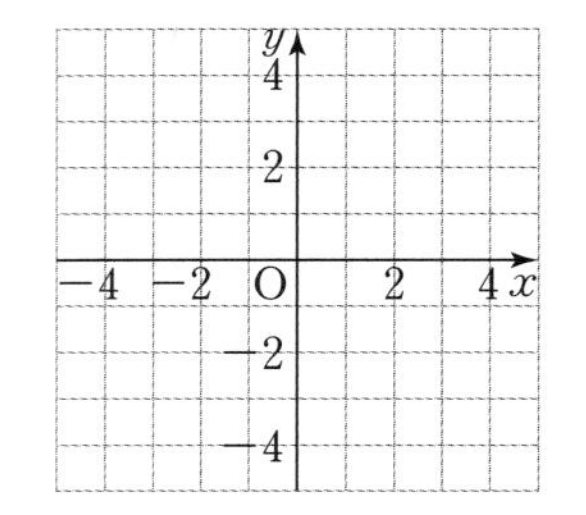

1-2 $y=-x$

① 원점 (0, ☐)을 지난다.

② $x=1$일 때, $y=-1$이므로 점 (☐, ☐)을 지난다.

③ ①, ②의 두 점을 지나는 직선을 그린다.

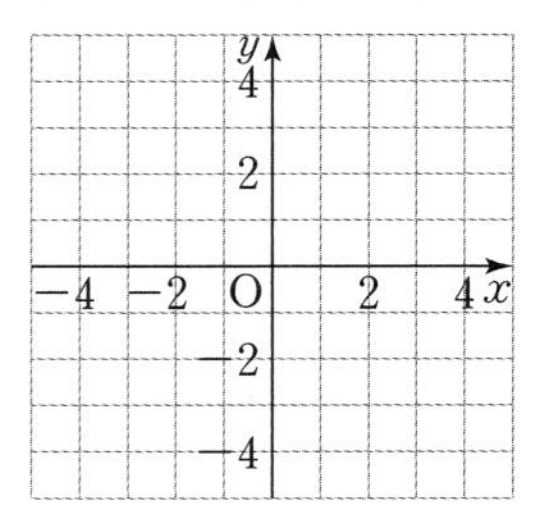

2-1 $y=\frac{1}{2}x$

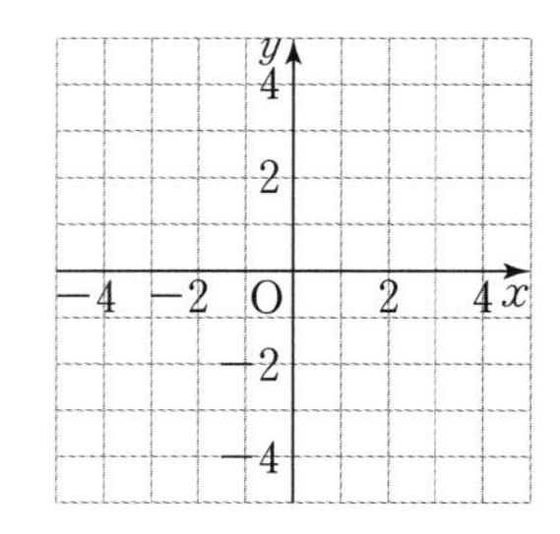

2-2 $y=-\frac{3}{2}x$

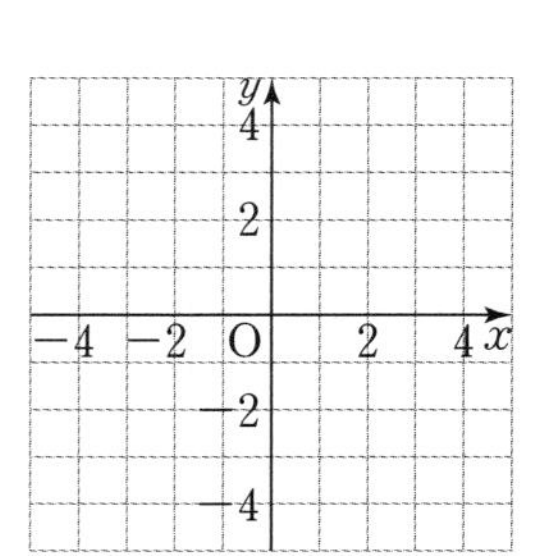

핵심 체크

일차함수 $y=ax$의 그래프는 원점 $(0, 0)$과 점 (k, ak)를 지나는 직선이다.

06 일차함수 $y=ax+b$의 그래프 Feedback

정답과 해설 | 27쪽

❶ 일차함수 $y=ax+b(a\neq0)$의 그래프는 일차함수 $y=ax$의 그래프를 y축의 방향으로 b만큼 평행이동한 직선이다.

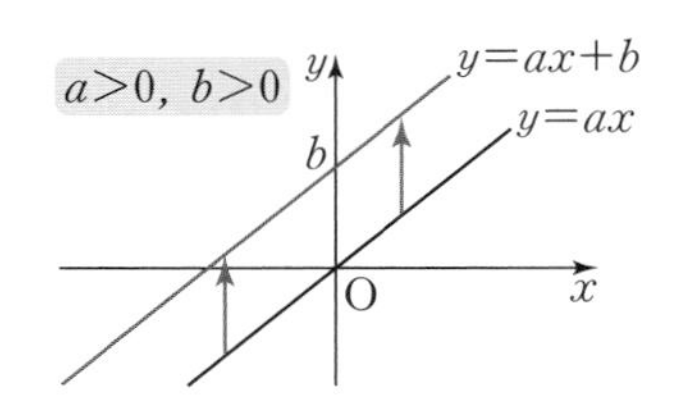

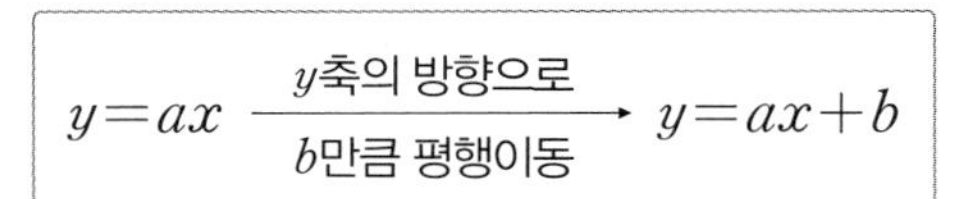

❷ x절편 : 일차함수의 그래프가 x축과 만나는 점의 x좌표

➡ $y=0$일 때, x의 값 ➡ $-\dfrac{b}{a}$

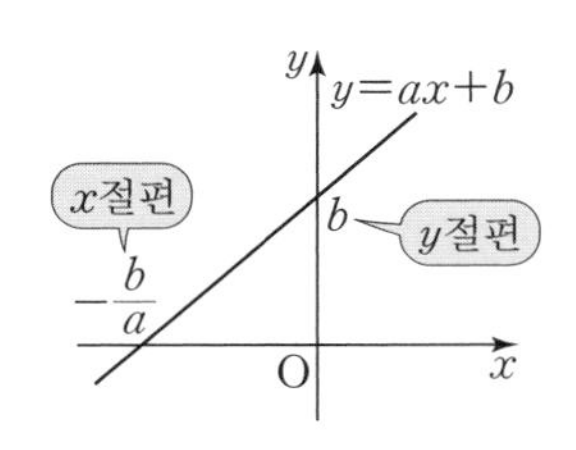

❸ y절편 : 일차함수의 그래프가 y축과 만나는 점의 y좌표

➡ $x=0$일 때, y의 값 ➡ b

❹ $(\text{기울기})=\dfrac{(y\text{의 값의 증가량})}{(x\text{의 값의 증가량})}=a(\text{일정})$

○ 다음 일차함수의 그래프에 대하여 ☐ 안에 알맞은 것을 써넣고, 그 그래프를 좌표평면 위에 그리시오.

1-1 $y=\dfrac{1}{2}x+1$

➡ $y=\dfrac{1}{2}x+1$의 그래프는 $y=$☐의 그래프를 y축의 방향으로 ☐만큼 평행이동한 직선이다.

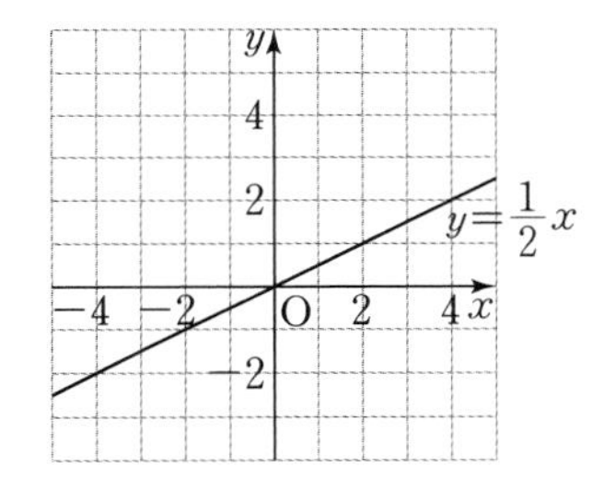

1-2 $y=-x-3$

➡ $y=-x-3$의 그래프는 $y=$☐의 그래프를 y축의 방향으로 ☐만큼 평행이동한 직선이다.

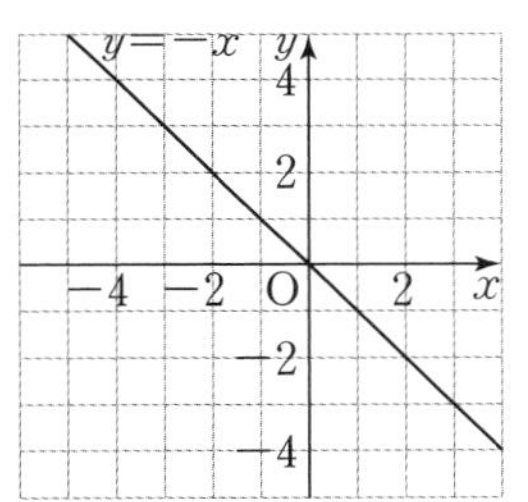

○ 다음 일차함수의 그래프의 x절편, y절편, 기울기를 각각 구하시오.

2-1 $y=2x-4$

2-2 $y=-\dfrac{2}{3}x+6$

핵심 체크

일차함수 $y=ax+b$의 그래프에서 기울기 a는 x의 값이 1만큼 증가할 때, y의 값이 증가하는 양이다.

07 이차함수 $y=x^2$, $y=-x^2$의 그래프

정답과 해설 | 27쪽

$y=x^2$의 그래프

❶ 원점을 지나고, 아래로 볼록한 곡선이다.

❷ y축에 대칭이다.

❸ $x<0$일 때 x의 값이 증가하면 y의 값은 감소하고, $x>0$일 때 x의 값이 증가하면 y의 값도 증가한다.

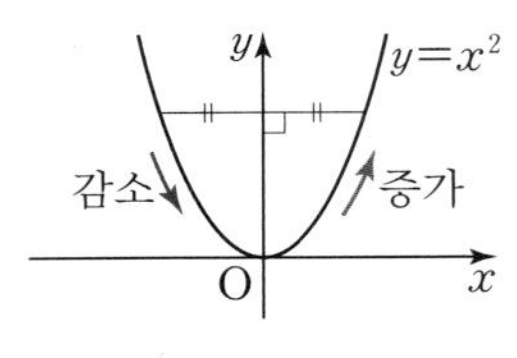

$y=-x^2$의 그래프

❶ 원점을 지나고, 위로 볼록한 곡선이다.

❷ y축에 대칭이다.

❸ $x<0$일 때 x의 값이 증가하면 y의 값도 증가하고, $x>0$일 때 x의 값이 증가하면 y의 값은 감소한다.

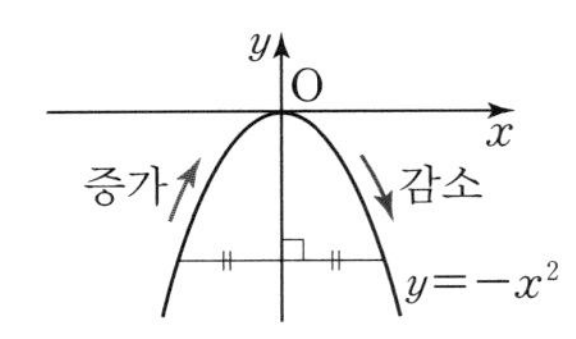

○ 다음 이차함수의 그래프를 표를 이용하여 좌표평면 위에 그리고, ( ) 안의 알맞은 것에 ○표 하시오.

1-1 $y=x^2$

(1) 아래 표를 완성하시오.

x	⋯	-3	-2	-1	0	1	2	3	⋯
y	⋯								⋯

(2) (1)의 표를 이용하여 $y=x^2$의 그래프를 좌표평면 위에 그리시오.

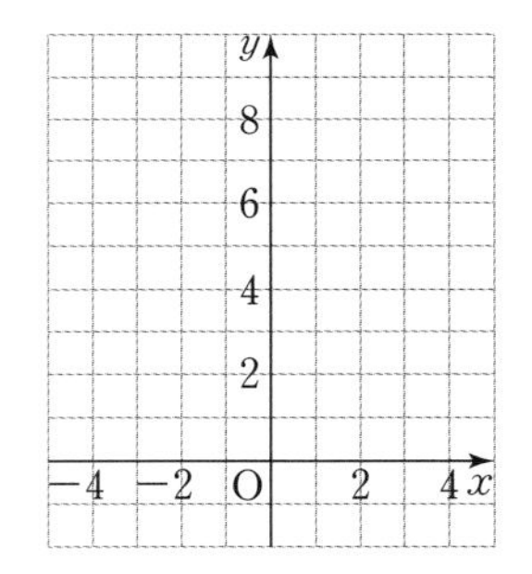

(3) (위, 아래)로 볼록한 곡선이다.

(4) (x, y)축에 대칭이다.

(5) $x<0$일 때 x의 값이 증가하면 y의 값은 (증가, 감소)하고, $x>0$일 때 x의 값이 증가하면 y의 값은 (증가, 감소)한다.

1-2 $y=-x^2$

(1) 아래 표를 완성하시오.

x	⋯	-3	-2	-1	0	1	2	3	⋯
y	⋯								⋯

(2) (1)의 표를 이용하여 $y=-x^2$의 그래프를 좌표평면 위에 그리시오.

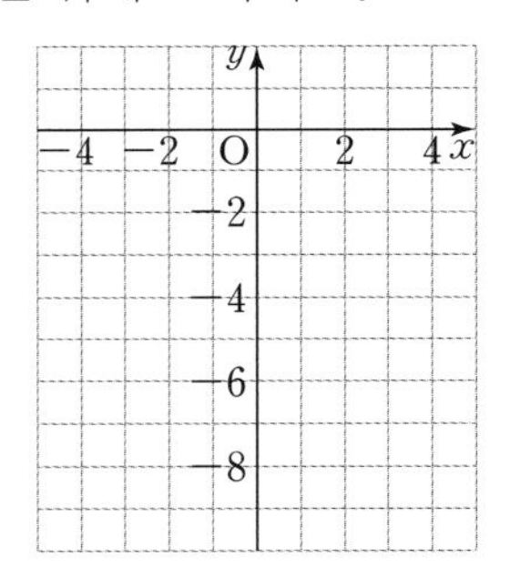

(3) (위, 아래)로 볼록한 곡선이다.

(4) (x, y)축에 대칭이다.

(5) $x<0$일 때 x의 값이 증가하면 y의 값은 (증가, 감소)하고, $x>0$일 때 x의 값이 증가하면 y의 값은 (증가, 감소)한다.

핵심 체크

$y=x^2$의 그래프와 $y=-x^2$의 그래프는 x축에 서로 대칭이다.

08 이차함수 $y=ax^2$의 그래프

정답과 해설 | 28쪽

포물선의 축과 꼭짓점

❶ 포물선 : 이차함수 $y=x^2$, $y=-x^2$의 그래프와 같은 모양의 곡선
❷ 포물선의 축 : 포물선이 대칭이 되는 직선
❸ 포물선의 꼭짓점 : 포물선과 축의 교점

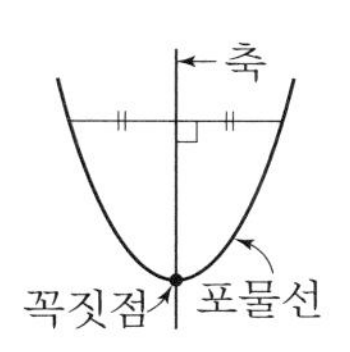

$y=ax^2$의 그래프의 성질

❶ 원점 O를 꼭짓점으로 하고, y축을 축으로 하는 포물선이다.
➡ 꼭짓점의 좌표 : $(0, 0)$, 축의 방정식 : $x=0$(y축)
❷ $a>0$이면 아래로 볼록하고, $a<0$이면 위로 볼록하다.
❸ a의 절댓값이 클수록 그래프의 폭이 좁아진다.
❹ $y=ax^2$의 그래프와 $y=-ax^2$의 그래프는 x축에 서로 대칭이다.

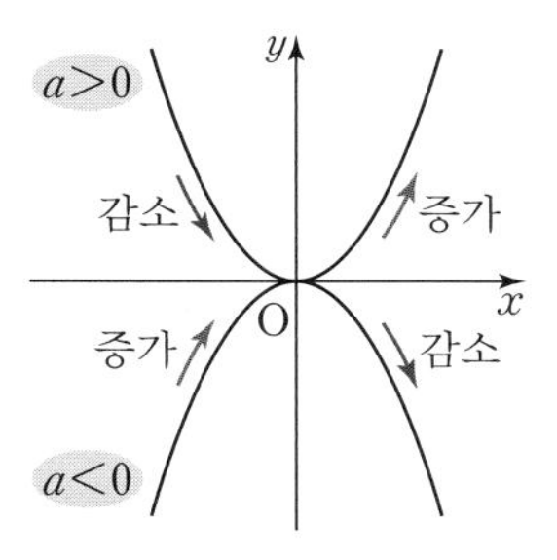

○ 다음 이차함수의 그래프를 표를 이용하여 좌표평면 위에 그리시오.

1-1 $y=2x^2$, $y=\frac{3}{4}x^2$

(1) 아래 표를 완성하시오.

㉠ $y=2x^2$

x	⋯	-2	-1	0	1	2	⋯
y	⋯						⋯

㉡ $y=\frac{3}{4}x^2$

x	⋯	-4	-2	0	2	4	⋯
y	⋯						⋯

(2) (1)의 표를 이용하여 ㉠, ㉡의 그래프를 좌표평면 위에 그리시오.

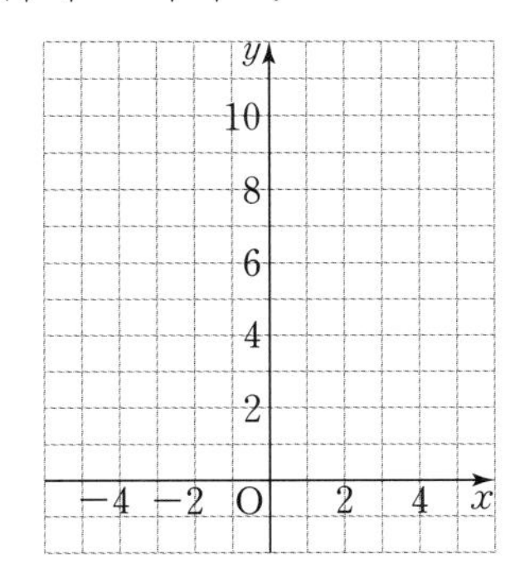

1-2 $y=-\frac{1}{4}x^2$, $y=-\frac{1}{2}x^2$

(1) 아래 표를 완성하시오.

㉠ $y=-\frac{1}{4}x^2$

x	⋯	-4	-2	0	2	4	⋯
y	⋯						⋯

㉡ $y=-\frac{1}{2}x^2$

x	⋯	-4	-2	0	2	4	⋯
y	⋯						⋯

(2) (1)의 표를 이용하여 ㉠, ㉡의 그래프를 좌표평면 위에 그리시오.

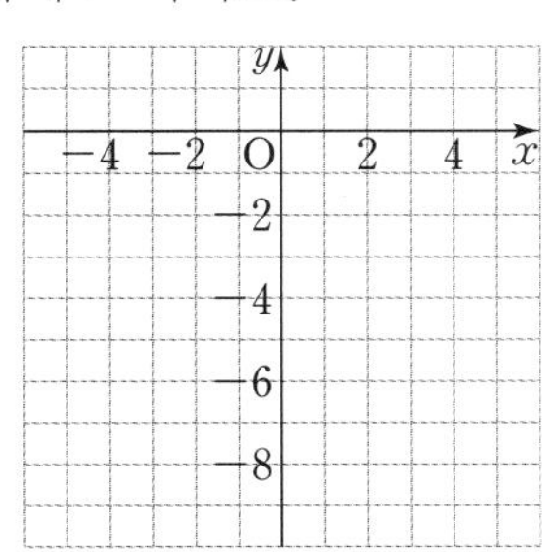

핵심 체크

이차함수 $y=ax^2$의 그래프는 $a>0$이면 제1, 2사분면을 지나고 $a<0$이면 제3, 4사분면을 지난다.

○ 아래의 이차함수의 그래프에 대하여 다음을 구하시오.

2-1

㉠ $y=2x^2$	㉡ $y=\frac{1}{2}x^2$
㉢ $y=-2x^2$	㉣ $y=-3x^2$
㉤ $y=-\frac{3}{4}x^2$	㉥ $y=\frac{1}{4}x^2$

위의 이차함수 ㉠~㉥의 그래프를 그리면

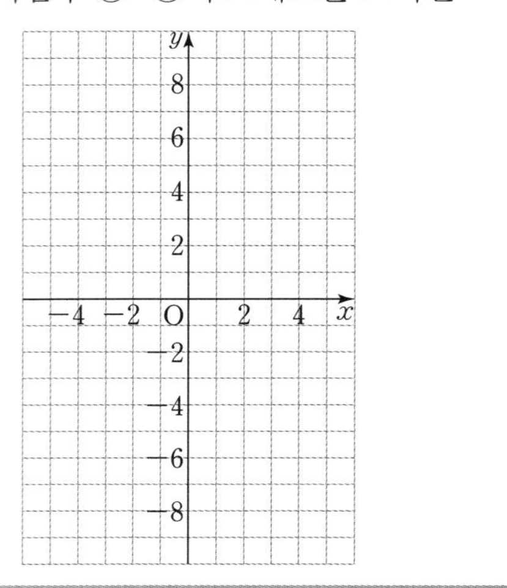

(1) 아래로 볼록한 그래프 ____________

(2) 위로 볼록한 그래프 ____________

(3) 폭이 가장 좁은 그래프 ____________

(4) $x<0$일 때, x의 값이 증가하면 y의 값은 감소하는 그래프 ____________

(5) $x>0$일 때, x의 값이 증가하면 y의 값은 감소하는 그래프 ____________

(6) x축에 서로 대칭인 그래프 ____________

2-2

㉠ $y=\frac{1}{5}x^2$	㉡ $y=-\frac{7}{2}x^2$
㉢ $y=\frac{5}{4}x^2$	㉣ $y=-\frac{5}{4}x^2$
㉤ $y=-x^2$	㉥ $y=\frac{7}{2}x^2$

(1) 아래로 볼록한 그래프 ____________

(2) 그래프의 폭이 가장 넓은 그래프 ____________

(3) $x<0$일 때, x의 값이 증가하면 y의 값도 증가하는 그래프 ____________

(4) x축에 서로 대칭인 그래프 ____________

2-3

㉠ $y=-\frac{4}{5}x^2$	㉡ $y=\frac{4}{3}x^2$
㉢ $y=3x^2$	㉣ $y=-\frac{4}{3}x^2$
㉤ $y=-x^2$	㉥ $y=4x^2$

(1) 위로 볼록한 그래프 ____________

(2) 그래프의 폭이 가장 좁은 그래프 ____________

(3) $x>0$일 때, x의 값이 증가하면 y의 값도 증가하는 그래프 ____________

(4) x축에 서로 대칭인 그래프 ____________

핵심 체크

이차함수 $y=ax^2$의 그래프에서

• $a>0$이면 아래로 볼록하고, $a<0$이면 위로 볼록하다.

• a의 절댓값이 클수록 그래프의 폭이 좁아진다.

○ 다음 이차함수의 그래프를 좌표평면 위에 그리시오. (단, 꼭짓점과 다른 한 점을 반드시 표시한다.)

3-1 $y=\frac{2}{3}x^2$

① ☐로 볼록한 곡선이다.
② 꼭짓점의 좌표는 (☐, ☐), 축의 방정식은 ☐이다.
③ $x=3$일 때, $y=$☐이므로 점 (3, ☐)을 지난다.
④ 따라서 그래프를 그리면

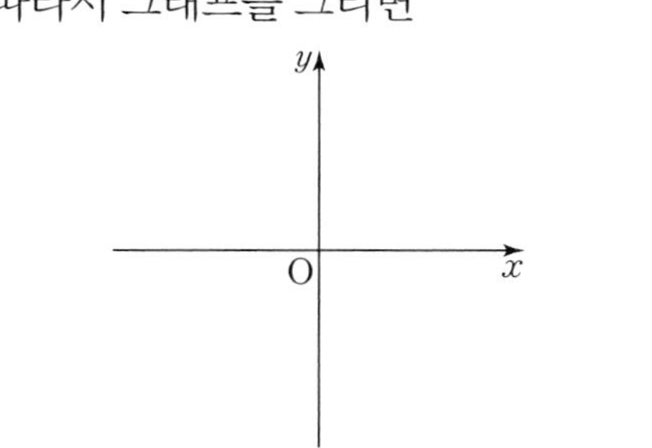

3-2 $y=-4x^2$

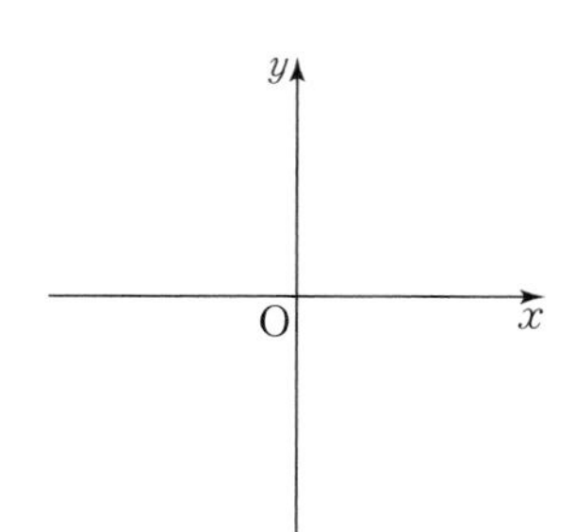

3-3 $y=-\frac{3}{2}x^2$

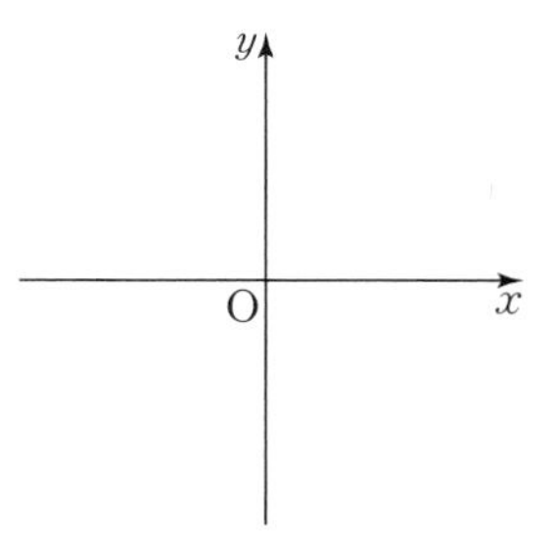

4-1 $y=3x^2$

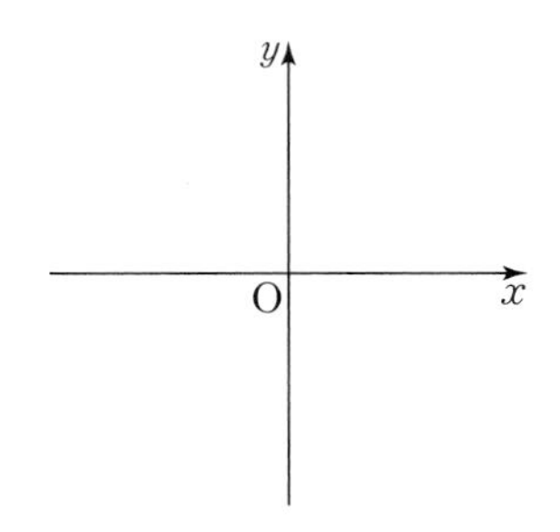

4-2 $y=-\frac{1}{3}x^2$

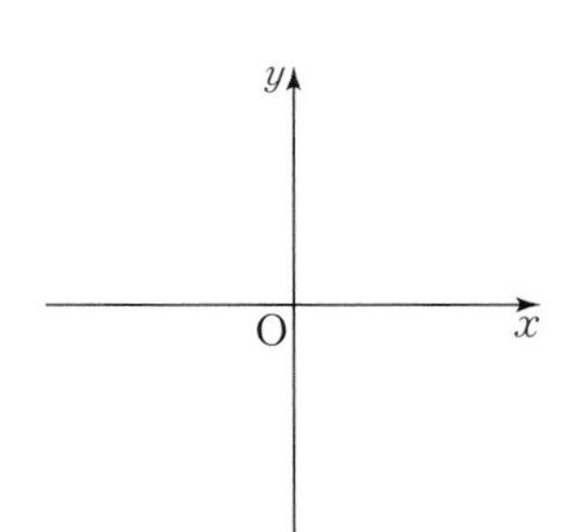

핵심 체크

이차함수 $y=ax^2$의 그래프 그리기
① 그래프의 모양 확인하기 ➡ $a>0$이면 아래로 볼록, $a<0$이면 위로 볼록
② 꼭짓점의 좌표와 축의 방정식 구하기 ➡ 꼭짓점의 좌표 : $(0, 0)$, 축의 방정식 : $x=0$(y축)
③ 그래프가 지나는 한 점 구하기
④ ①~③을 이용하여 그래프 그리기

09 이차함수 $y=ax^2$의 그래프가 지나는 점

이차함수 $y=ax^2$의 그래프가 점 (m, n)을 지난다.
➡ $y=ax^2$에 $x=m$, $y=n$을 대입하면 등식이 성립한다.

○ 다음 중 이차함수의 그래프가 지나는 점을 모두 고르시오.

1-1 $y=\frac{3}{2}x^2$ ________

㉠ $(-3, 9)$	㉡ $(-2, 6)$
㉢ $\left(-1, -\frac{3}{2}\right)$	㉣ $\left(1, \frac{3}{2}\right)$
㉤ $(2, 3)$	㉥ $(4, 24)$

1-2 $y=2x^2$ ________

㉠ $(-3, 18)$	㉡ $(-1, -2)$
㉢ $(0, 2)$	㉣ $\left(\frac{1}{2}, 1\right)$
㉤ $(1, 2)$	㉥ $(2, 8)$

○ 이차함수 $y=ax^2$의 그래프가 다음 점을 지날 때, a, b의 값을 구하시오. (단, a는 상수)

2-1 $(-3, -1)$

$y=ax^2$에 $x=-3$, $y=-1$을 대입하면
$-1=a\times(-3)^2$ $\therefore a=$ ☐

2-2 $(2, 8)$ ________

3-1 $(-1, -5)$ ________

3-2 $\left(\frac{1}{2}, 2\right)$ ________

4-1 $(1, -2)$, $(-2, b)$ ________

4-2 $(2, 1)$, $(-6, b)$ ________

5-1 $\left(-\frac{1}{3}, 1\right)$, $(1, b)$ ________

5-2 $(4, 2)$, $(-2, b)$ ________

핵심 체크

이차함수의 그래프가 점 (●, ▲)를 지난다. ➡ 이차함수의 식에 $x=$●, $y=$▲를 대입하면 등식이 성립한다.

○ 이차함수 $y=ax^2$의 그래프가 다음과 같을 때, 상수 a의 값을 구하시오.

6-1

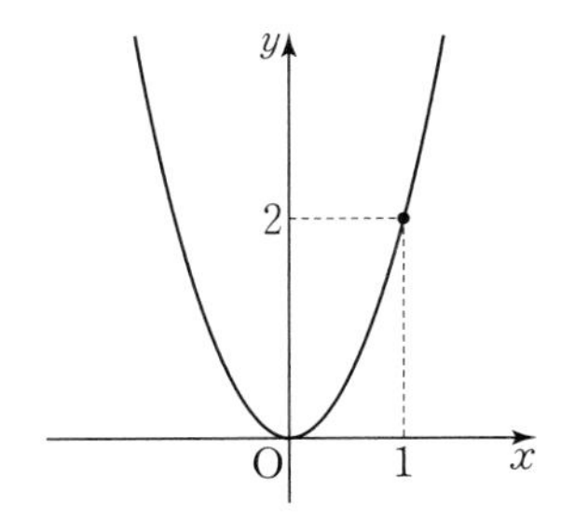

그래프가 점 $(1, 2)$를 지나므로
$y=ax^2$에 $x=\square$, $y=\square$를 대입하면
$\square=a\times\square^2$ $\quad\therefore a=\square$

6-2

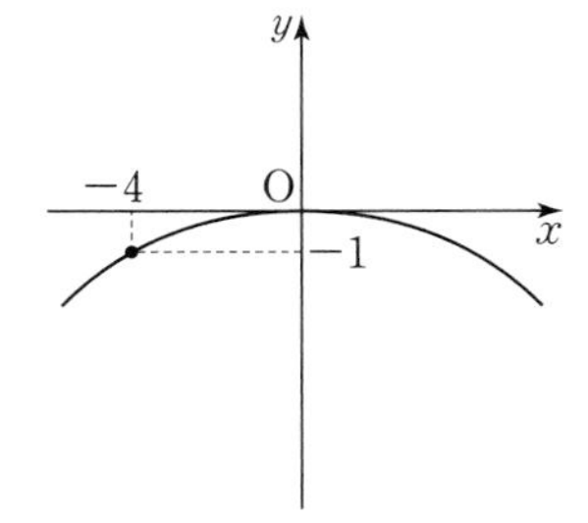

______

7-1

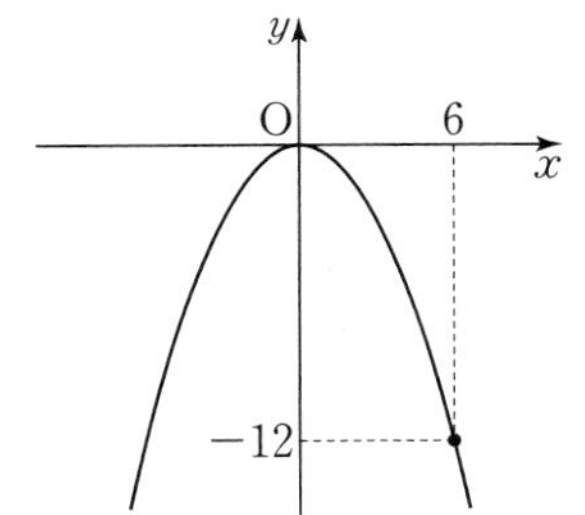

______

7-2

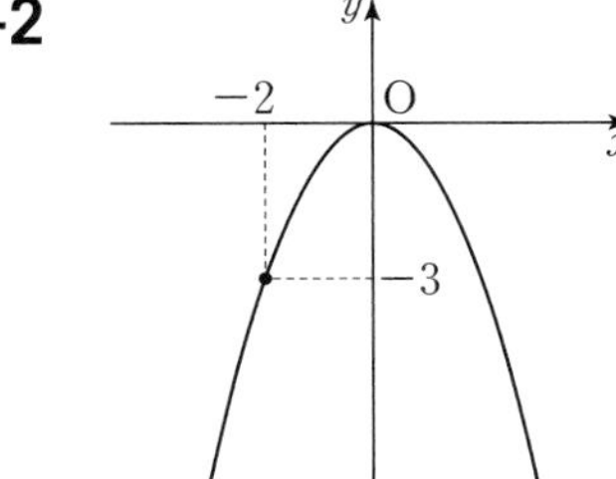

______

8-1

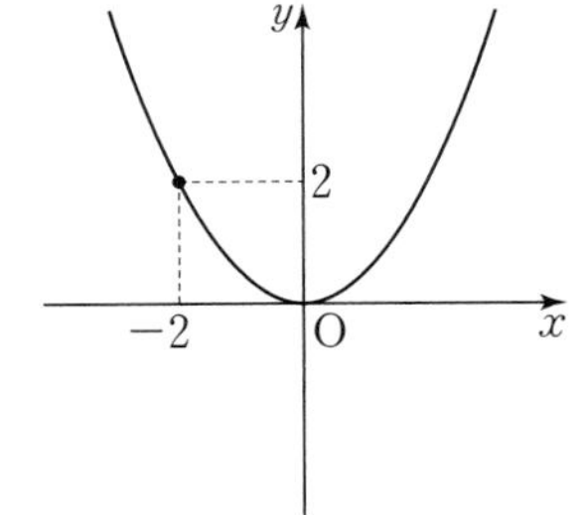

______

8-2

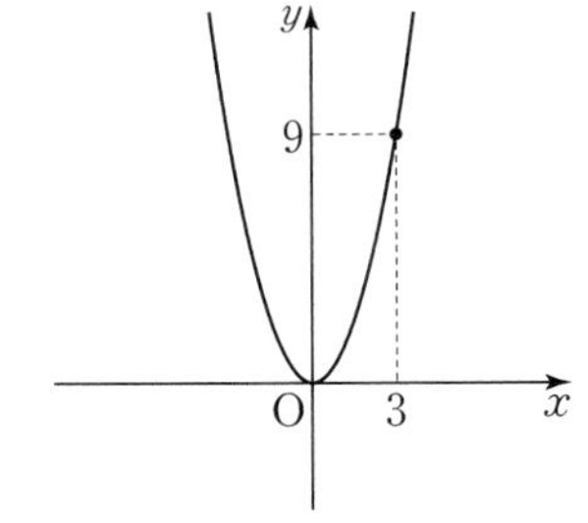

______

핵심 체크

$y=ax^2$에 그래프가 지나는 점의 x좌표와 y좌표를 대입하여 상수 a의 값을 구한다.

기본연산 집중연습 | 05~09

○ 다음 주어진 이차함수의 그래프에 대하여 물음에 답하시오.

1-1 위로 볼록한 그래프를 모두 고르시오.

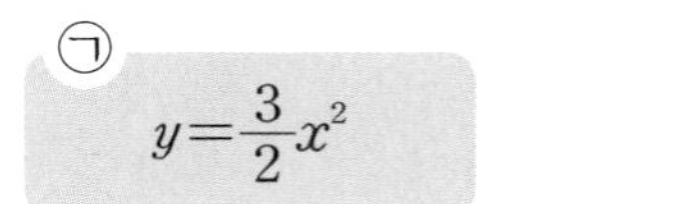
㉠ $y=\frac{3}{2}x^2$

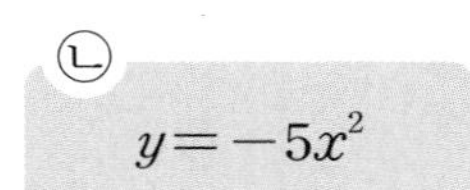
㉡ $y=-5x^2$

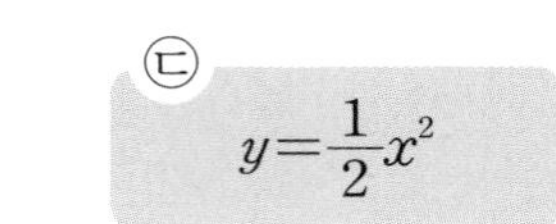
㉢ $y=\frac{1}{2}x^2$

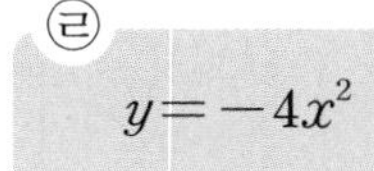
㉣ $y=-4x^2$

1-2 그래프의 폭이 좁은 것부터 차례대로 나열하시오.

㉠ $y=-\frac{8}{3}x^2$

㉡ $y=5x^2$

㉢ $y=\frac{3}{4}x^2$

㉣ $y=-\frac{1}{2}x^2$

2. 그래프가 x축에 서로 대칭인 것끼리 선으로 연결하시오.

㉠ $y=-x^2$ • • ⓐ $y=\frac{7}{4}x^2$

㉡ $y=5x^2$ • • ⓑ $y=-5x^2$

㉢ $y=-\frac{7}{4}x^2$ • • ⓒ $y=x^2$

3. 이차함수의 식과 그 식이 나타내는 그래프가 지나는 점을 선으로 연결하시오.

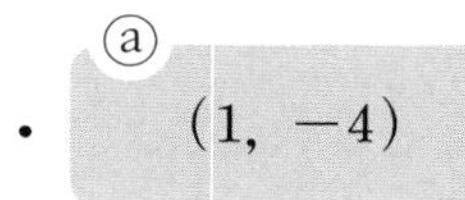

㉠ $y=-\frac{2}{3}x^2$ • • ⓐ $(1,\ -4)$

㉡ $y=\frac{1}{2}x^2$ • • ⓑ $(3,\ -6)$

㉢ $y=-4x^2$ • • ⓒ $(2,\ 2)$

핵심 체크

❶ 이차함수 $y=ax^2$의 그래프에서 a의 역할

(i) 그래프의 모양을 결정한다.

$a>0$  $a<0$ 

(ii) 그래프의 폭을 결정한다.

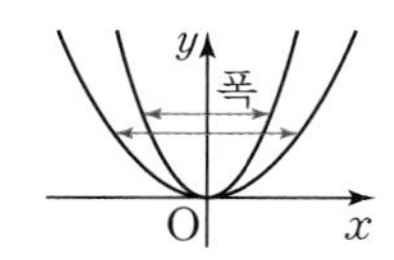

○ 4명의 학생들은 다음 규칙에 따라 퀴즈대회에 나갈 팀을 정하려고 한다. 각 학생이 속하게 될 팀을 각각 말하시오.

□ 안의 문장이 주어진 이차함수에 대한 설명으로 옳은 것이면 화살표 →, 옳지 않은 것이면 화살표 ⇢의 방향을 따라간다.

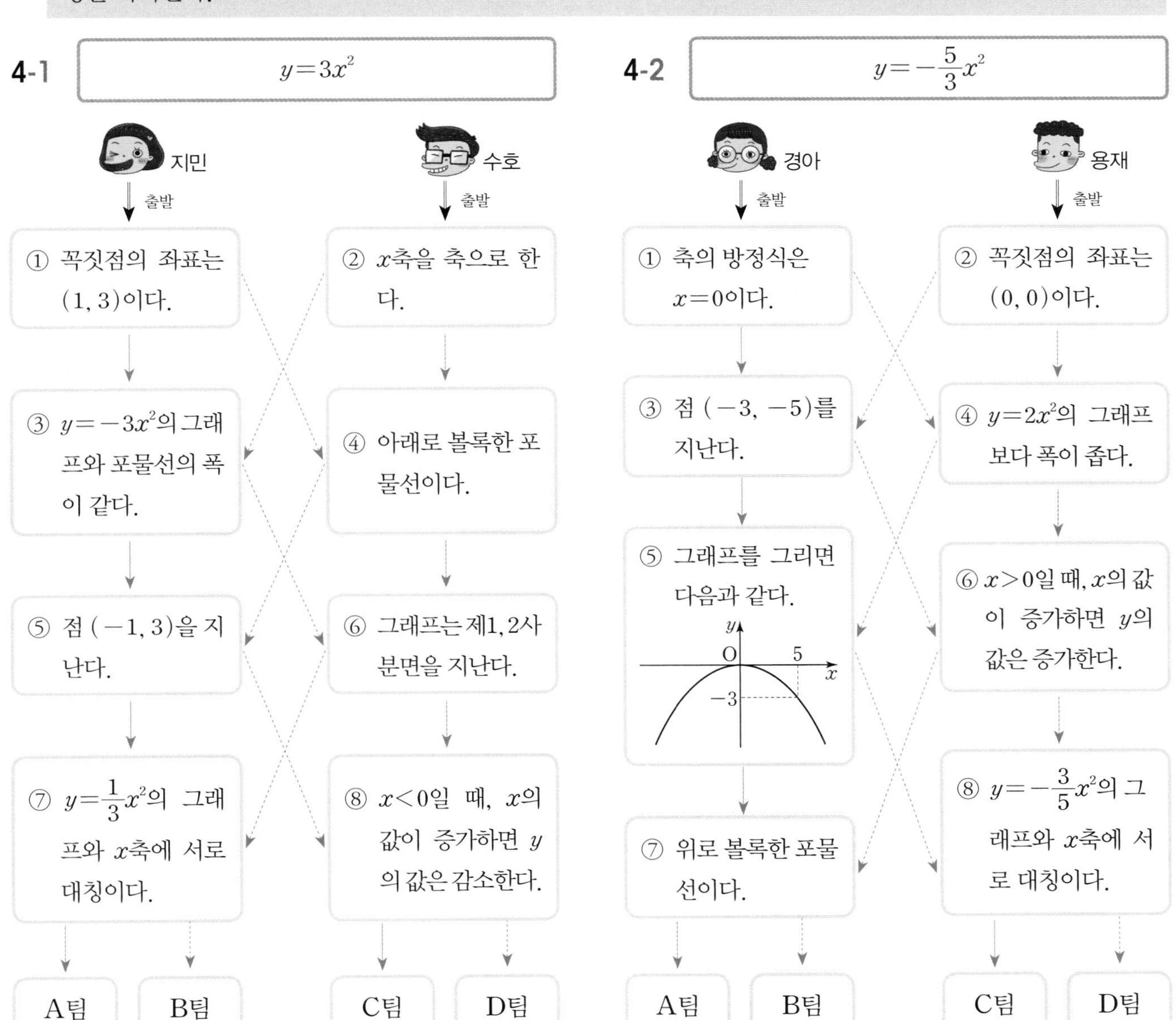

핵심 체크

❷ $y=ax^2$의 그래프에서

(i) 꼭짓점의 좌표 : (0, 0), 축의 방정식 : $x=0$(y축)

(ii) $a>0$이면 아래로 볼록하고, $a<0$이면 위로 볼록하다.

(iii) a의 절댓값이 클수록 그래프의 폭이 좁아진다.

(iv) $y=-ax^2$의 그래프와 x축에 서로 대칭이다.

STEP 1

10 이차함수 $y=ax^2+q$의 그래프

❶ 이차함수 $y=ax^2$의 그래프를 y축의 방향으로 q만큼 평행이동한 것이다.
 (i) $q>0$이면 y축의 양의 방향으로 평행이동
 (ii) $q<0$이면 y축의 음의 방향으로 평행이동
❷ 꼭짓점의 좌표 : $(0, q)$
❸ 축의 방정식 : $x=0$ (y축)
참고 $y=ax^2$과 $y=ax^2+q$는 x^2의 계수가 a로 같으므로 그래프의 모양과 폭은 변하지 않는다.

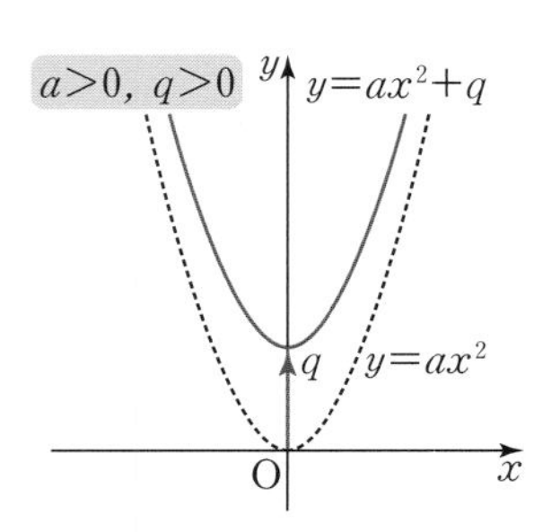

○ 다음 이차함수의 그래프를 표를 이용하여 좌표평면 위에 그리고, ☐ 안에 알맞은 것을 써넣으시오.

1-1 ㉠ $y=x^2+3$ ㉡ $y=x^2-2$

(1) 다음 표를 완성하시오.

x	⋯	-2	-1	0	1	2	⋯
$y=x^2$	⋯	4	1	0	1	4	⋯
㉠	⋯						⋯
㉡	⋯						⋯

(2) (1)의 표를 이용하여 ㉠, ㉡의 그래프를 좌표평면 위에 그리시오.

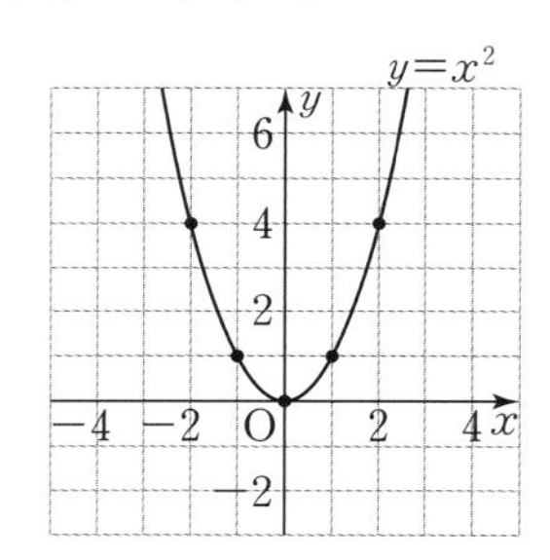

(3) $y=x^2+3$의 그래프는 $y=x^2$의 그래프를 y축의 방향으로 ☐만큼 평행이동한 것이고, 꼭짓점의 좌표는 (☐, ☐), 축의 방정식은 ☐이다.

(4) $y=x^2-2$의 그래프는 $y=x^2$의 그래프를 y축의 방향으로 ☐만큼 평행이동한 것이고, 꼭짓점의 좌표는 (☐, ☐), 축의 방정식은 ☐이다.

1-2 ㉠ $y=-2x^2+1$ ㉡ $y=-2x^2-4$

(1) 다음 표를 완성하시오.

x	⋯	-2	-1	0	1	2	⋯
$y=-2x^2$	⋯	-8	-2	0	-2	-8	⋯
㉠	⋯						⋯
㉡	⋯						⋯

(2) (1)의 표를 이용하여 ㉠, ㉡의 그래프를 좌표평면 위에 그리시오.

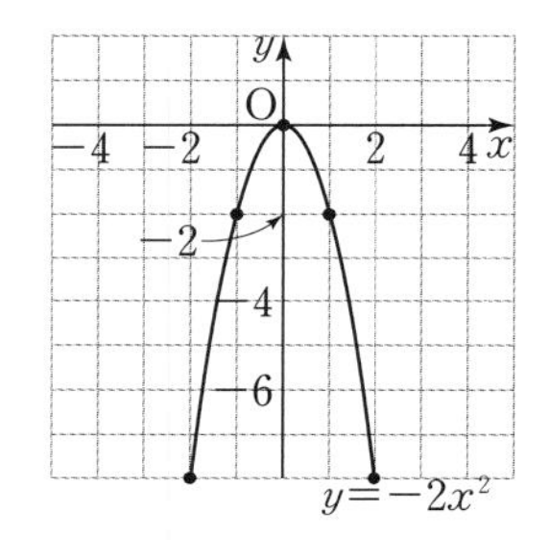

(3) $y=-2x^2+1$의 그래프는 $y=-2x^2$의 그래프를 y축의 방향으로 ☐만큼 평행이동한 것이고, 꼭짓점의 좌표는 (☐, ☐), 축의 방정식은 ☐이다.

(4) $y=-2x^2-4$의 그래프는 $y=-2x^2$의 그래프를 y축의 방향으로 ☐만큼 평행이동한 것이고, 꼭짓점의 좌표는 (☐, ☐), 축의 방정식은 ☐이다.

핵심 체크

$y=ax^2$ $\xrightarrow[q\text{만큼 평행이동}]{y\text{축의 방향으로}}$ $y=ax^2+q$

○ 다음 이차함수의 그래프를 좌표평면 위에 그리고, □ 안에 알맞은 것을 써넣으시오.

2-1 $y=x^2+2$

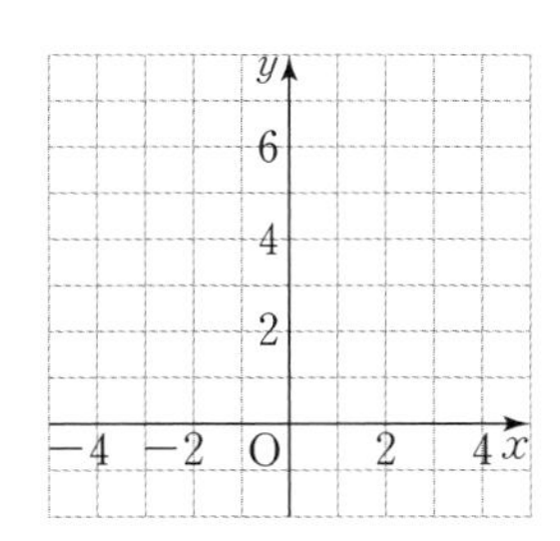

① $y=$□의 그래프를 y축의 방향으로 □만큼 평행이동한 것이다.
② 꼭짓점의 좌표는 (□, □)이다.
③ 축의 방정식은 □이다.
④ □로 볼록한 그래프이다.
⑤ x의 값이 증가할 때, y의 값도 증가하는 x의 값의 범위는 □이다.

2-2 $y=-x^2-2$

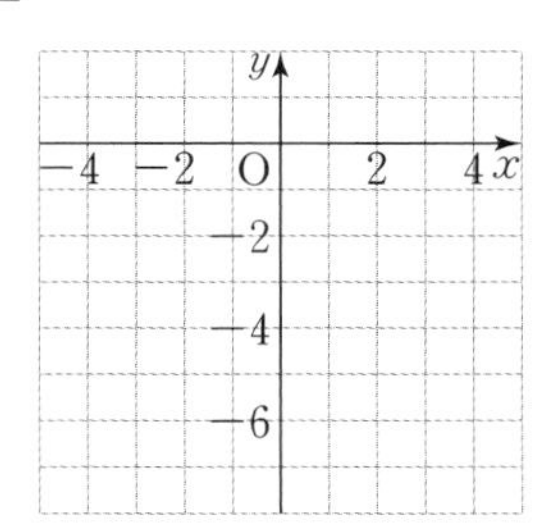

① $y=$□의 그래프를 y축의 방향으로 □만큼 평행이동한 것이다.
② 꼭짓점의 좌표는 (□, □)이다.
③ 축의 방정식은 □이다.
④ □로 볼록한 그래프이다.
⑤ x의 값이 증가할 때, y의 값도 증가하는 x의 값의 범위는 □이다.

3-1 $y=\frac{1}{2}x^2+2$

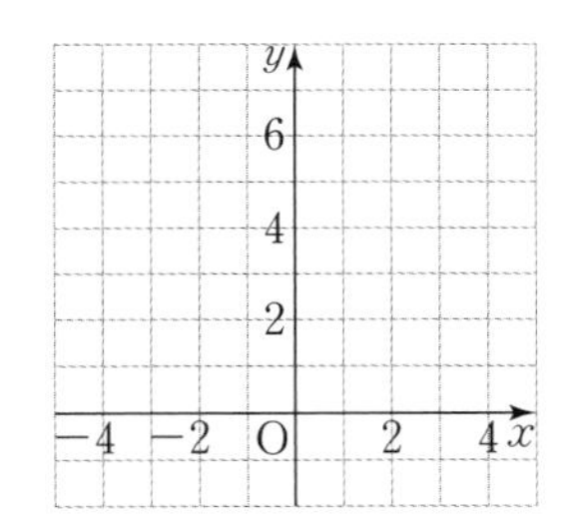

① $y=$□의 그래프를 y축의 방향으로 □만큼 평행이동한 것이다.
② 꼭짓점의 좌표는 (□, □)이다.
③ 축의 방정식은 □이다.
④ □로 볼록한 그래프이다.
⑤ x의 값이 증가할 때, y의 값은 감소하는 x의 값의 범위는 □이다.

3-2 

$y=-\frac{1}{2}x^2-1$

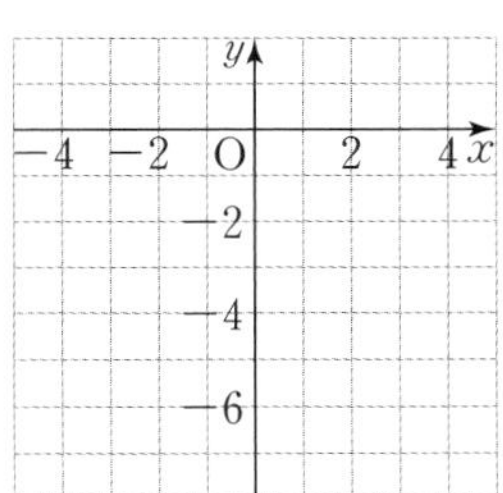

① $y=$□의 그래프를 y축의 방향으로 □만큼 평행이동한 것이다.
② 꼭짓점의 좌표는 (□, □)이다.
③ 축의 방정식은 □이다.
④ □로 볼록한 그래프이다.
⑤ x의 값이 증가할 때, y의 값은 감소하는 x의 값의 범위는 □이다.

핵심 체크

이차함수 $y=ax^2+q$의 그래프에서 증가·감소하는 범위 ➡ 축 $x=0$을 기준으로 나뉜다.

10 이차함수 $y=ax^2+q$의 그래프

○ 다음 이차함수의 그래프를 좌표평면 위에 그리고, 꼭짓점의 좌표와 축의 방정식을 구하시오. (단, 꼭짓점과 다른 한 점을 반드시 표시한다.)

4-1 $y=\frac{1}{4}x^2+1$

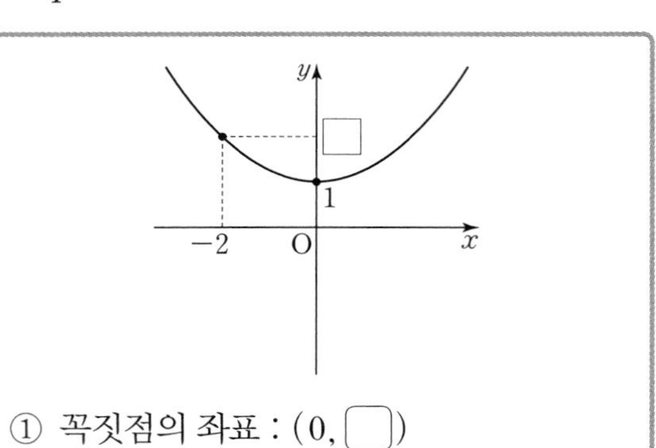

① 꼭짓점의 좌표 : (0, □)

② 축의 방정식 : $x=$□

4-2 $y=2x^2-1$

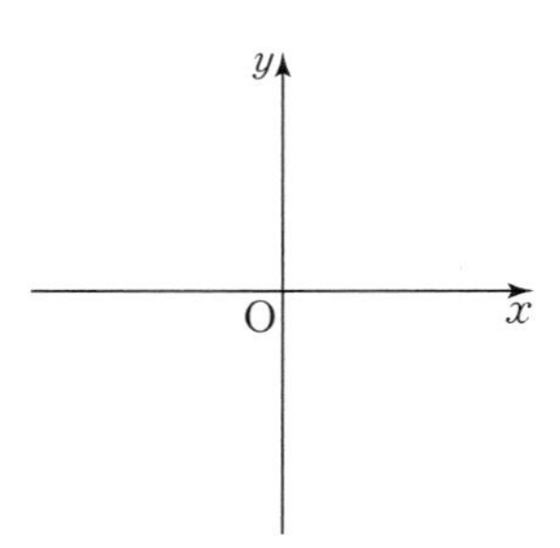

① 꼭짓점의 좌표 ____________

② 축의 방정식 ____________

5-1 $y=-\frac{1}{2}x^2-3$

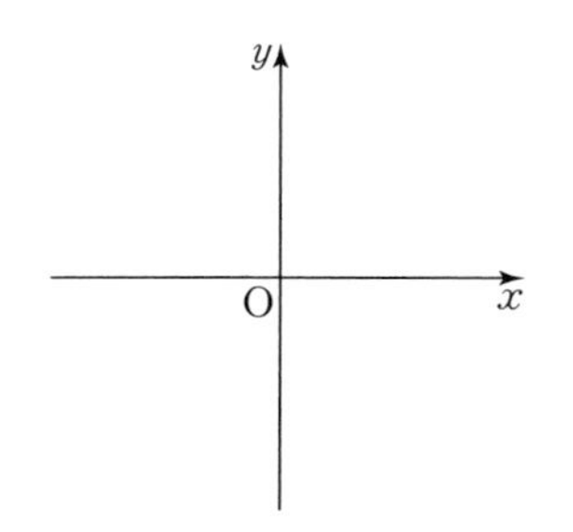

① 꼭짓점의 좌표 ____________

② 축의 방정식 ____________

5-2 $y=-\frac{1}{5}x^2+4$

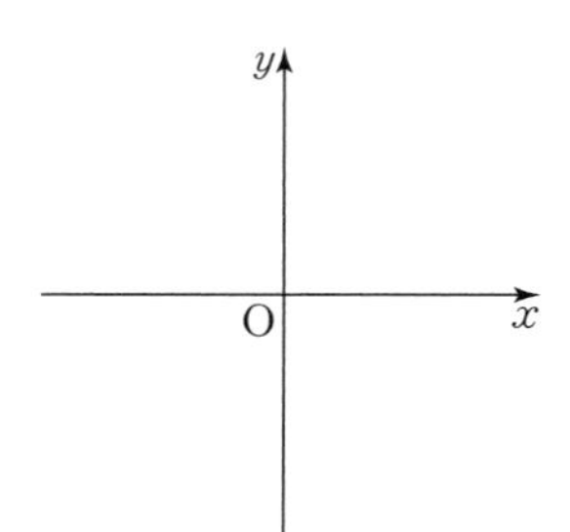

① 꼭짓점의 좌표 ____________

② 축의 방정식 ____________

핵심 체크

이차함수 $y=ax^2+q$의 그래프는 이차함수 $y=ax^2$의 그래프를 y축의 방향으로 q만큼 평행이동한 것이다.

○ 다음 이차함수의 그래프를 좌표평면 위에 그리고, 꼭짓점의 좌표와 축의 방정식을 구하시오. (단, 꼭짓점과 다른 한 점을 반드시 표시한다.)

6-1 $y=4x^2-3$

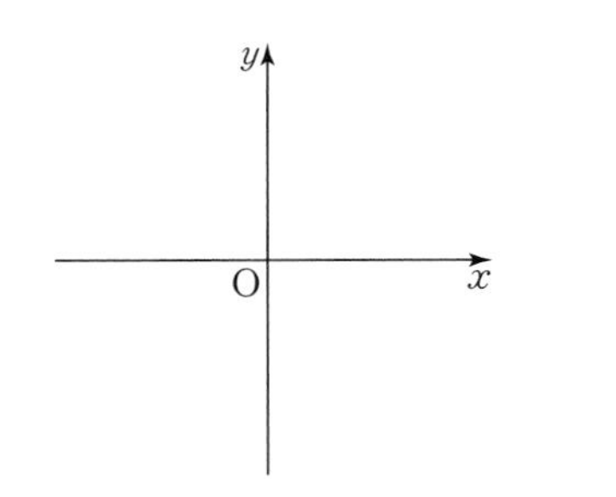

① 꼭짓점의 좌표 ______________

② 축의 방정식 ______________

6-2 $y=-3x^2+5$

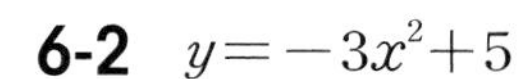

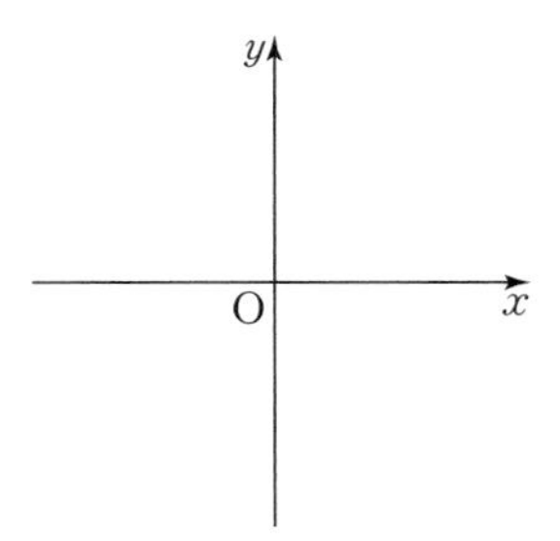

① 꼭짓점의 좌표 ______________

② 축의 방정식 ______________

7-1 $y=\frac{3}{2}x^2-5$

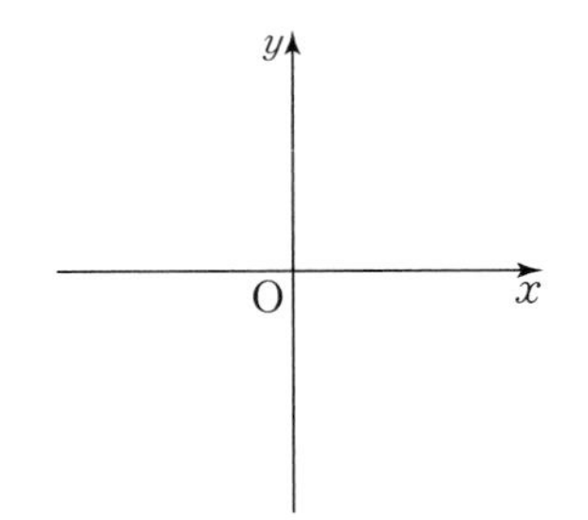

① 꼭짓점의 좌표 ______________

② 축의 방정식 ______________

7-2 $y=-\frac{4}{3}x^2+2$

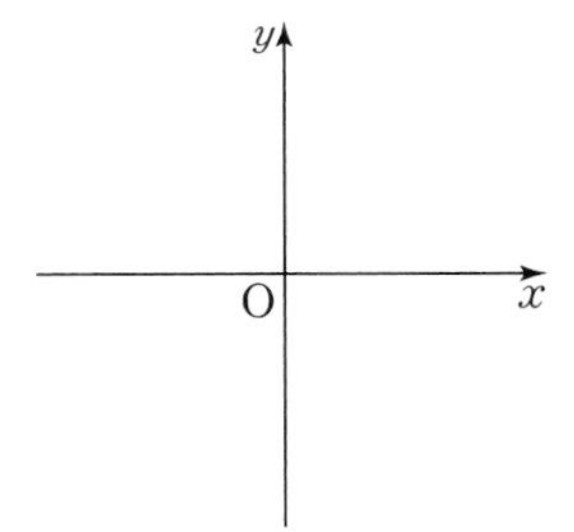

① 꼭짓점의 좌표 ______________

② 축의 방정식 ______________

핵심 체크

이차함수 $y=ax^2+q$의 그래프에서
꼭짓점의 좌표 : $(0, q)$, 축의 방정식 : $x=0$

10 이차함수 $y=ax^2+q$의 그래프

○ 주어진 이차함수의 그래프를 y축의 방향으로 [ ] 안의 수만큼 평행이동한 그래프에 대하여 다음을 구하시오.

8-1 $y=2x^2$ [5]

(1) 이차함수의 식 ________

(2) 꼭짓점의 좌표 ________

(3) 축의 방정식 ________

(4) x의 값이 증가할 때, y의 값도 증가하는 x의 값의 범위 ________

8-2 $y=-3x^2$ [-4]

(1) 이차함수의 식 ________

(2) 꼭짓점의 좌표 ________

(3) 축의 방정식 ________

(4) x의 값이 증가할 때, y의 값은 감소하는 x의 값의 범위 ________

9-1 $y=-2x^2$ [-1]

(1) 이차함수의 식 ________

(2) 꼭짓점의 좌표 ________

(3) 축의 방정식 ________

(4) x의 값이 증가할 때, y의 값도 증가하는 x의 값의 범위 ________

9-2 $y=\frac{3}{4}x^2$ [2]

(1) 이차함수의 식 ________

(2) 꼭짓점의 좌표 ________

(3) 축의 방정식 ________

(4) x의 값이 증가할 때, y의 값은 감소하는 x의 값의 범위 ________

10-1 $y=4x^2$ [-3]

(1) 이차함수의 식 ________

(2) 꼭짓점의 좌표 ________

(3) 축의 방정식 ________

(4) x의 값이 증가할 때, y의 값은 감소하는 x의 값의 범위 ________

10-2 $y=-\frac{1}{5}x^2$ [1]

(1) 이차함수의 식 ________

(2) 꼭짓점의 좌표 ________

(3) 축의 방정식 ________

(4) x의 값이 증가할 때, y의 값도 증가하는 x의 값의 범위 ________

핵심 체크

이차함수 $y=ax^2$의 그래프를 y축의 방향으로 q만큼 평행이동한 그래프가 나타내는 이차함수의 식은 $y=ax^2+q$이다.

11 이차함수 $y=ax^2+q$의 그래프가 지나는 점

정답과 해설 | 30쪽

이차함수 $y=ax^2$의 그래프를 y축의 방향으로 q만큼 평행이동한 그래프가 점 (m, n)을 지난다.

➡ $y=ax^2+q$에 $x=m$, $y=n$을 대입하면 등식이 성립한다.

예 이차함수 $y=2x^2$의 그래프를 y축의 방향으로 -5만큼 평행이동하면 점 $(2, k)$를 지난다. 이때 k의 값을 구하시오.

➡ 평행이동한 그래프가 나타내는 이차함수의 식은 $y=2x^2-5$

$y=2x^2-5$에 $x=2$, $y=k$를 대입하면

$k=2\times2^2-5=3$

○ 다음 조건을 만족하는 k의 값을 구하시오.

1-1 이차함수 $y=x^2$의 그래프를 y축의 방향으로 3만큼 평행이동하면 점 $(1, k)$를 지난다.

> 평행이동한 그래프가 나타내는 이차함수의 식은 $y=x^2+\square$
> $y=x^2+\square$에 $x=1$, $y=k$를 대입하면
> $k=\square^2+3=\square$

1-2 이차함수 $y=-x^2$의 그래프를 y축의 방향으로 -4만큼 평행이동하면 점 $(-1, k)$를 지난다.

______

2-1 이차함수 $y=\frac{1}{2}x^2$의 그래프를 y축의 방향으로 -2만큼 평행이동하면 점 $(2, k)$를 지난다.

______

2-2 이차함수 $y=-\frac{1}{2}x^2$의 그래프를 y축의 방향으로 6만큼 평행이동하면 점 $(-4, k)$를 지난다.

______

3-1 이차함수 $y=-3x^2$의 그래프를 y축의 방향으로 1만큼 평행이동하면 점 $\left(-\frac{1}{3}, k\right)$를 지난다.

______

3-2 이차함수 $y=4x^2$의 그래프를 y축의 방향으로 5만큼 평행이동하면 점 $\left(\frac{1}{2}, k\right)$를 지난다.

______

핵심 체크

이차함수 $y=ax^2$의 그래프를 y축의 방향으로 q만큼 평행이동한 그래프가 점 (m, n)을 지날 때

① 평행이동한 그래프가 나타내는 이차함수의 식을 구한다. ➡ $y=ax^2+q$

② $y=ax^2+q$에 $x=m$, $y=n$을 대입하면 등식이 성립한다. ➡ $n=am^2+q$

12 이차함수 $y=a(x-p)^2$의 그래프

❶ 이차함수 $y=ax^2$의 그래프를 x축의 방향으로 p만큼 평행이동한 것이다.
(i) $p>0$이면 x축의 양의 방향으로 평행이동
(ii) $p<0$이면 x축의 음의 방향으로 평행이동
❷ 꼭짓점의 좌표 : $(p, 0)$
❸ 축의 방정식 : $x=p$

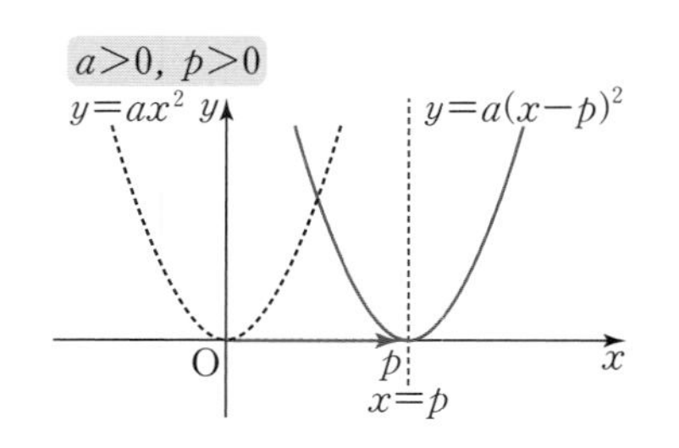

○ 다음 이차함수의 그래프를 표를 이용하여 좌표평면 위에 그리고, □ 안에 알맞은 것을 써넣으시오.

1-1 ㉠ $y=(x-2)^2$ ㉡ $y=(x+3)^2$

(1) 다음 표를 완성하시오.

x	-5	-4	-3	-2	-1	0	1	2	3	4
$y=x^2$	/	/	/	4	1	0	1	4	/	/
㉠	/	/	/	/	/					
㉡						/	/	/	/	/

(2) (1)의 표를 이용하여 ㉠, ㉡의 그래프를 좌표평면 위에 그리시오.

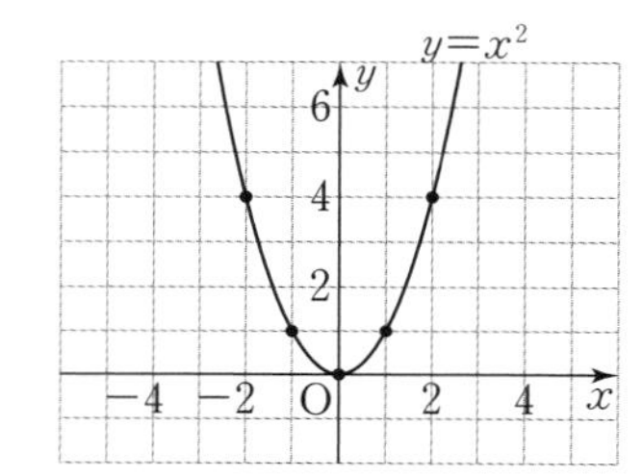

(3) $y=(x-2)^2$의 그래프는 $y=x^2$의 그래프를 x축의 방향으로 □만큼 평행이동한 것이고, 꼭짓점의 좌표는 (□, □), 축의 방정식은 □이다.

(4) $y=(x+3)^2$의 그래프는 $y=x^2$의 그래프를 x축의 방향으로 □만큼 평행이동한 것이고, 꼭짓점의 좌표는 (□, □), 축의 방정식은 □이다.

1-2 ㉠ $y=-(x-3)^2$ ㉡ $y=-(x+1)^2$

(1) 다음 표를 완성하시오.

x	-3	-2	-1	0	1	2	3	4	5
$y=-x^2$	/	-4	-1	0	-1	-4	/	/	/
㉠	/	/	/	/					
㉡							/	/	/

(2) (1)의 표를 이용하여 ㉠, ㉡의 그래프를 좌표평면 위에 그리시오.

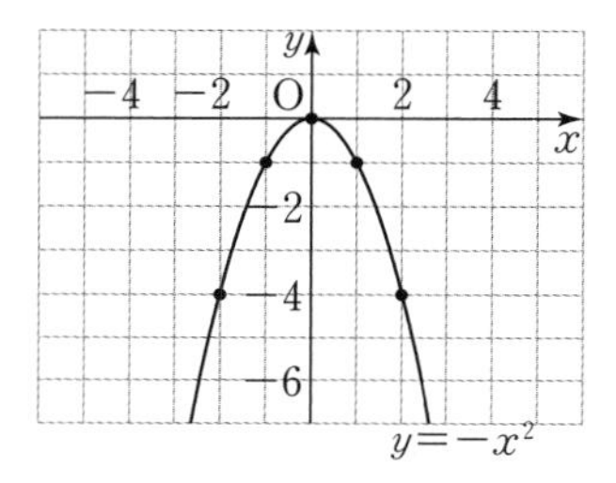

(3) $y=-(x-3)^2$의 그래프는 $y=-x^2$의 그래프를 x축의 방향으로 □만큼 평행이동한 것이고, 꼭짓점의 좌표는 (□, □), 축의 방정식은 □이다.

(4) $y=-(x+1)^2$의 그래프는 $y=-x^2$의 그래프를 x축의 방향으로 □만큼 평행이동한 것이고, 꼭짓점의 좌표는 (□, □), 축의 방정식은 □이다.

핵심 체크

$y=ax^2$ $\xrightarrow[p\text{만큼 평행이동}]{x\text{축의 방향으로}}$ $y=a(x-p)^2$

○ 다음 이차함수의 그래프를 좌표평면 위에 그리고, ☐ 안에 알맞은 것을 써넣으시오.

2-1 $y=2(x+1)^2$

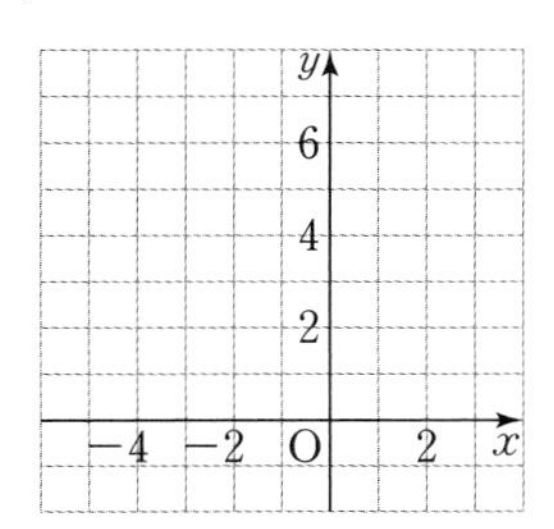

① $y=$☐의 그래프를 ☐축의 방향으로 ☐만큼 평행이동한 것이다.
② 꼭짓점의 좌표는 (☐, ☐)이다.
③ 축의 방정식은 ☐이다.
④ ☐로 볼록한 그래프이다.
⑤ x의 값이 증가할 때, y의 값은 감소하는 x의 값의 범위는 ☐이다.

2-2 $y=-2(x-3)^2$

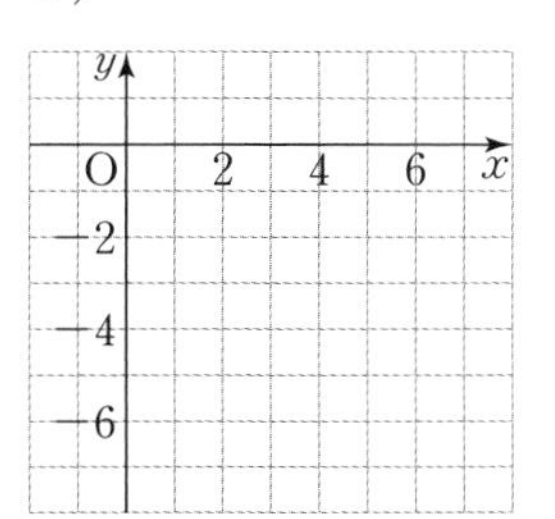

① $y=$☐의 그래프를 ☐축의 방향으로 ☐만큼 평행이동한 것이다.
② 꼭짓점의 좌표는 (☐, ☐)이다.
③ 축의 방정식은 ☐이다.
④ ☐로 볼록한 그래프이다.
⑤ x의 값이 증가할 때, y의 값도 증가하는 x의 값의 범위는 ☐이다.

3-1 $y=\frac{1}{4}(x-3)^2$

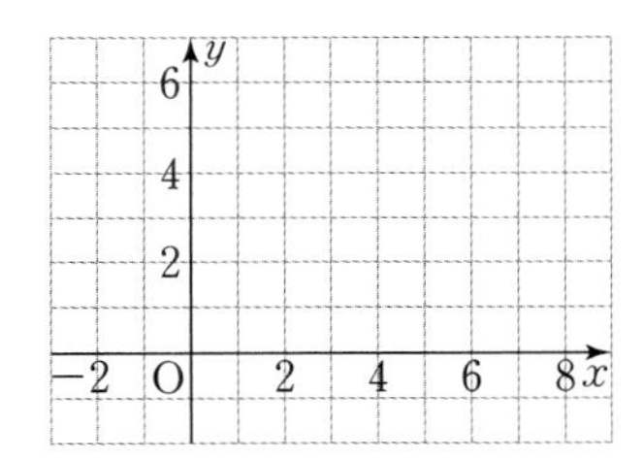

① $y=$☐의 그래프를 ☐축의 방향으로 ☐만큼 평행이동한 것이다.
② 꼭짓점의 좌표는 (☐, ☐)이다.
③ 축의 방정식은 ☐이다.
④ ☐로 볼록한 그래프이다.
⑤ x의 값이 증가할 때, y의 값도 증가하는 x의 값의 범위는 ☐이다.

3-2 $y=-\frac{1}{4}(x+2)^2$

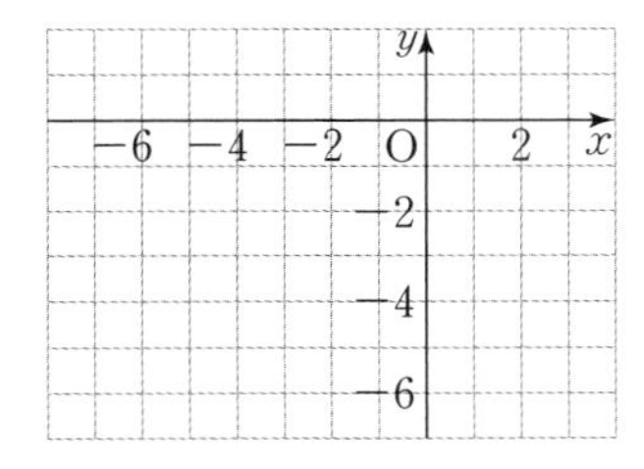

① $y=$☐의 그래프를 ☐축의 방향으로 ☐만큼 평행이동한 것이다.
② 꼭짓점의 좌표는 (☐, ☐)이다.
③ 축의 방정식은 ☐이다.
④ ☐로 볼록한 그래프이다.
⑤ x의 값이 증가할 때, y의 값은 감소하는 x의 값의 범위는 ☐이다.

핵심 체크

이차함수 $y=a(x-p)^2$의 그래프에서 증가·감소하는 범위 ➡ 축 $x=p$를 기준으로 나뉜다.

12 이차함수 $y=a(x-p)^2$의 그래프

○ 다음 이차함수의 그래프를 좌표평면 위에 그리고, 꼭짓점의 좌표와 축의 방정식을 구하시오. (단, 꼭짓점과 다른 한 점을 반드시 표시한다.)

4-1 $y=2(x-1)^2$

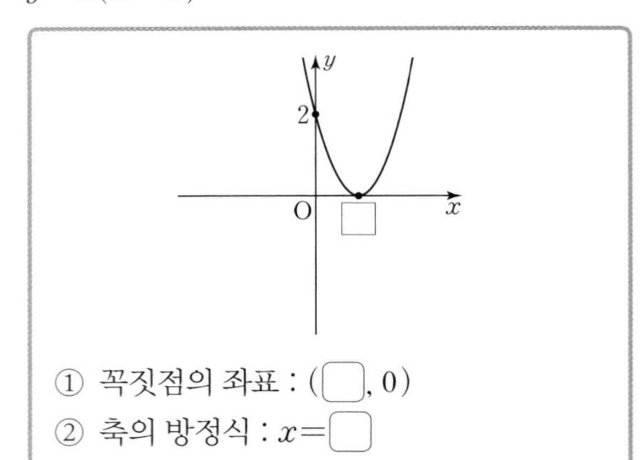

① 꼭짓점의 좌표 : (□, 0)

② 축의 방정식 : $x=$□

4-2 $y=-(x+2)^2$

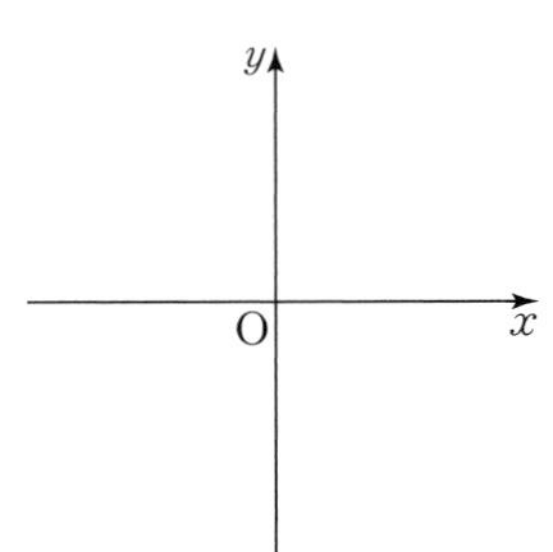

① 꼭짓점의 좌표 ________

② 축의 방정식 ________

5-1 $y=\frac{1}{3}(x+3)^2$

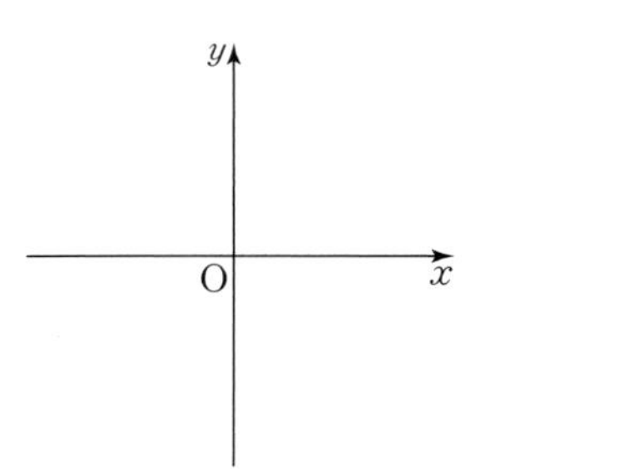

① 꼭짓점의 좌표 ________

② 축의 방정식 ________

5-2 $y=-\frac{3}{2}(x-2)^2$

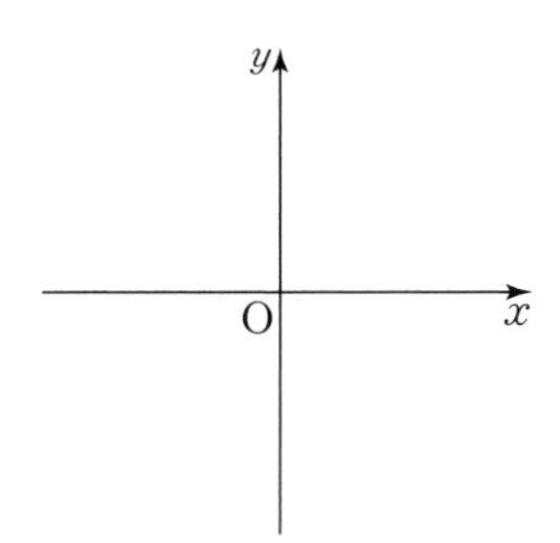

① 꼭짓점의 좌표 ________

② 축의 방정식 ________

핵심 체크

이차함수 $y=a(x-p)^2$의 그래프는 이차함수 $y=ax^2$의 그래프를 x축의 방향으로 p만큼 평행이동한 것이다.

○ 다음 이차함수의 그래프를 좌표평면 위에 그리고, 꼭짓점의 좌표와 축의 방정식을 구하시오. (단, 꼭짓점과 다른 한 점을 반드시 표시한다.)

6-1 $y=(x-5)^2$

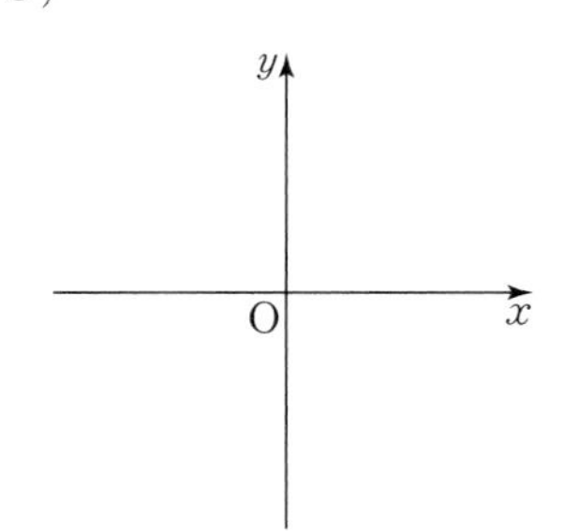

① 꼭짓점의 좌표 ________

② 축의 방정식 ________

6-2 $y=-\frac{3}{4}(x+3)^2$

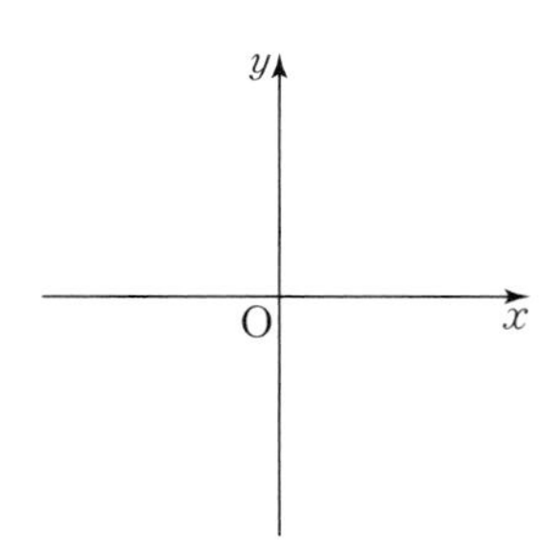

① 꼭짓점의 좌표 ________

② 축의 방정식 ________

7-1 $y=-3(x+4)^2$

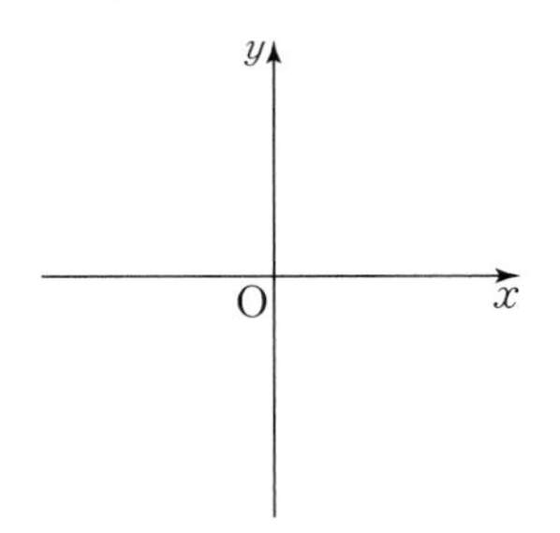

① 꼭짓점의 좌표 ________

② 축의 방정식 ________

7-2 $y=\frac{1}{2}(x-2)^2$

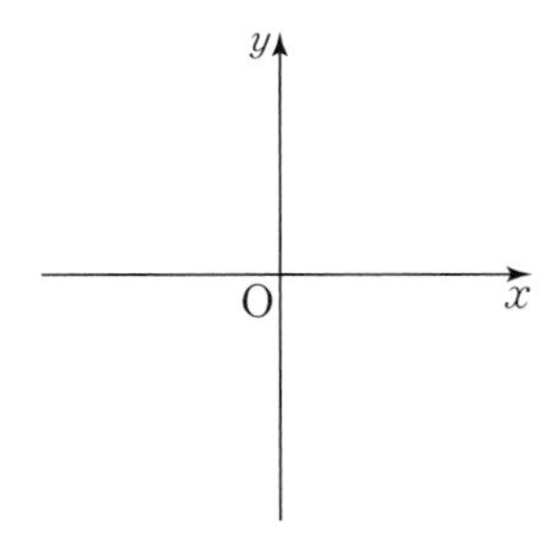

① 꼭짓점의 좌표 ________

② 축의 방정식 ________

핵심 체크

이차함수 $y=a(x-p)^2$의 그래프에서

꼭짓점의 좌표 : $(p, 0)$, 축의 방정식 : $x=p$

12 이차함수 $y=a(x-p)^2$의 그래프

○ 주어진 이차함수의 그래프를 x축의 방향으로 [ ] 안의 수만큼 평행이동한 그래프에 대하여 다음을 구하시오.

8-1 $y=2x^2$ [4]

(1) 이차함수의 식 ________

(2) 꼭짓점의 좌표 ________

(3) 축의 방정식 ________

(4) x의 값이 증가할 때, y의 값도 증가하는 x의 값의 범위 ________

8-2 $y=\frac{1}{3}x^2$ [-1]

(1) 이차함수의 식 ________

(2) 꼭짓점의 좌표 ________

(3) 축의 방정식 ________

(4) x의 값이 증가할 때, y의 값은 감소하는 x의 값의 범위 ________

9-1 $y=-x^2$ [-3]

(1) 이차함수의 식 ________

(2) 꼭짓점의 좌표 ________

(3) 축의 방정식 ________

(4) x의 값이 증가할 때, y의 값도 증가하는 x의 값의 범위 ________

9-2 $y=5x^2$ [7]

(1) 이차함수의 식 ________

(2) 꼭짓점의 좌표 ________

(3) 축의 방정식 ________

(4) x의 값이 증가할 때, y의 값도 증가하는 x의 값의 범위 ________

10-1 $y=\frac{3}{4}x^2$ [-2]

(1) 이차함수의 식 ________

(2) 꼭짓점의 좌표 ________

(3) 축의 방정식 ________

(4) x의 값이 증가할 때, y의 값은 감소하는 x의 값의 범위 ________

10-2 $y=-\frac{5}{2}x^2$ [5]

(1) 이차함수의 식 ________

(2) 꼭짓점의 좌표 ________

(3) 축의 방정식 ________

(4) x의 값이 증가할 때, y의 값은 감소하는 x의 값의 범위 ________

핵심 체크

이차함수 $y=ax^2$의 그래프를 x축의 방향으로 p만큼 평행이동한 그래프가 나타내는 이차함수의 식은 $y=a(x-p)^2$이다.

13 이차함수 $y=a(x-p)^2$의 그래프가 지나는 점

정답과 해설 | 31쪽

이차함수 $y=ax^2$의 그래프를 x축의 방향으로 p만큼 평행이동한 그래프가 점 (m, n)을 지난다.

➡ $y=a(x-p)^2$에 $x=m$, $y=n$을 대입하면 등식이 성립한다.

예 이차함수 $y=-x^2$의 그래프를 x축의 방향으로 4만큼 평행이동하면 점 $(3, k)$를 지난다. 이때 k의 값을 구하시오.

➡ 평행이동한 그래프가 나타내는 이차함수의 식은 $y=-(x-4)^2$

$y=-(x-4)^2$에 $x=3$, $y=k$를 대입하면

$k=-(3-4)^2=-1$

○ 다음 조건을 만족하는 k의 값을 구하시오.

1-1 이차함수 $y=-2x^2$의 그래프를 x축의 방향으로 3만큼 평행이동하면 점 $(1, k)$를 지난다.

평행이동한 그래프가 나타내는 이차함수의 식은 $y=-2(x-\square)^2$
$y=-2(x-\square)^2$에 $x=1$, $y=k$를 대입하면
$k=-2\times(\square-3)^2=\square$

1-2 이차함수 $y=x^2$의 그래프를 x축의 방향으로 -3만큼 평행이동하면 점 $(-4, k)$를 지난다.

______

2-1 이차함수 $y=4x^2$의 그래프를 x축의 방향으로 -2만큼 평행이동하면 점 $(-1, k)$를 지난다.

______

2-2 이차함수 $y=-3x^2$의 그래프를 x축의 방향으로 1만큼 평행이동하면 점 $(4, k)$를 지난다.

______

3-1 이차함수 $y=\frac{5}{4}x^2$의 그래프를 x축의 방향으로 -1만큼 평행이동하면 점 $(3, k)$를 지난다.

______

3-2 이차함수 $y=-\frac{3}{2}x^2$의 그래프를 x축의 방향으로 2만큼 평행이동하면 점 $(-2, k)$를 지난다.

______

핵심 체크

이차함수 $y=ax^2$의 그래프를 x축의 방향으로 p만큼 평행이동한 그래프가 점 (m, n)을 지날 때

① 평행이동한 그래프가 나타내는 이차함수의 식을 구한다. ➡ $y=a(x-p)^2$

② $y=a(x-p)^2$에 $x=m$, $y=n$을 대입하면 등식이 성립한다. ➡ $n=a(m-p)^2$

기본연산 집중연습 | 10~13

○ 이차함수의 식과 그 식이 나타내는 그래프를 선으로 연결하시오.

1-1

㉠ 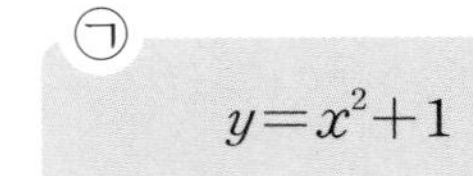

㉡ $y=2(x+1)^2$

㉢ $y=-\frac{1}{4}x^2+2$

ⓐ
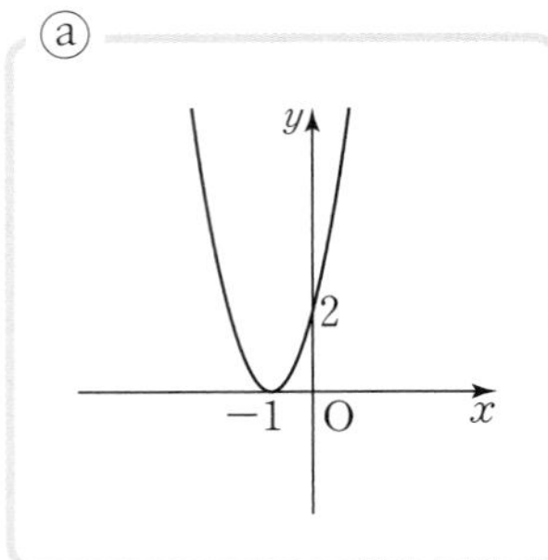

ⓑ
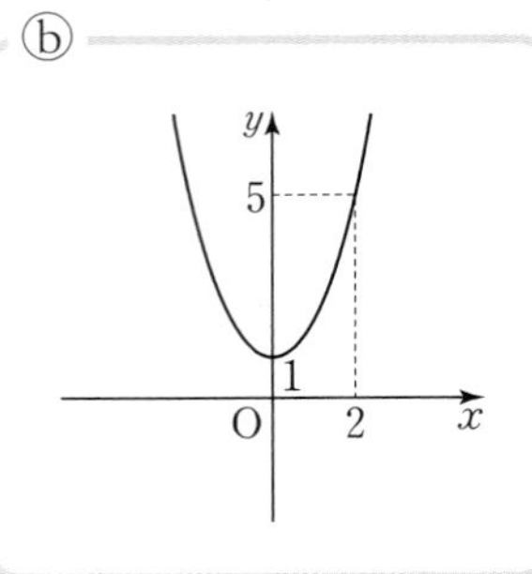

ⓒ
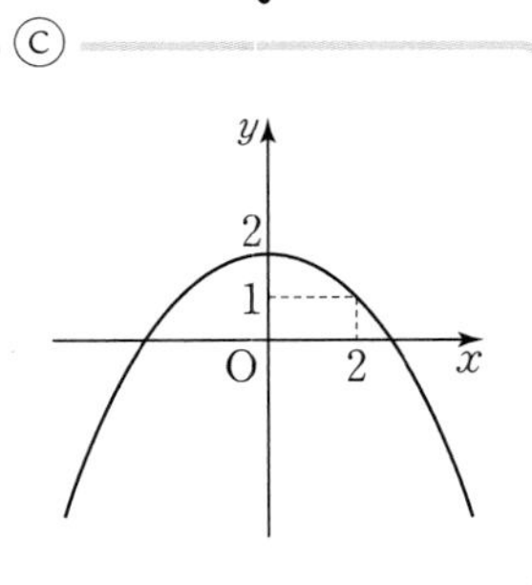

1-2

㉠ $y=-\frac{1}{2}(x+2)^2$

㉡ $y=\frac{1}{2}(x-3)^2$

㉢ $y=\frac{1}{4}x^2-3$

ⓐ
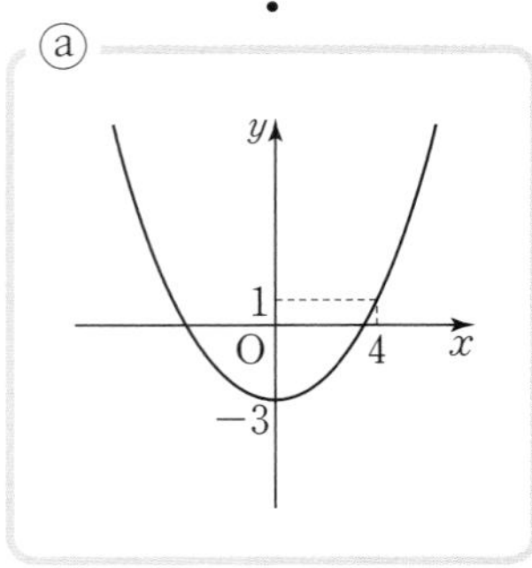

ⓑ
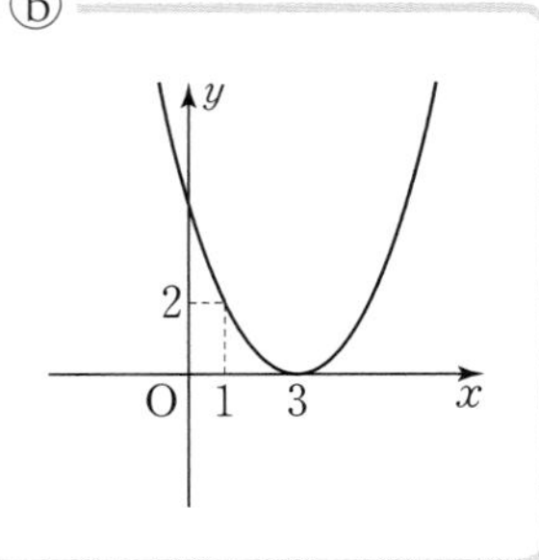

ⓒ
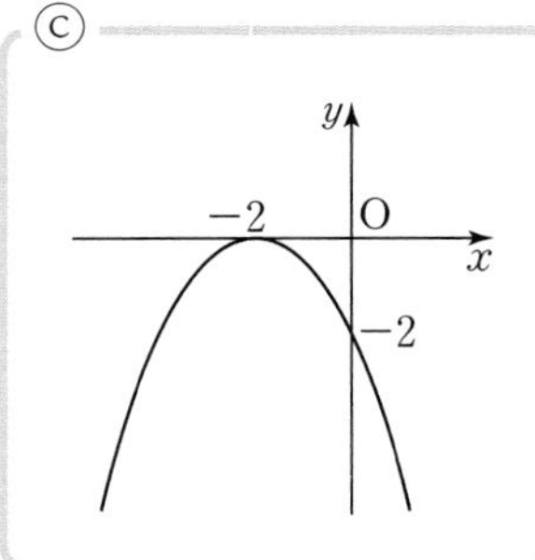

핵심 체크

❶ 이차함수 $y=ax^2+q$의 그래프는 이차함수 $y=ax^2$의 그래프를 y축의 방향으로 q만큼 평행이동한 것이다.

❷ 이차함수 $y=a(x-p)^2$의 그래프는 이차함수 $y=ax^2$의 그래프를 x축의 방향으로 p만큼 평행이동한 것이다.

○ 4명의 학생들은 다음 규칙에 따라 등산 코스를 정하려고 한다. 각 학생이 가게 될 등산 코스를 각각 말하시오.

□ 안의 문장이 주어진 이차함수에 대한 설명으로 옳은 것이면 화살표 ⟶, 옳지 않은 것이면 화살표 ⇢의 방향을 따라간다.

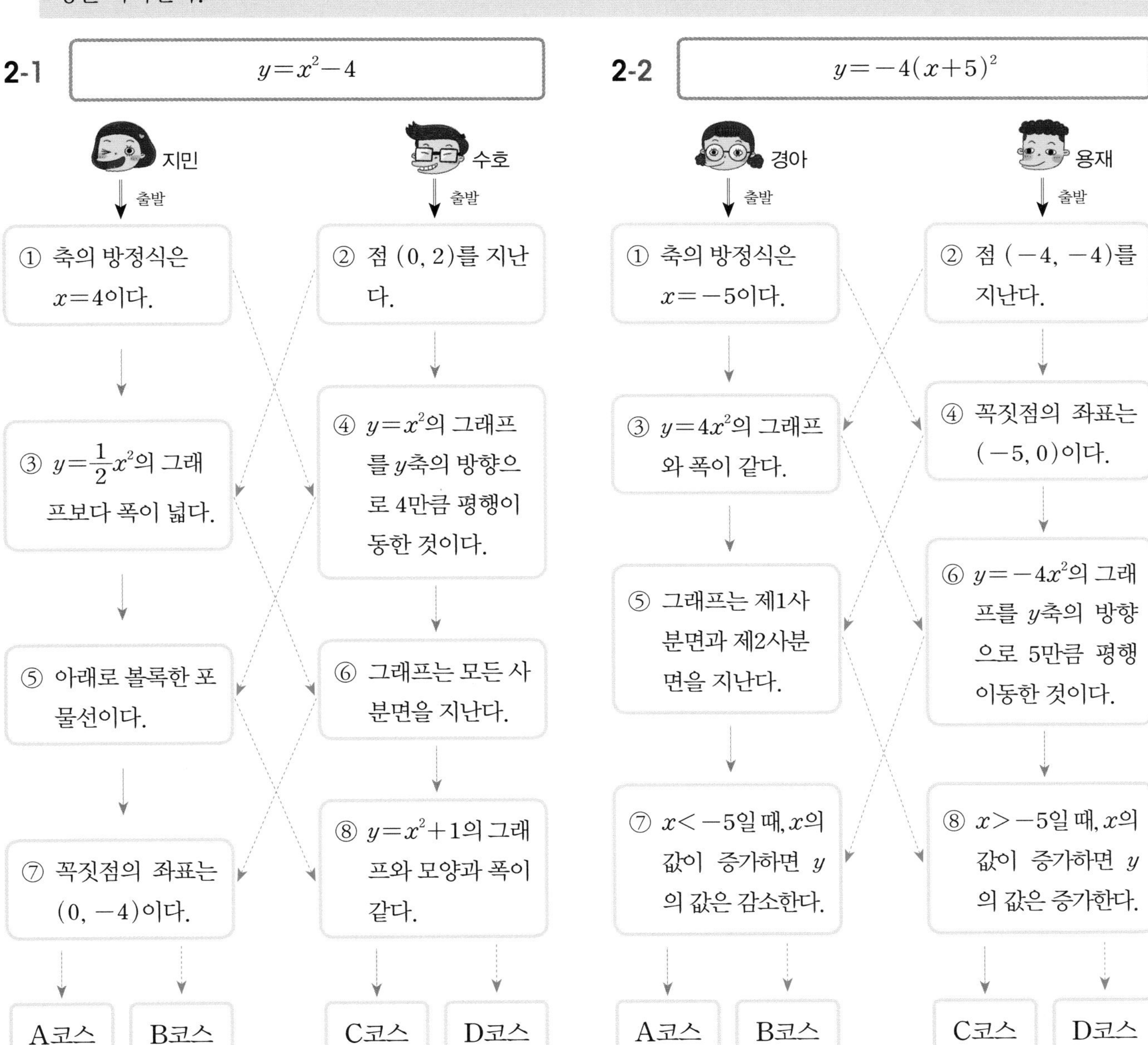

핵심 체크

❸ 이차함수 $y=ax^2+q$의 그래프에서
꼭짓점의 좌표 : $(0, q)$, 축의 방정식 : $x=0$

❹ 이차함수 $y=a(x-p)^2$의 그래프에서
꼭짓점의 좌표 : $(p, 0)$, 축의 방정식 : $x=p$

STEP 1

14 이차함수 $y=a(x-p)^2+q$의 그래프

❶ 이차함수 $y=ax^2$의 그래프를 x축의 방향으로 p만큼, y축의 방향으로 q만큼 평행이동한 것이다.

❷ 꼭짓점의 좌표 : (p, q)

❸ 축의 방정식 : $x=p$

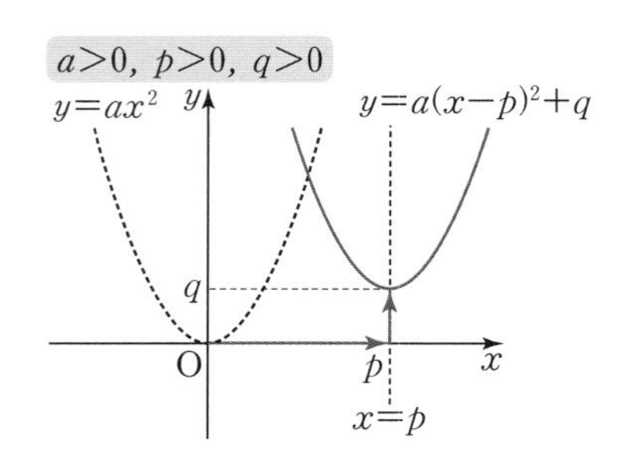

○ 다음 이차함수의 그래프를 좌표평면 위에 그리고, ☐ 안에 알맞은 것을 써넣으시오.

1-1 ㉠ $y=(x-2)^2+3$
㉡ $y=(x+3)^2-2$

(1) 이차함수 $y=x^2$의 그래프를 이용하여 ㉠, ㉡의 그래프를 좌표평면 위에 그리시오.

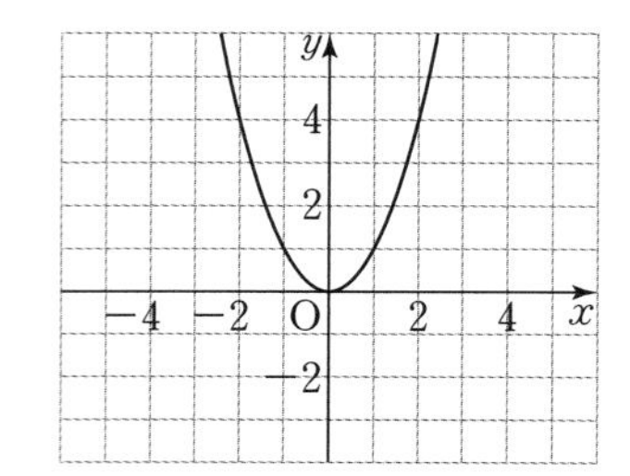

(2) $y=(x-2)^2+3$의 그래프는 $y=x^2$의 그래프를 x축의 방향으로 ☐만큼, y축의 방향으로 ☐만큼 평행이동한 것이고, 꼭짓점의 좌표는 (☐, ☐), 축의 방정식은 ☐이다.

(3) $y=(x+3)^2-2$의 그래프는 $y=x^2$의 그래프를 x축의 방향으로 ☐만큼, y축의 방향으로 ☐만큼 평행이동한 것이고, 꼭짓점의 좌표는 (☐, ☐), 축의 방정식은 ☐이다.

1-2 ㉠ $y=-2(x-2)^2+1$
㉡ $y=-2(x+1)^2-3$

(1) 이차함수 $y=-2x^2$의 그래프를 이용하여 ㉠, ㉡의 그래프를 좌표평면 위에 그리시오.

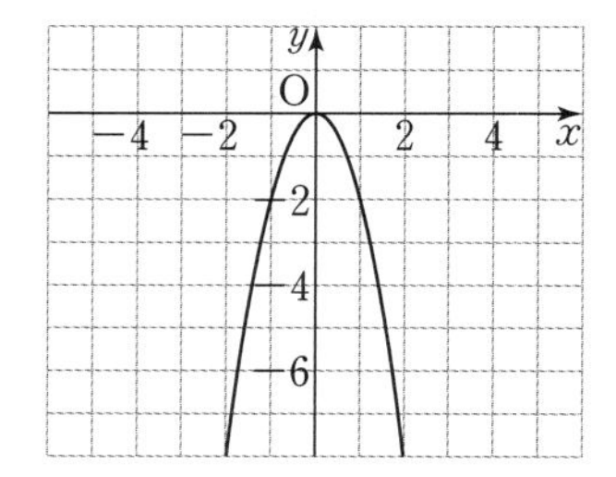

(2) $y=-2(x-2)^2+1$의 그래프는 $y=-2x^2$의 그래프를 x축의 방향으로 ☐만큼, y축의 방향으로 ☐만큼 평행이동한 것이고, 꼭짓점의 좌표는 (☐, ☐), 축의 방정식은 ☐이다.

(3) $y=-2(x+1)^2-3$의 그래프는 $y=-2x^2$의 그래프를 x축의 방향으로 ☐만큼, y축의 방향으로 ☐만큼 평행이동한 것이고, 꼭짓점의 좌표는 (☐, ☐), 축의 방정식은 ☐이다.

핵심 체크

$y=ax^2$ $\xrightarrow[\text{y축의 방향으로 q만큼 평행이동}]{\text{x축의 방향으로 p만큼,}}$ $y=a(x-p)^2+q$

○ 다음 이차함수의 그래프를 좌표평면 위에 그리고, □ 안에 알맞은 것을 써넣으시오.

2-1 $y=2(x-3)^2-5$

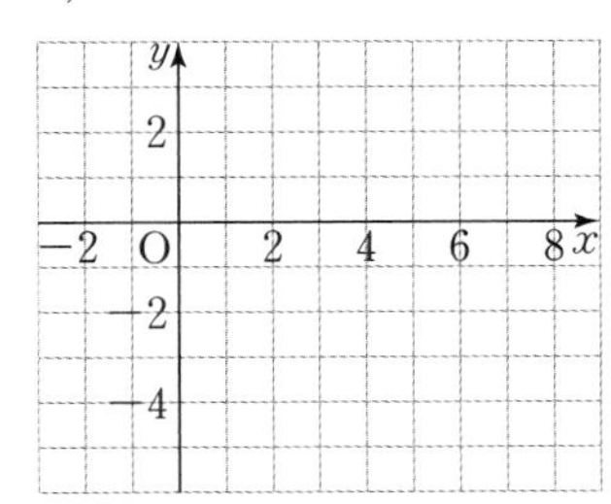

① $y=$□의 그래프를 x축의 방향으로 □만큼, y축의 방향으로 □만큼 평행이동한 것이다.

② 꼭짓점의 좌표는 (□, □)이다.

③ 축의 방정식은 □이다.

④ □로 볼록한 그래프이다.

⑤ x의 값이 증가할 때, y의 값은 감소하는 x의 값의 범위는 □이다.

2-2 $y=-2(x+2)^2+3$

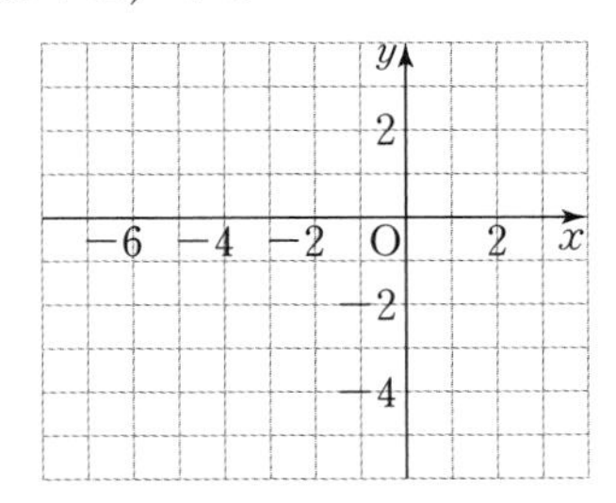

① $y=$□의 그래프를 x축의 방향으로 □만큼, y축의 방향으로 □만큼 평행이동한 것이다.

② 꼭짓점의 좌표는 (□, □)이다.

③ 축의 방정식은 □이다.

④ □로 볼록한 그래프이다.

⑤ x의 값이 증가할 때, y의 값도 증가하는 x의 값의 범위는 □이다.

3-1 $y=\frac{1}{4}(x-1)^2+2$

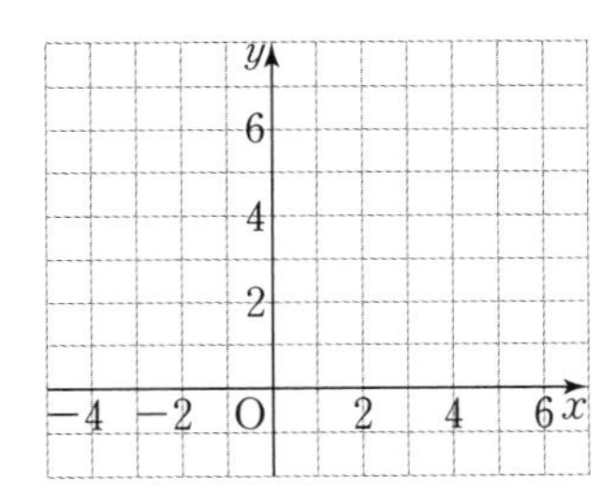

① $y=$□의 그래프를 x축의 방향으로 □만큼, y축의 방향으로 □만큼 평행이동한 것이다.

② 꼭짓점의 좌표는 (□, □)이다.

③ 축의 방정식은 □이다.

④ □로 볼록한 그래프이다.

⑤ x의 값이 증가할 때, y의 값도 증가하는 x의 값의 범위는 □이다.

3-2 $y=-\frac{1}{4}(x+2)^2-1$

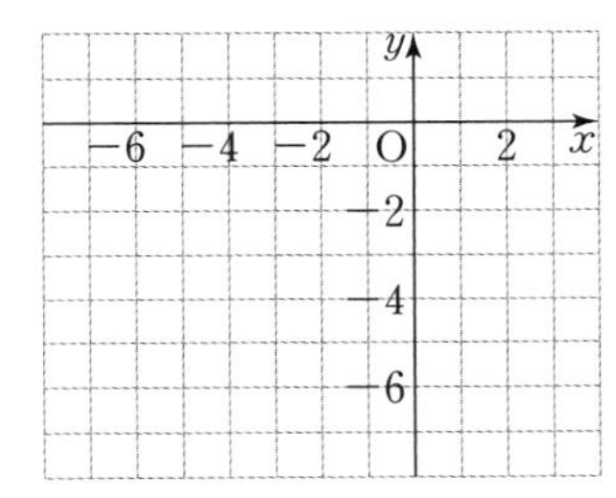

① $y=$□의 그래프를 x축의 방향으로 □만큼, y축의 방향으로 □만큼 평행이동한 것이다.

② 꼭짓점의 좌표는 (□, □)이다.

③ 축의 방정식은 □이다.

④ □로 볼록한 그래프이다.

⑤ x의 값이 증가할 때, y의 값은 감소하는 x의 값의 범위는 □이다.

핵심 체크

이차함수 $y=a(x-p)^2+q$의 그래프의 증가·감소는 축의 방정식 $x=p$를 기준으로 바뀐다.

○ 다음 이차함수의 그래프를 좌표평면 위에 그리고, 꼭짓점의 좌표와 축의 방정식을 구하시오. (단, 꼭짓점과 다른 한 점을 반드시 표시한다.)

4-1 $y=\frac{1}{2}(x-2)^2+1$

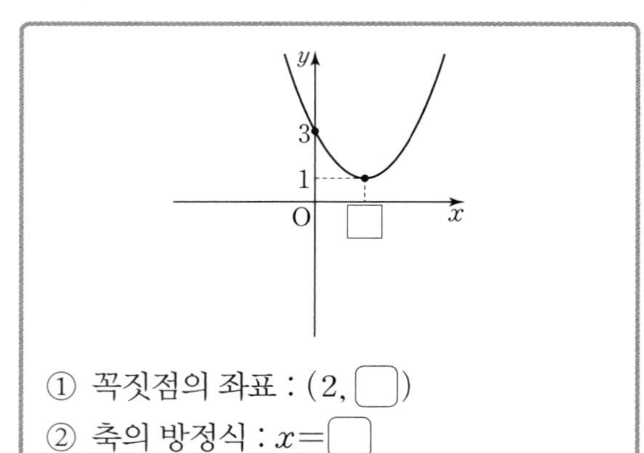

4-2 $y=(x+1)^2-3$

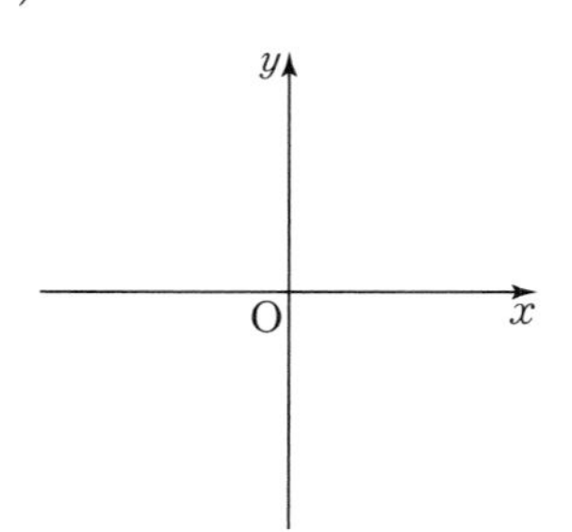

① 꼭짓점의 좌표 __________

② 축의 방정식 __________

5-1 $y=-2(x-1)^2+8$

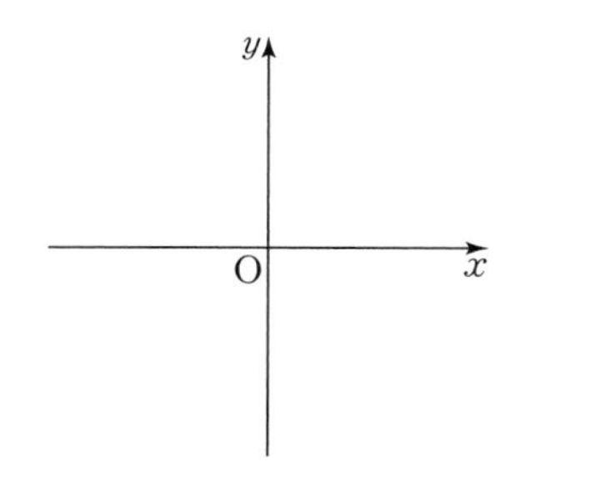

① 꼭짓점의 좌표 __________

② 축의 방정식 __________

5-2 $y=-\frac{1}{3}(x-3)^2+2$

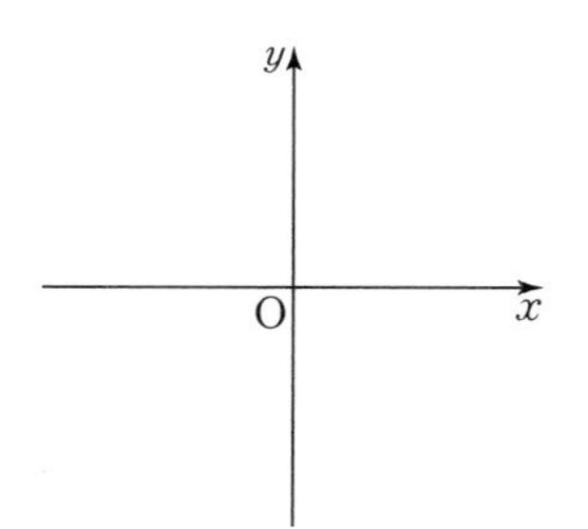

① 꼭짓점의 좌표 __________

② 축의 방정식 __________

핵심 체크

이차함수 $y=a(x-p)^2+q$의 그래프는 이차함수 $y=ax^2$의 그래프를 x축의 방향으로 p만큼, y축의 방향으로 q만큼 평행이동한 것이다.

○ 다음 이차함수의 그래프를 좌표평면 위에 그리고, 꼭짓점의 좌표와 축의 방정식을 구하시오. (단, 꼭짓점과 다른 한 점을 반드시 표시한다.)

6-1 $y=3(x+1)^2+1$

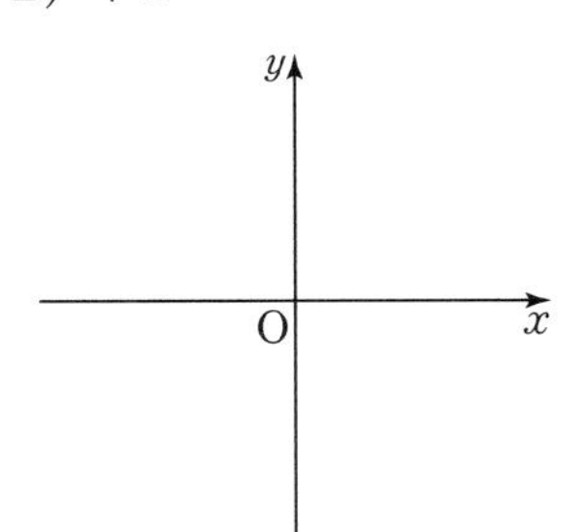

① 꼭짓점의 좌표 ____________

② 축의 방정식 ____________

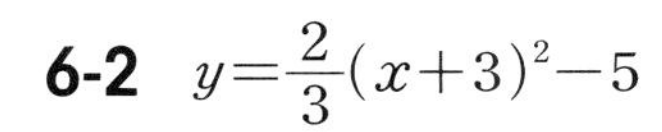

6-2 $y=\frac{2}{3}(x+3)^2-5$

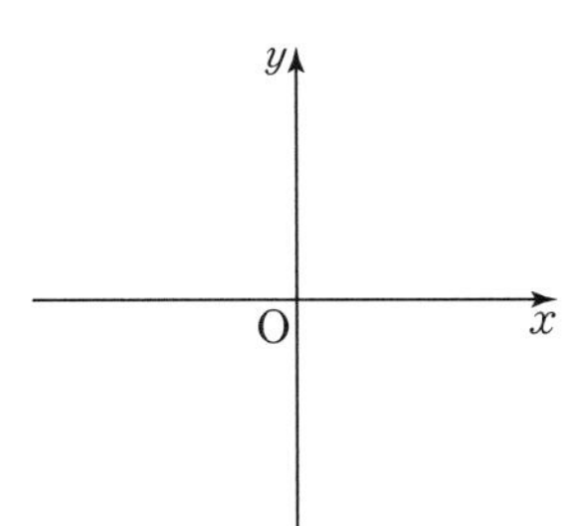

① 꼭짓점의 좌표 ____________

② 축의 방정식 ____________

7-1 $y=-(x+2)^2+4$

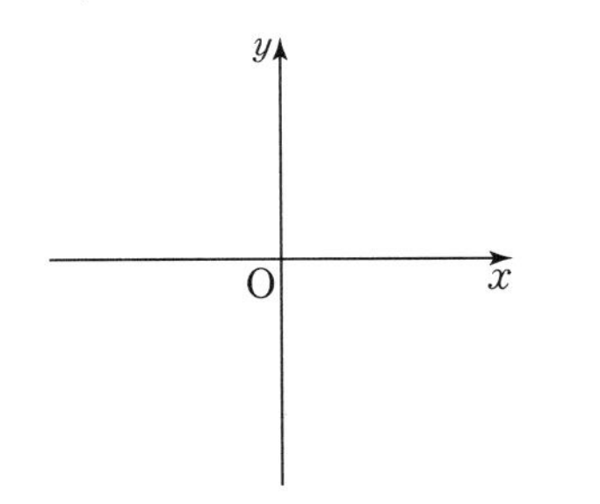

① 꼭짓점의 좌표 ____________

② 축의 방정식 ____________

7-2 $y=-\frac{1}{2}(x-1)^2+1$

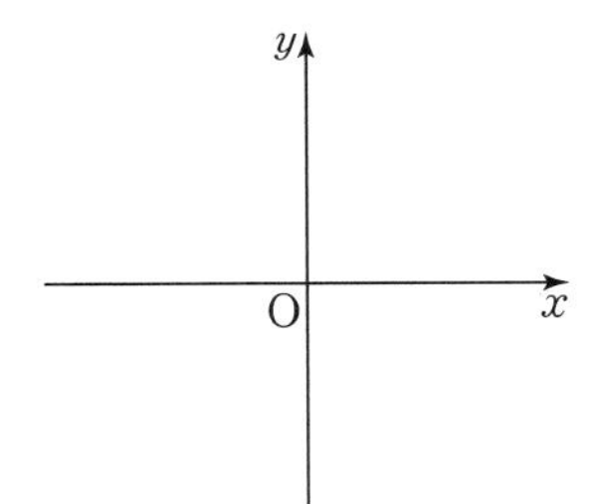

① 꼭짓점의 좌표 ____________

② 축의 방정식 ____________

핵심 체크

이차함수 $y=a(x-p)^2+q$의 그래프의 꼭짓점의 좌표는 (p, q), 축의 방정식은 $x=p$이다.

14 이차함수 $y=a(x-p)^2+q$의 그래프

○ 주어진 이차함수의 그래프를 x축의 방향으로 p만큼, y축의 방향으로 q만큼 평행이동한 그래프에 대하여 다음을 구하시오.

8-1 $y=3x^2$ $[p=-1, q=2]$

(1) 이차함수의 식 ________

(2) 꼭짓점의 좌표 ________

(3) 축의 방정식 ________

(4) x의 값이 증가할 때, y의 값은 감소하는 x의 값의 범위 ________

8-2 $y=\frac{3}{4}x^2$ $[p=2, q=5]$

(1) 이차함수의 식 ________

(2) 꼭짓점의 좌표 ________

(3) 축의 방정식 ________

(4) x의 값이 증가할 때, y의 값도 증가하는 x의 값의 범위 ________

9-1 $y=-2x^2$ $[p=4, q=7]$

(1) 이차함수의 식 ________

(2) 꼭짓점의 좌표 ________

(3) 축의 방정식 ________

(4) x의 값이 증가할 때, y의 값은 감소하는 x의 값의 범위 ________

9-2 $y=-3x^2$ $[p=1, q=-6]$

(1) 이차함수의 식 ________

(2) 꼭짓점의 좌표 ________

(3) 축의 방정식 ________

(4) x의 값이 증가할 때, y의 값도 증가하는 x의 값의 범위 ________

10-1 $y=-\frac{3}{2}x^2$ $[p=-3, q=-4]$

(1) 이차함수의 식 ________

(2) 꼭짓점의 좌표 ________

(3) 축의 방정식 ________

(4) x의 값이 증가할 때, y의 값도 증가하는 x의 값의 범위 ________

10-2 $y=\frac{1}{2}x^2$ $[p=-5, q=3]$

(1) 이차함수의 식 ________

(2) 꼭짓점의 좌표 ________

(3) 축의 방정식 ________

(4) x의 값이 증가할 때, y의 값은 감소하는 x의 값의 범위 ________

핵심 체크

이차함수 $y=ax^2$의 그래프를 x축의 방향으로 p만큼, y축의 방향으로 q만큼 평행이동한 그래프가 나타내는 이차함수의 식은 $y=a(x-p)^2+q$이다.

15 이차함수 $y=a(x-p)^2+q$의 그래프가 지나는 점

정답과 해설 | 33쪽

이차함수 $y=ax^2$의 그래프를 x축의 방향으로 p만큼, y축의 방향으로 q만큼 평행이동한 그래프가 점 $(m,\ n)$을 지난다.
➡ $y=a(x-p)^2+q$에 $x=m$, $y=n$을 대입하면 등식이 성립한다.

예 이차함수 $y=3x^2$의 그래프를 x축의 방향으로 2만큼, y축의 방향으로 5만큼 평행이동하면 점 $(3,\ k)$를 지난다. 이때 k의 값을 구하시오.

➡ 평행이동한 그래프가 나타내는 이차함수의 식은 $y=3(x-2)^2+5$
$y=3(x-2)^2+5$에 $x=3$, $y=k$를 대입하면
$k=3(3-2)^2+5=8$

○ 다음 조건을 만족하는 k의 값을 구하시오.

1-1 이차함수 $y=4(x-2)^2-3$의 그래프가 점 $(1,\ k)$를 지난다.

> $y=4(x-2)^2-3$에 $x=$☐, $y=$☐를 대입하면
> $k=4($☐$-2)^2-3=$☐

1-2 이차함수 $y=-2(x+3)^2-1$의 그래프가 점 $(-2,\ k)$를 지난다.

______

2-1 이차함수 $y=\frac{3}{4}x^2$의 그래프를 x축의 방향으로 3만큼, y축의 방향으로 5만큼 평행이동하면 점 $(5,\ k)$를 지난다.

______

2-2 이차함수 $y=2x^2$의 그래프를 x축의 방향으로 1만큼, y축의 방향으로 -4만큼 평행이동하면 점 $(2,\ k)$를 지난다.

______

3-1 이차함수 $y=-x^2$의 그래프를 x축의 방향으로 -4만큼, y축의 방향으로 -2만큼 평행이동하면 점 $(-3,\ k)$를 지난다.

______

3-2 이차함수 $y=\frac{1}{3}x^2$의 그래프를 x축의 방향으로 3만큼, y축의 방향으로 -8만큼 평행이동하면 점 $(6,\ k)$를 지난다.

______

핵심 체크

이차함수 $y=ax^2$의 그래프를 x축의 방향으로 p만큼, y축의 방향으로 q만큼 평행이동한 그래프가 점 (m, n)을 지난다.
➡ $y=a(x-p)^2+q$에 $x=m$, $y=n$을 대입하면 등식이 성립한다. 즉, $n=a(m-p)^2+q$

16 이차함수의 그래프의 종합

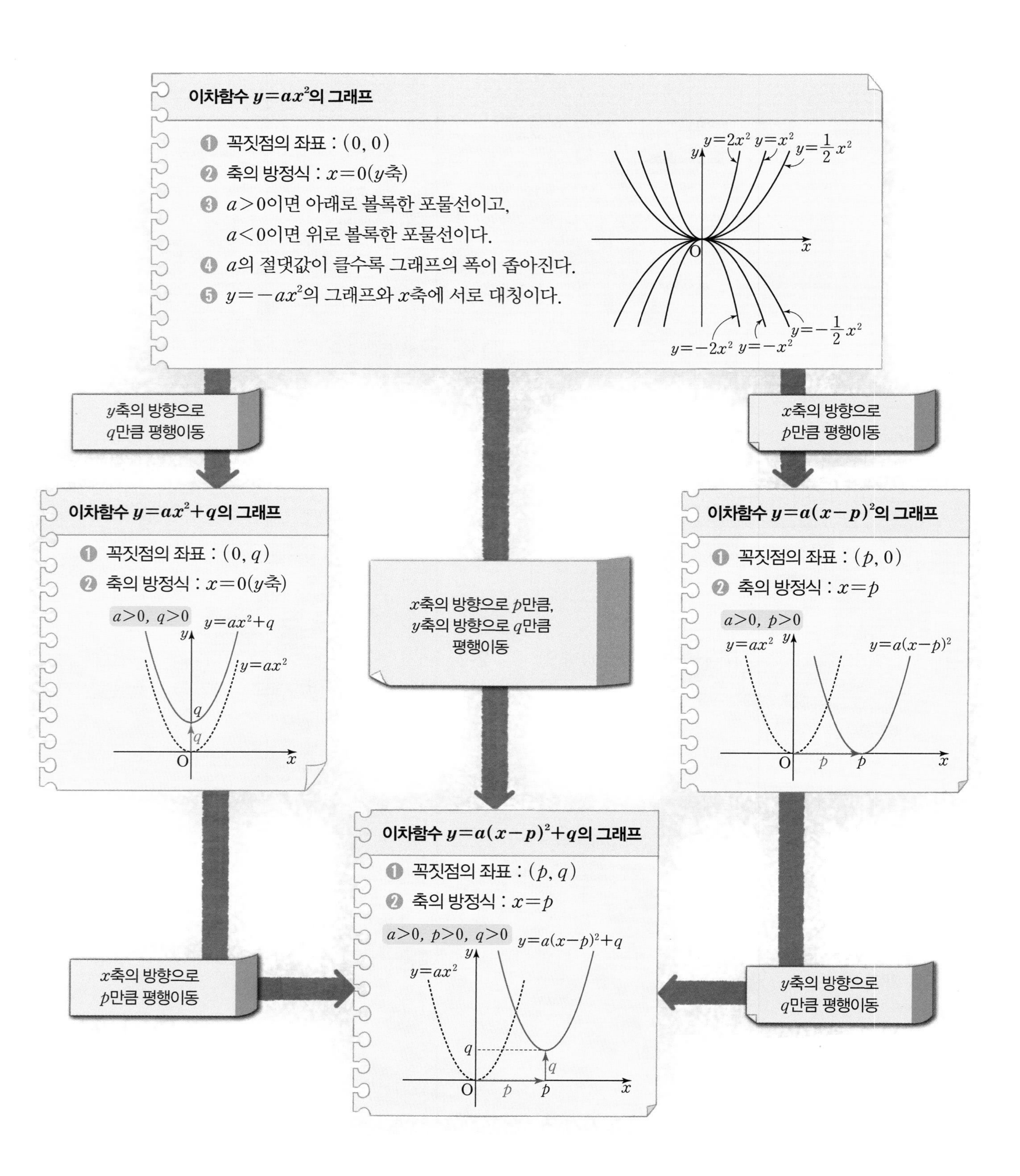

○ 다음 이차함수의 그래프를 좌표평면 위에 그리고, 꼭짓점의 좌표와 축의 방정식을 구하시오. (단, 꼭짓점과 다른 한 점을 반드시 표시한다.)

1-1 $y=\frac{3}{2}x^2$

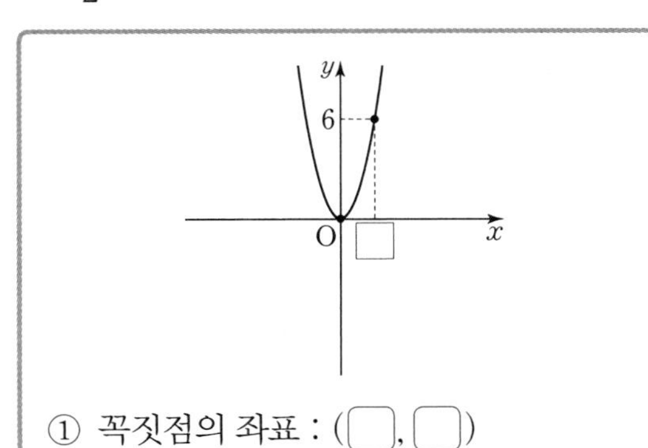

① 꼭짓점의 좌표 : ($\square$, $\square$)

② 축의 방정식 : $x=\square$

1-2 $y=-\frac{1}{2}x^2$

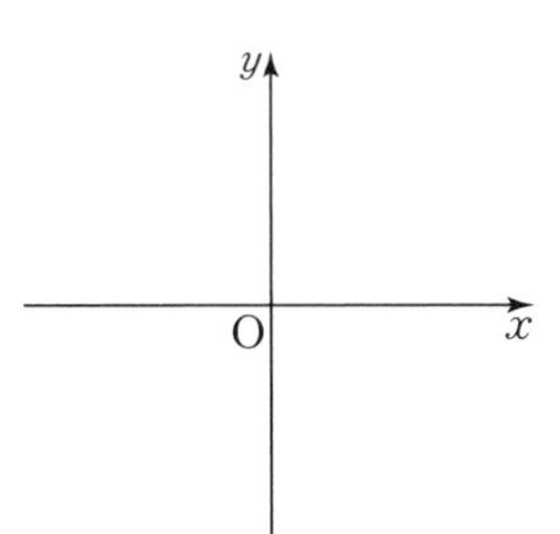

① 꼭짓점의 좌표 ________

② 축의 방정식 ________

2-1 $y=2x^2-3$

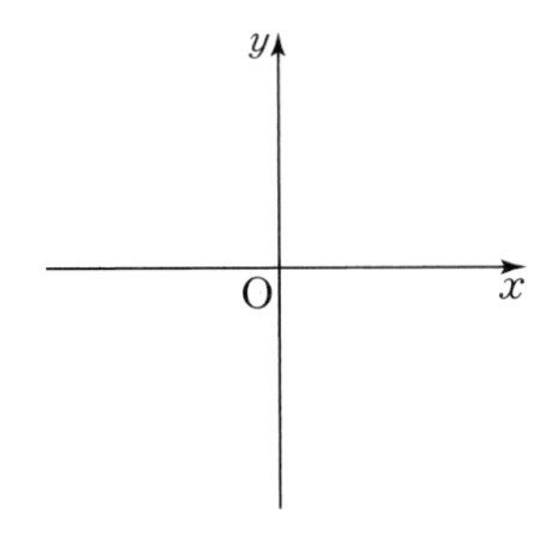

① 꼭짓점의 좌표 ________

② 축의 방정식 ________

2-2 $y=-\frac{1}{3}x^2+2$

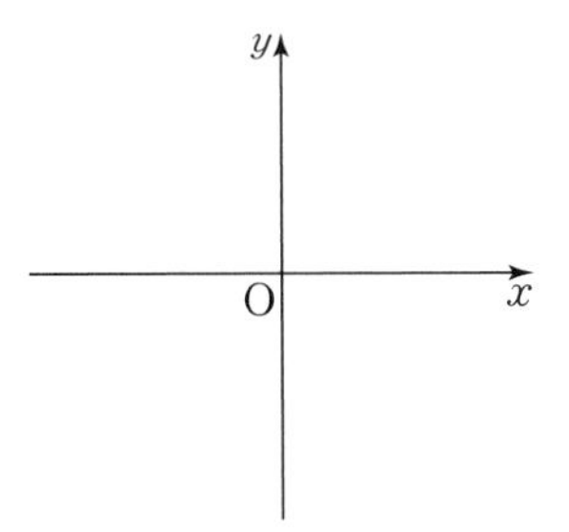

① 꼭짓점의 좌표 ________

② 축의 방정식 ________

핵심 체크

이차함수 $y=ax^2$의 그래프에서
꼭짓점의 좌표 : $(0, 0)$
축의 방정식 : $x=0$(y축)

이차함수 $y=ax^2+q$의 그래프에서
꼭짓점의 좌표 : $(0, q)$
축의 방정식 : $x=0$(y축)

○ 다음 이차함수의 그래프를 좌표평면 위에 그리고, 꼭짓점의 좌표와 축의 방정식을 구하시오. (단, 꼭짓점과 다른 한 점을 반드시 표시한다.)

3-1 $y=3(x+2)^2$

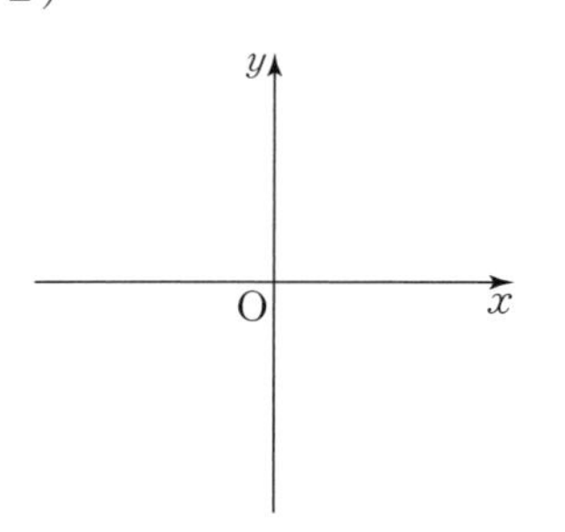

① 꼭짓점의 좌표 ____________

② 축의 방정식 ____________

3-2 $y=-\frac{2}{3}(x-3)^2$

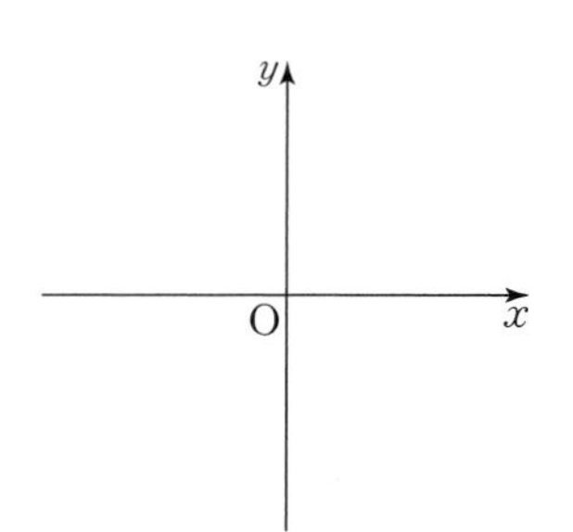

① 꼭짓점의 좌표 ____________

② 축의 방정식 ____________

4-1 $y=-(x+4)^2+1$

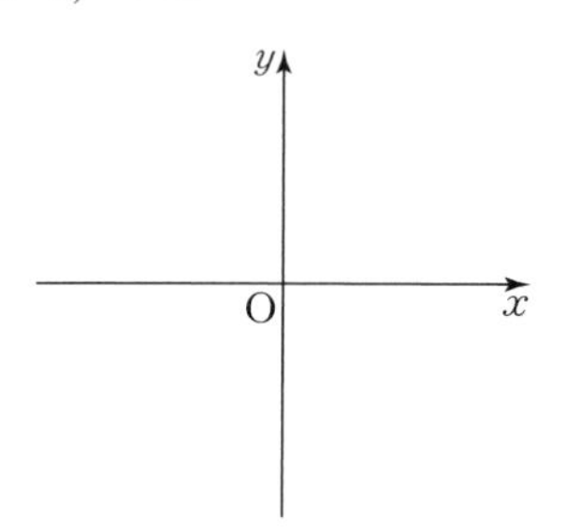

① 꼭짓점의 좌표 ____________

② 축의 방정식 ____________

4-2 $y=\frac{3}{4}(x+2)^2-3$

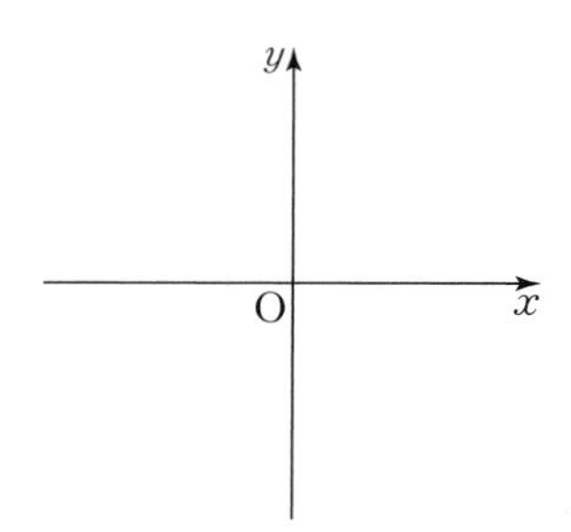

① 꼭짓점의 좌표 ____________

② 축의 방정식 ____________

핵심 체크

이차함수 $y=a(x-p)^2$의 그래프에서
꼭짓점의 좌표 : $(p, 0)$
축의 방정식 : $x=p$

이차함수 $y=a(x-p)^2+q$의 그래프에서
꼭짓점의 좌표 : (p, q)
축의 방정식 : $x=p$

○ 다음 이차함수의 그래프에 대하여 물음에 답하시오.

5-1

㉠ $y=\frac{5}{4}x^2$

㉡ $y=-\frac{1}{3}x^2+5$

㉢ $y=-\frac{3}{2}(x+2)^2-4$

㉣ $y=-2(x-3)^2+1$

㉤ $y=(x+6)^2$

㉥ $y=3(x-1)^2-3$

(1) 위로 볼록한 그래프를 고르시오.

(2) 아래로 볼록한 그래프를 고르시오.

(3) 그래프의 폭이 넓은 것부터 차례대로 쓰시오.

(4) 원점을 지나는 그래프를 고르시오.

(5) 점 $(-3, 9)$를 지나는 그래프를 고르시오.

(6) 꼭짓점이 제3사분면 위에 있는 그래프를 고르시오.

5-2

㉠ $y=2(x+5)^2$

㉡ $y=-\frac{1}{2}x^2-5$

㉢ $y=\frac{1}{2}(x-1)^2-3$

㉣ $y=-(x-4)^2+1$

㉤ $y=-2x^2$

㉥ $y=\frac{1}{4}(x-2)^2-1$

(1) 위로 볼록한 그래프를 고르시오.

(2) 아래로 볼록한 그래프를 고르시오.

(3) 평행이동하여 $y=2x^2$의 그래프와 포갤 수 있는 그래프를 고르시오.

(4) 축의 방정식이 $x=1$인 그래프를 고르시오.

(5) 원점을 지나는 그래프를 고르시오.

(6) 점 $(2, -3)$을 지나는 그래프를 고르시오.

핵심 체크

- 이차함수의 그래프에서 x^2의 계수가 양수이면 아래로 볼록, x^2의 계수가 음수이면 위로 볼록한 그래프이다.
- 이차함수의 그래프가 점 (m, n)을 지날 때, 이차함수의 식에 $x=m$, $y=n$을 대입하면 등식이 성립한다.

16 이차함수의 그래프의 종합

○ 다음 이차함수의 그래프에 대한 설명 중 (　) 안의 알맞은 것에 ○표 하시오.

6-1 $y=4x^2$

(1) (아래, 위)로 볼록한 그래프이다.

(2) 꼭짓점의 좌표는 ($(0, 0)$, $(4, 0)$)이다.

(3) 축의 방정식은 ($x=0$, $y=0$)이다.

(4) 그래프가 지나는 사분면은 제(1, 2, 3, 4) 사분면이다.

(5) $\left(y=\frac{1}{4}x^2, y=-4x^2\right)$의 그래프와 x축에 서로 대칭이다.

(6) ($x<0$, $x>0$)일 때, x의 값이 증가하면 y의 값도 증가한다.

6-2 $y=-3x^2-1$

(1) (아래, 위)로 볼록한 그래프이다.

(2) 꼭짓점의 좌표는 ($(-3, -1)$, $(0, -1)$)이다.

(3) 축의 방정식은 ($x=0$, $y=-1$)이다.

(4) 그래프가 지나는 사분면은 제(1, 2, 3, 4) 사분면이다.

(5) $\left(y=3x^2, y=-\frac{1}{3}x^2\right)$의 그래프와 폭이 같다.

(6) ($x>0$, $x>-1$)일 때, x의 값이 증가하면 y의 값은 감소한다.

7-1 $y=\frac{1}{2}(x+2)^2$

(1) (아래, 위)로 볼록한 그래프이다.

(2) 꼭짓점의 좌표는 ($(-2, 0)$, $(2, 0)$)이다.

(3) 축의 방정식은 ($x=0$, $x=-2$)이다.

(4) 그래프가 지나는 사분면은 제(1, 2, 3, 4) 사분면이다.

(5) $y=\frac{1}{2}x^2$의 그래프를 (x, y)축의 방향으로 (-2, 2)만큼 평행이동한 것이다.

(6) $x<-2$일 때, x의 값이 증가하면 y의 값은 (증가, 감소)한다.

7-2 $y=-2(x+1)^2-5$

(1) (아래, 위)로 볼록한 그래프이다.

(2) 꼭짓점의 좌표는 ($(-1, -5)$, $(1, 5)$)이다.

(3) 축의 방정식은 ($x=-1$, $x=5$)이다.

(4) 그래프가 지나는 사분면은 제(1, 2, 3, 4) 사분면이다.

(5) $y=-2x^2$의 그래프를 x축의 방향으로 (-1, 1)만큼, y축의 방향으로 (-5, 5)만큼 평행이동한 것이다.

(6) $x>-1$일 때, x의 값이 증가하면 y의 값은 (증가, 감소)한다.

핵심 체크

이차함수의 그래프의 증가·감소는 축의 방정식을 기준으로 바뀐다.

기본연산 집중연습 | 14~16

정답과 해설 | 33쪽

○ 이차함수의 식과 그 식이 나타내는 그래프를 선으로 연결하시오.

1-1

㉠ 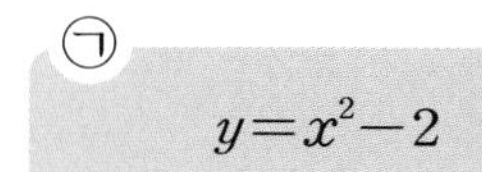

$y=x^2-2$

㉡ $y=-2x^2$

㉢ $y=-(x+2)^2$

ⓐ

ⓑ

ⓒ

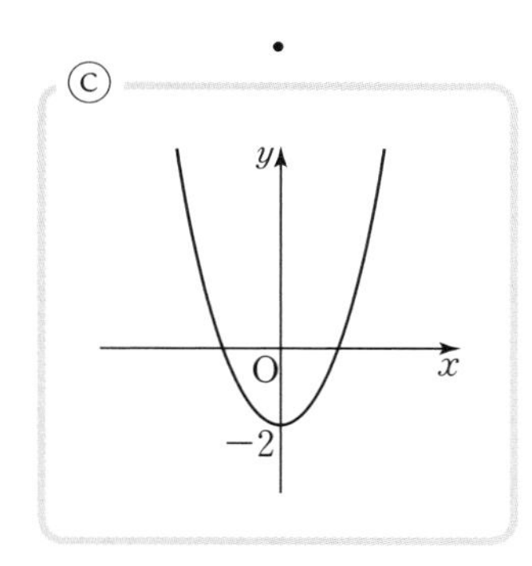

1-2

㉠ $y=\frac{3}{2}(x+2)^2-5$

㉡ $y=-\frac{1}{3}(x+3)^2-2$

㉢ 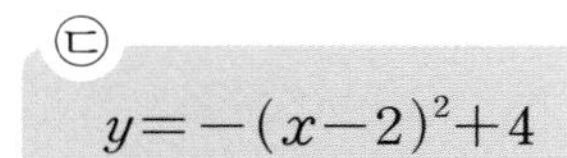

$y=-(x-2)^2+4$

ⓐ

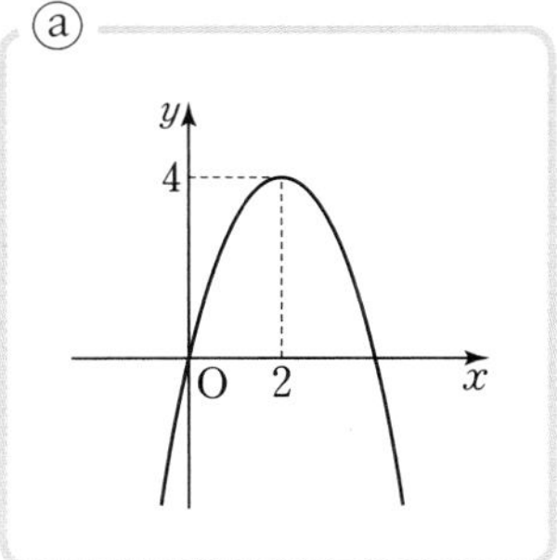

ⓑ

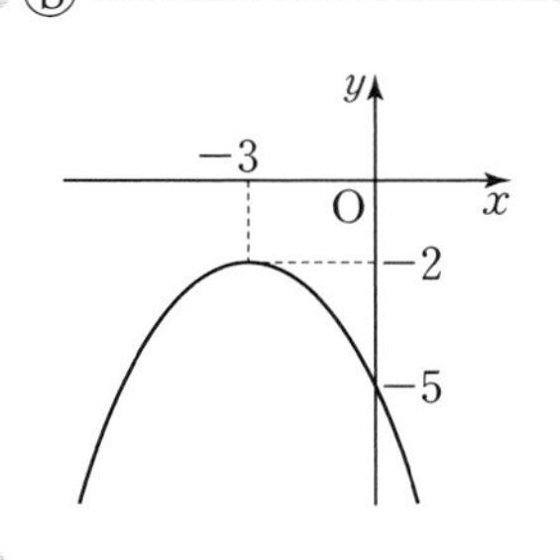

ⓒ

핵심 체크

❶ 이차함수의 그래프는 꼭짓점의 좌표와 지나는 다른 한 점의 좌표를 구한 후 축에 대칭이 되도록 포물선을 그린다.

STEP 2

○ 4명의 학생들은 다음 규칙에 따라 자원봉사로 방문할 마을을 정하려고 한다. 각 학생이 방문할 마을을 각각 말하시오.

> ☐ 안의 문장이 주어진 이차함수에 대한 설명으로 옳은 것이면 화살표 ⟶, 옳지 않은 것이면 화살표 ⇢의 방향을 따라간다.

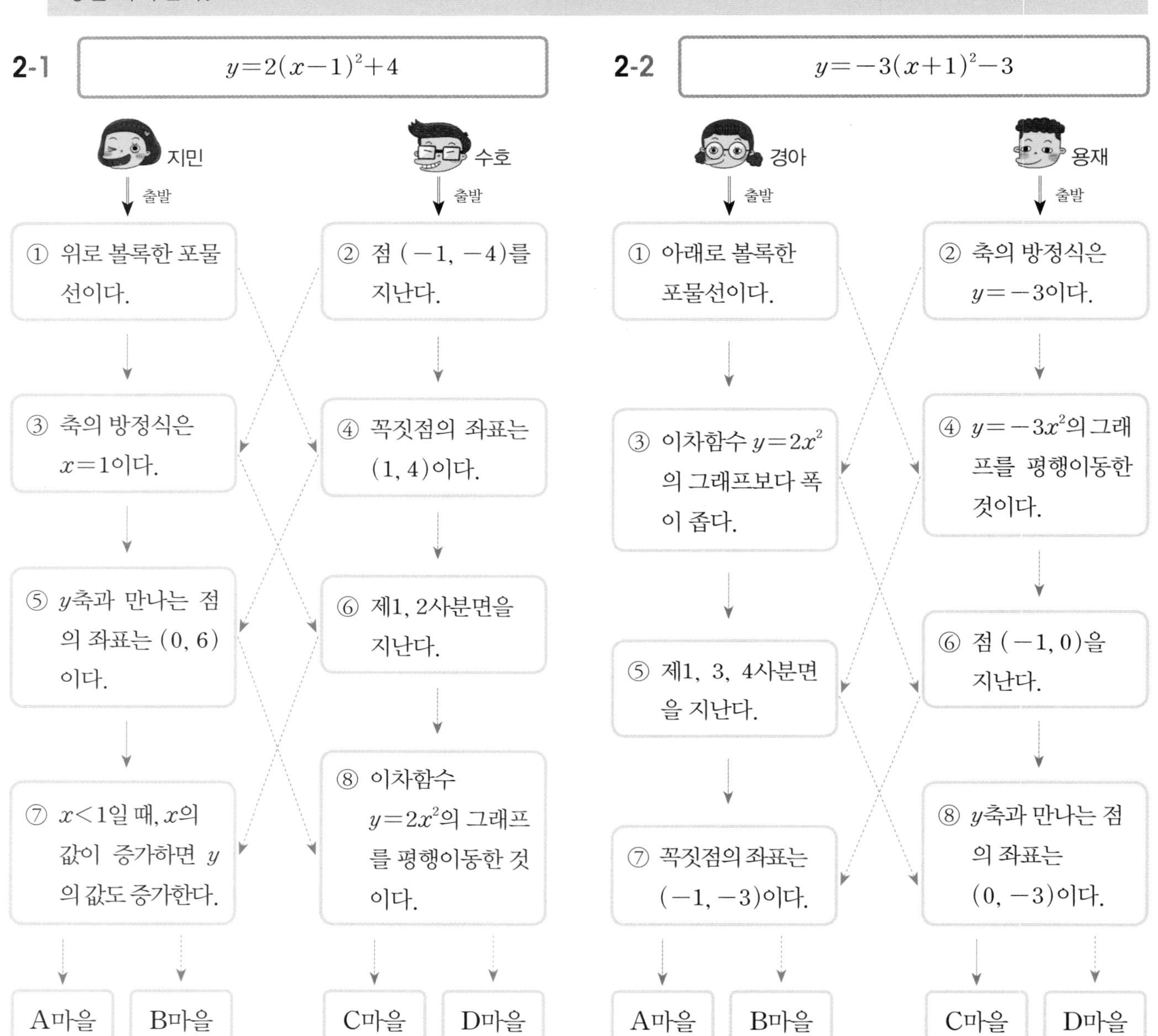

핵심 체크

❷ 이차함수 $y=a(x-p)^2+q$의 그래프에서

- 꼭짓점의 좌표 : (p, q), 축의 방정식 : $x=p$
- $y=ax^2$의 그래프를 평행이동한 것이다.
- $a>0$이면 아래로 볼록, $a<0$이면 위로 볼록
- a의 절댓값이 클수록 그래프의 폭이 좁아진다.

17 이차함수 $y=a(x-p)^2+q$에서 a, p, q의 부호

정답과 해설 | 33쪽

❶ a의 부호 : 그래프의 모양으로 결정한다.

(i) 아래로 볼록하다. ➡ $a>0$

(ii) 위로 볼록하다. ➡ $a<0$

❷ p, q의 부호 : 꼭짓점의 좌표 (p, q)가 제몇 사분면 위에 있는지 확인하여 결정한다.

제1사분면	제2사분면	제3사분면	제4사분면
$p>0,\ q>0$	$p<0,\ q>0$	$p<0,\ q<0$	$p>0,\ q<0$

제2사분면 (−,+)	제1사분면 (+,+)
제3사분면 (−,−)	제4사분면 (+,−)

○ 이차함수 $y=a(x-p)^2+q$의 그래프가 다음과 같을 때, ☐ 안에 >, =, < 중 알맞은 것을 써넣으시오.

1-1

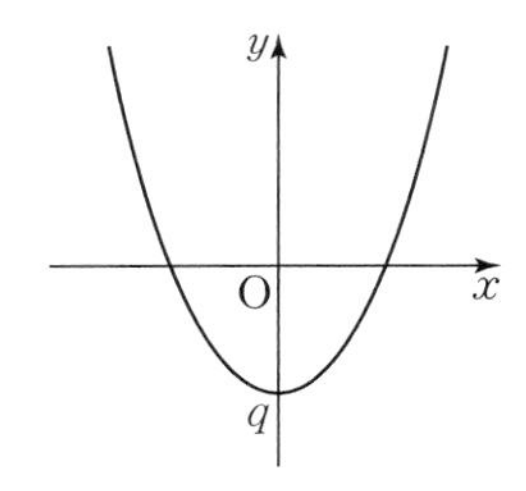

➡ 그래프가 아래로 볼록하므로 $a>0$
꼭짓점이 y축 위에 있으므로 $p=0$
꼭짓점이 x축보다 아래쪽에 있으므로
q ☐ 0

1-2

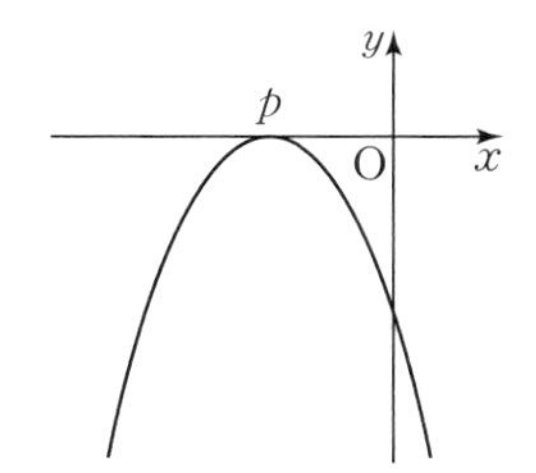

➡ 그래프가 위로 볼록하므로 a ☐ 0
꼭짓점이 y축보다 왼쪽에 있으므로 p ☐ 0
꼭짓점이 x축 위에 있으므로 q ☐ 0

2-1

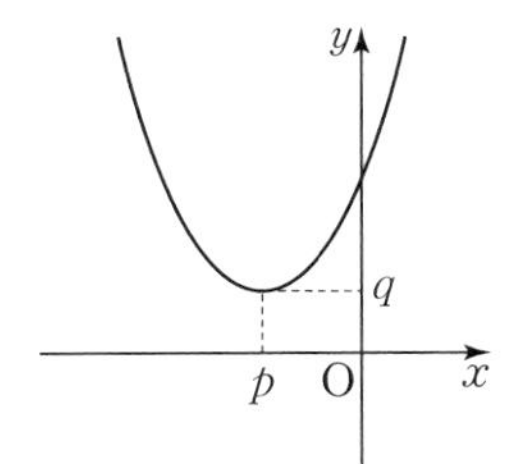

➡ 그래프가 아래로 볼록하므로 a ☐ 0
꼭짓점이 제2사분면 위에 있으므로
p ☐ 0, q ☐ 0

2-2

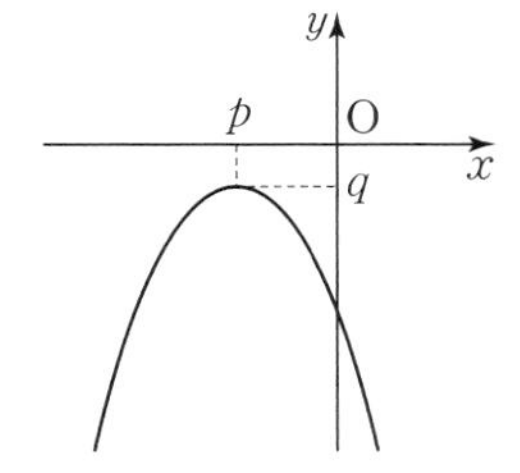

➡ 그래프가 위로 볼록하므로 a ☐ 0
꼭짓점이 제3사분면 위에 있으므로
p ☐ 0, q ☐ 0

핵심 체크

- 꼭짓점이 x축 위에 있다. ➡ 꼭짓점의 y좌표가 0이다. ➡ $q=0$
- 꼭짓점이 y축 위에 있다. ➡ 꼭짓점의 x좌표가 0이다. ➡ $p=0$

정답과 해설 | 34쪽

17 이차함수 $y=a(x-p)^2+q$에서 a, p, q의 부호

○ 이차함수 $y=a(x-p)^2+q$의 그래프가 다음과 같을 때, ◯ 안에 $>$, $=$, $<$ 중 알맞은 것을 써넣으시오.

3-1

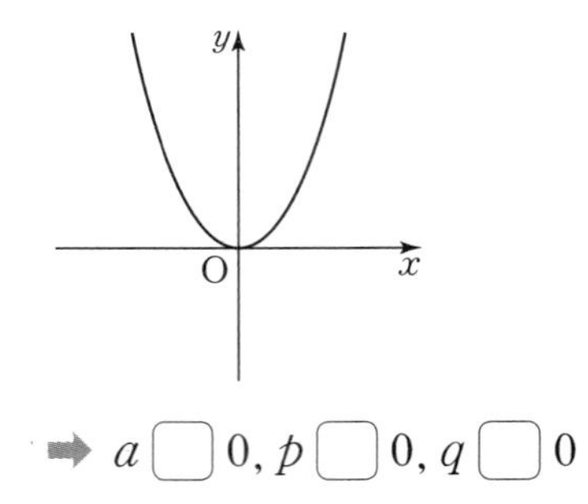

➡ a ◯ 0, p ◯ 0, q ◯ 0

3-2

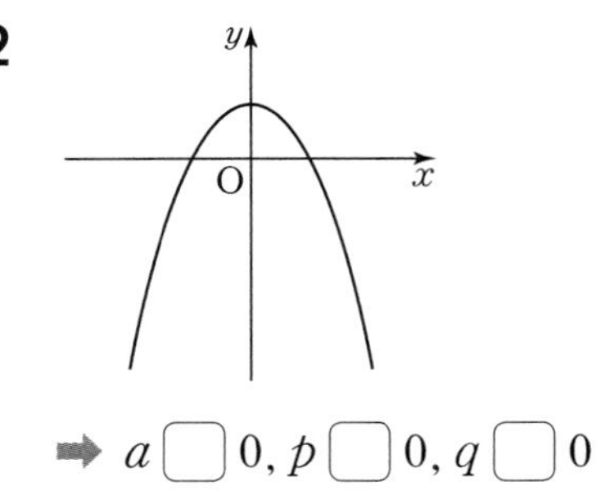

➡ a ◯ 0, p ◯ 0, q ◯ 0

4-1

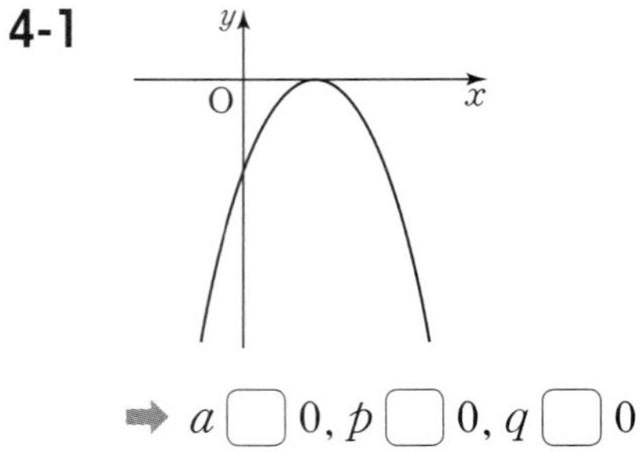

➡ a ◯ 0, p ◯ 0, q ◯ 0

4-2

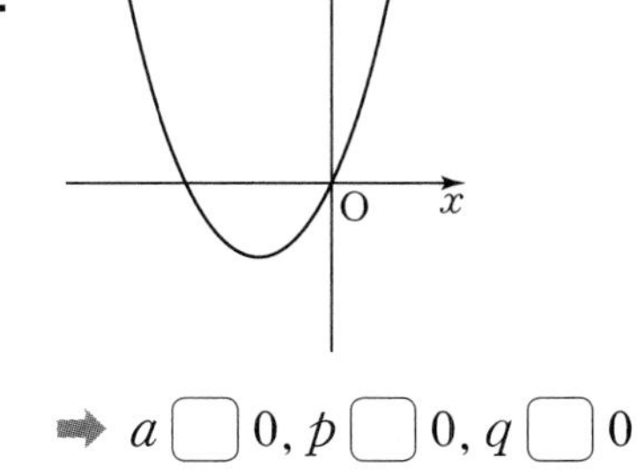

➡ a ◯ 0, p ◯ 0, q ◯ 0

5-1

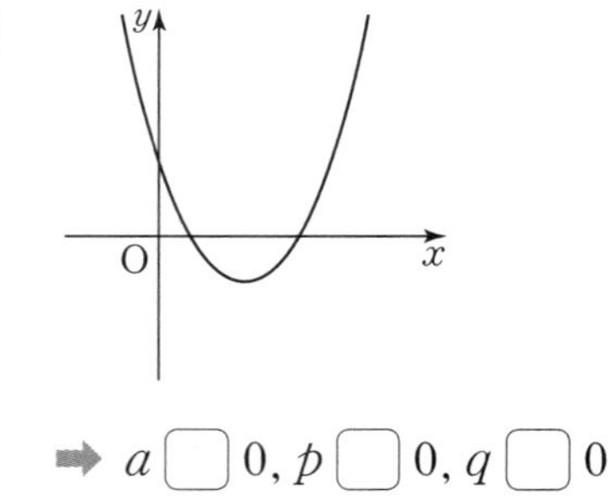

➡ a ◯ 0, p ◯ 0, q ◯ 0

5-2

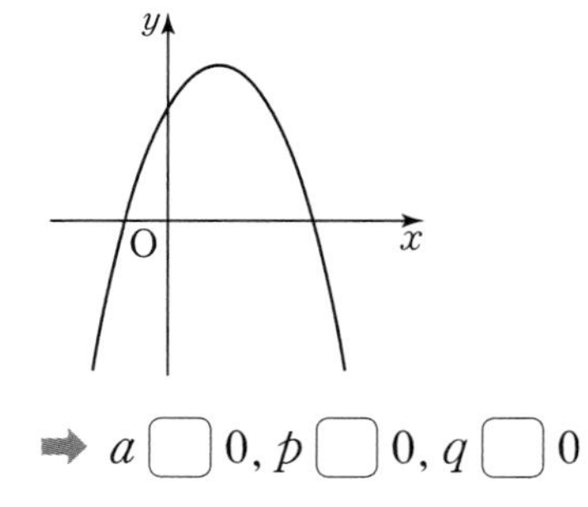

➡ a ◯ 0, p ◯ 0, q ◯ 0

핵심 체크

이차함수 $y=a(x-p)^2+q$의 그래프에서

- 그래프의 모양 : a의 부호 결정
  - (ⅰ) 아래로 볼록 ➡ $a>0$
  - (ⅱ) 위로 볼록 ➡ $a<0$
- 꼭짓점 (p, q)의 위치 : p, q의 부호 결정
  - (ⅰ) 제1사분면 ➡ $p>0, q>0$
  - (ⅱ) 제2사분면 ➡ $p<0, q>0$
  - (ⅲ) 제3사분면 ➡ $p<0, q<0$
  - (ⅳ) 제4사분면 ➡ $p>0, q<0$

18 이차함수 $y=a(x-p)^2+q$의 그래프의 평행이동

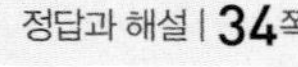

이차함수 $y=a(x-p)^2+q$의 그래프를 x축의 방향으로 m만큼, y축의 방향으로 n만큼 평행이동한 그래프가 나타내는 이차함수의 식 구하기

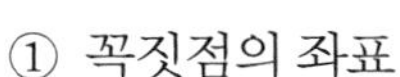

❶ 꼭짓점의 좌표 : $(p+m, q+n)$

❷ 이차함수의 식

$y=a\{x-(p+m)\}^2+q+n \Rightarrow y=a(x-p-m)^2+q+n$

예 이차함수 $y=(x-1)^2-2$의 그래프를 x축의 방향으로 3만큼, y축의 방향으로 4만큼 평행이동한 그래프가 나타내는 이차함수의 식을 구하시오.

① 꼭짓점의 좌표

$y=(x-1)^2-2$의 그래프 → 평행이동한 그래프

$(1, -2) \xrightarrow[y\text{축의 방향으로 4만큼 평행이동}]{x\text{축의 방향으로 3만큼,}} (1+3, -2+4)$, 즉 $(4, 2)$

② 이차함수의 식

$y=(x-1)^2-2 \longrightarrow y=(x-4)^2+2$

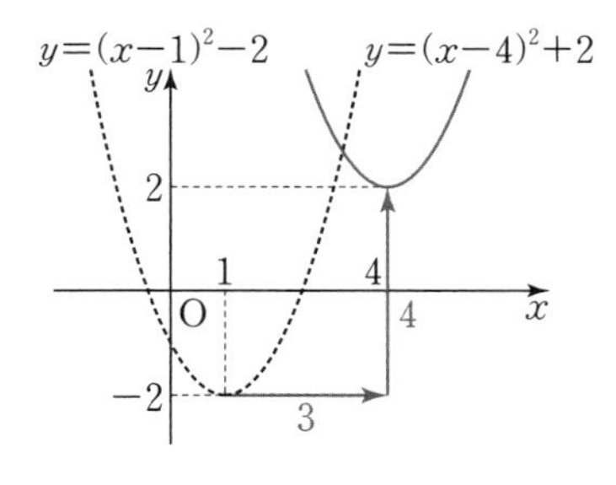

○ 다음과 같이 평행이동한 그래프의 꼭짓점의 좌표와 이차함수의 식을 구하고, 그 그래프를 좌표평면 위에 그리시오.

1-1 $y=x^2+2$의 그래프를 y축의 방향으로 2만큼 평행이동

① 꼭짓점의 좌표

$(0, 2) \xrightarrow[2\text{만큼 평행이동}]{y\text{축의 방향으로}} (0, \square)$

② 이차함수의 식

$y=x^2+2 \longrightarrow y=x^2+\square$

③ 그래프

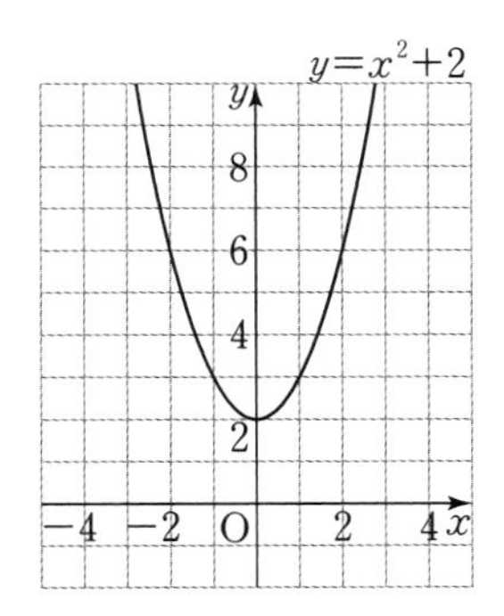

1-2 $y=-2x^2+3$의 그래프를 x축의 방향으로 -1만큼 평행이동

① 꼭짓점의 좌표

$(0, \square) \longrightarrow (\square, \square)$

② 이차함수의 식

③ 그래프

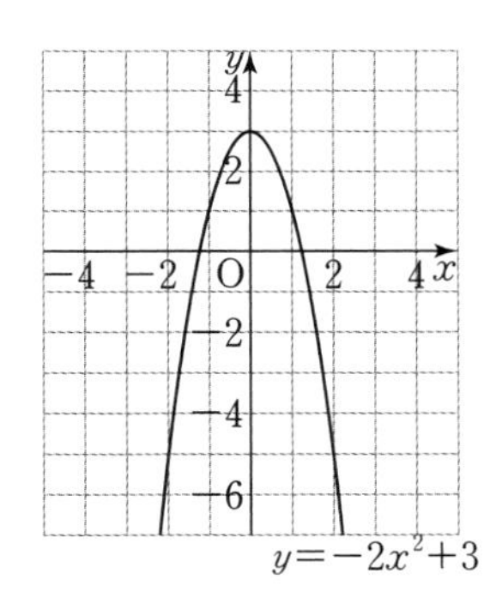

핵심 체크

이차함수 $y=a(x-p)^2+q$의 그래프의 평행이동에서는 꼭짓점의 변화를 살펴서 평행이동한 그래프가 나타내는 이차함수의 식을 구한다.

18 이차함수 $y=a(x-p)^2+q$의 그래프의 평행이동

○ **다음과 같이 평행이동한 그래프의 꼭짓점의 좌표와 이차함수의 식을 구하고, 그 그래프를 좌표평면 위에 그리시오.**

2-1 $y=-(x+1)^2$의 그래프를 x축의 방향으로 -2만큼 평행이동

① 꼭짓점의 좌표

$(\square, 0) \longrightarrow (\square, 0)$

② 이차함수의 식

____

③ 그래프

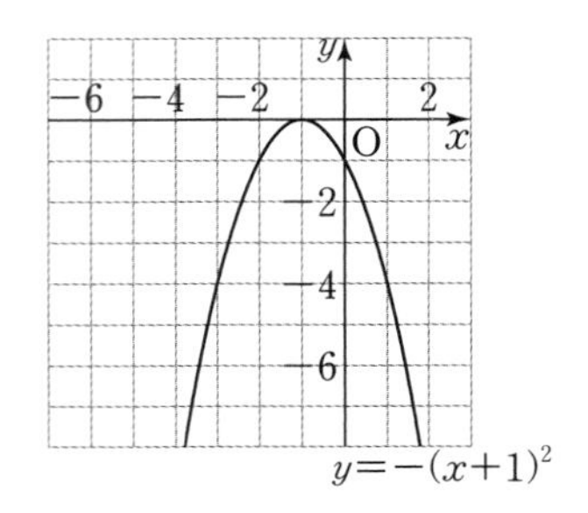

2-2 $y=\frac{1}{2}(x-2)^2$의 그래프를 y축의 방향으로 4만큼 평행이동

① 꼭짓점의 좌표

$(\square, 0) \longrightarrow (\square, \square)$

② 이차함수의 식

____

③ 그래프

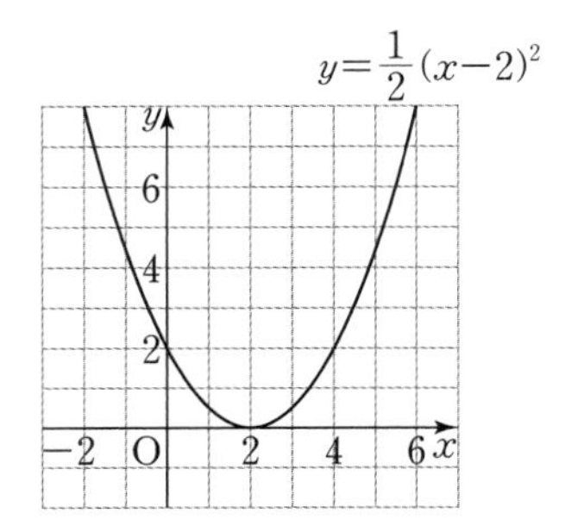

3-1 $y=-(x-4)^2-1$의 그래프를 x축의 방향으로 -3만큼, y축의 방향으로 1만큼 평행이동

① 꼭짓점의 좌표

$(4, -1) \longrightarrow (\square, \square)$

② 이차함수의 식

____

③ 그래프

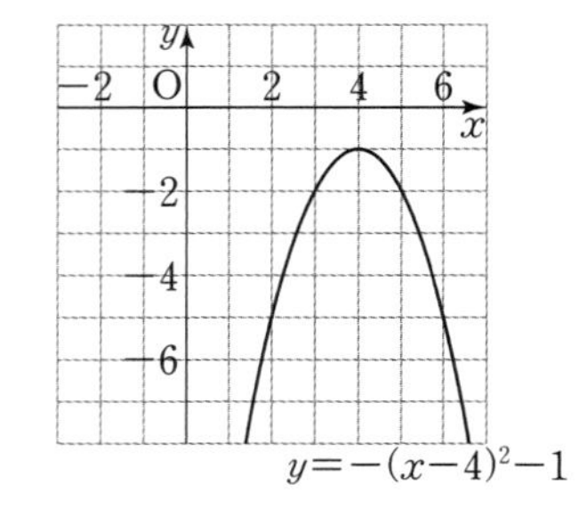

3-2 $y=2(x+1)^2-2$의 그래프를 x축의 방향으로 2만큼, y축의 방향으로 3만큼 평행이동

① 꼭짓점의 좌표

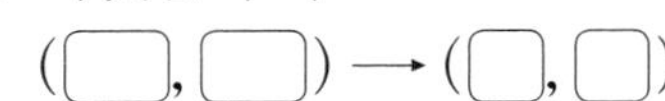

$(\square, \square) \rightarrow (\square, \square)$

② 이차함수의 식

____

③ 그래프

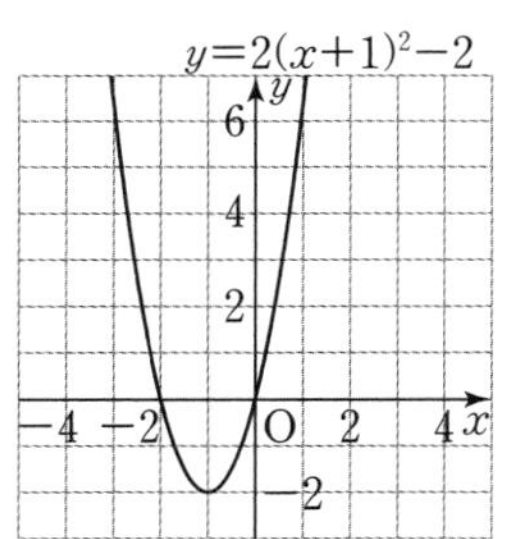

핵심 체크

이차함수 $y=a(x-p)^2+q$의 그래프를 x축의 방향으로 m만큼, y축의 방향으로 n만큼 평행이동한 그래프가 나타내는 이차함수의 식은 $y=a(x-p-m)^2+q+n$

기본연산 집중연습 | 17~18

정답과 해설 | 34쪽

○ 이차함수 $y=a(x-p)^2+q$의 그래프가 다음과 같을 때, ▢ 안에 $>$, $=$, $<$ 중 알맞은 것을 써넣으시오.

1-1

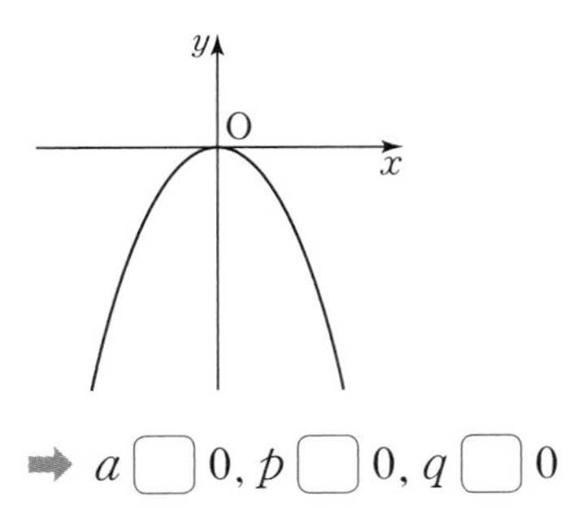

➡ a ▢ 0, p ▢ 0, q ▢ 0

1-2

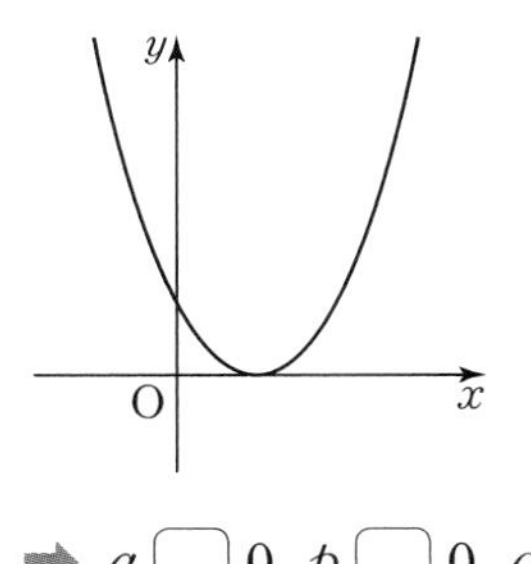

➡ a ▢ 0, p ▢ 0, q ▢ 0

1-3

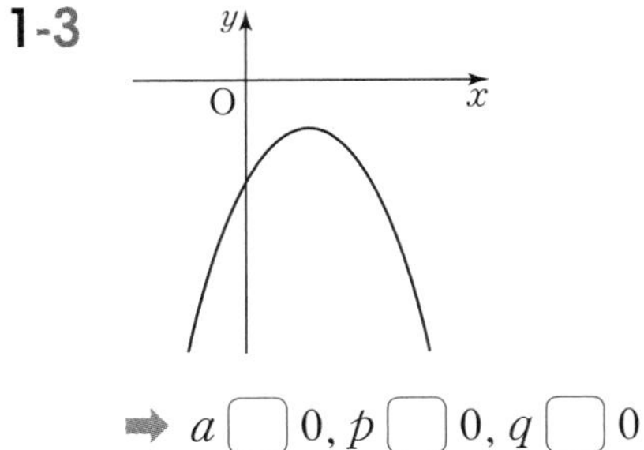

➡ a ▢ 0, p ▢ 0, q ▢ 0

1-4

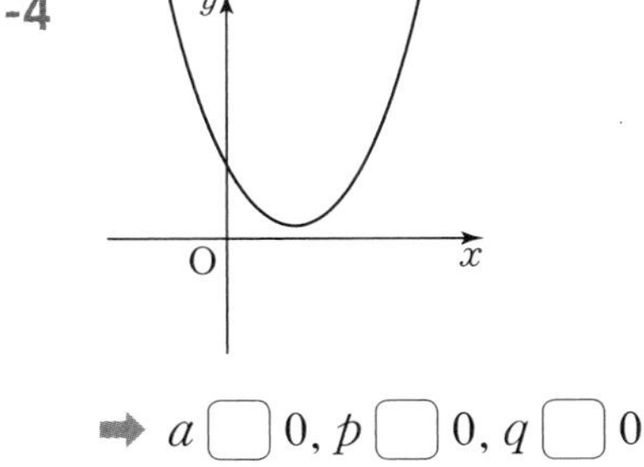

➡ a ▢ 0, p ▢ 0, q ▢ 0

○ 주어진 이차함수의 그래프를 x축의 방향으로 m만큼, y축의 방향으로 n만큼 평행이동한 그래프가 나타내는 이차함수의 식을 구하시오.

2-1 $y=-3x^2+1$ $[m=2,\ n=3]$

2-2 $y=-\frac{1}{4}(x-6)^2$ $[m=-1,\ n=-2]$

2-3 $y=5(x+2)^2-5$ $[m=4,\ n=-3]$

2-4 $y=\frac{3}{2}(x-1)^2+4$ $[m=-5,\ n=1]$

핵심 체크

이차함수 $y=a(x-p)^2+q$의 그래프에서

① a의 부호는 그래프의 모양으로 결정하고, p, q의 부호는 꼭짓점이 위치한 사분면으로 결정한다.

② x축의 방향으로 m만큼, y축의 방향으로 n만큼 평행이동한 그래프의 꼭짓점의 좌표는 $(p+m,\ q+n)$이므로 이차함수의 식은 $y=a(x-p-m)^2+q+n$이다.

기본연산 테스트

1 다음 중 y가 x에 대한 이차함수인 것에는 ○표, 아닌 것에는 ×표를 하시오.

(1) $y=2x-10$ ( )

(2) $y=x^2+4x+4$ ( )

(3) $y=\dfrac{x^2}{8}$ ( )

(4) $5x^2-6x+1$ ( )

(5) $y=2x(x-3)-x^2$ ( )

2 다음 중 y가 x에 대한 이차함수인 것을 모두 고르시오.

ㄱ 한 변의 길이가 x cm인 정육면체의 겉넓이 y cm^2
ㄴ 밑변의 길이가 x cm이고 높이가 8 cm인 이등변삼각형의 넓이 y cm^2
ㄷ 한 개에 1500원 하는 과자를 x개 샀을 때, 지불해야 하는 금액 y원
ㄹ 시속 x km로 3시간 이동한 거리 y km
ㅁ 밑면인 원의 반지름의 길이가 $2x$ cm이고 높이가 6 cm인 원뿔의 부피 y cm^3
ㅂ 가로의 길이가 x cm이고 세로의 길이가 $3x$ cm인 직사각형의 넓이 y cm^2

3 이차함수 $f(x)=x^2+4x-12$에 대하여 다음을 구하시오.

(1) $f(0)$

(2) $f(2)$

(3) $f(1)-f(-1)$

4 다음을 구하시오.

(1) 이차함수 $f(x)=\frac{1}{2}x^2$에 대하여 $f(-6)$의 값

(2) 이차함수 $f(x)=-3x^2+x+4$에 대하여 $\frac{1}{2}f(2)$의 값

(3) 이차함수 $f(x)=-x^2+5x+24$에 대하여 $3f(-3)+f(5)$의 값

5 다음을 구하시오.

(1) 이차함수 $f(x)=x^2-2x+k$에 대하여 $f(3)=7$일 때, 상수 k의 값

(2) 이차함수 $f(x)=2x^2+kx+3$에 대하여 $f(-1)=-1$일 때, 상수 k의 값

(3) 이차함수 $f(x)=kx^2+4x-10$에 대하여 $f(2)=0$일 때, 상수 k의 값

핵심 체크

❶ 이차함수 $f(x)=ax^2+bx+c$에 대하여 $x=p$일 때의 함숫값
➡ $f(x)$에 $x=p$를 대입한 값
➡ $f(p)=ap^2+bp+c$

6 다음 그림은 주어진 이차함수의 그래프를 그린 것이다. 이차함수의 식과 그래프를 알맞게 짝지으시오.

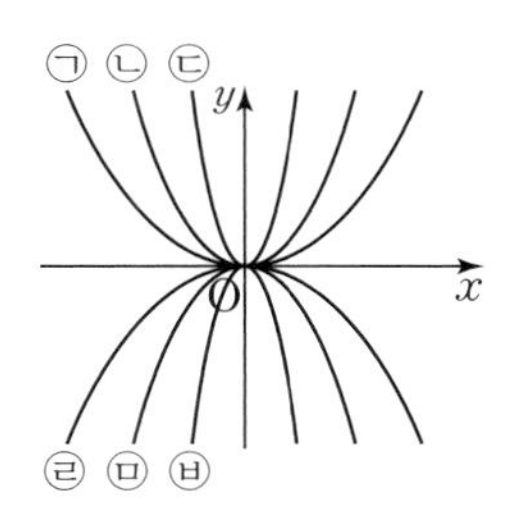

$y=x^2$, $y=2x^2$, $y=\frac{1}{5}x^2$,

$y=-x^2$, $y=-2x^2$, $y=-\frac{1}{5}x^2$

7 다음 이차함수의 그래프 중 $y=\frac{3}{2}x^2$의 그래프를 평행이동하여 포갤 수 있는 것을 모두 고르시오.

㉠ $y=\frac{3}{2}x^2+\frac{1}{2}$　　㉡ $y=\frac{2}{3}x^2-2$

㉢ $y=\frac{3}{2}(x-6)^2$　　㉣ $y=-\frac{3}{2}(x+4)^2$

㉤ $y=\frac{3}{2}(x-2)^2+3$

8 주어진 이차함수의 그래프의 꼭짓점의 좌표와 축의 방정식을 각각 구하시오.

(1) $y=3x^2$

꼭짓점의 좌표 ________

축의 방정식 ________

(2) $y=-x^2+4$

꼭짓점의 좌표 ________

축의 방정식 ________

(3) $y=-\frac{1}{3}(x+5)^2$

꼭짓점의 좌표 ________

축의 방정식 ________

(4) $y=4(x+1)^2-3$

꼭짓점의 좌표 ________

축의 방정식 ________

(5) $y=-\frac{5}{4}(x-4)^2+2$

꼭짓점의 좌표 ________

축의 방정식 ________

핵심 체크

❷ 이차함수 $y=ax^2$의 그래프에서 꼭짓점의 좌표 : $(0, 0)$, 축의 방정식 : $x=0$

❸ 이차함수 $y=ax^2+q$의 그래프에서 꼭짓점의 좌표 : $(0, q)$, 축의 방정식 : $x=0$

❹ 이차함수 $y=a(x-p)^2$의 그래프에서 꼭짓점의 좌표 : $(p, 0)$, 축의 방정식 : $x=p$

❺ 이차함수 $y=a(x-p)^2+q$의 그래프에서 꼭짓점의 좌표 : (p, q), 축의 방정식 : $x=p$

STEP 3

9 **다음 물음에 답하시오.**

(1) 이차함수 $y=ax^2$의 그래프가 두 점 $(3, 6)$, $(-6, k)$를 지난다. 이때 k의 값을 구하시오. (단, a는 상수)

(2) 이차함수 $y=2x^2$의 그래프를 y축의 방향으로 -5만큼 평행이동하면 점 $(3, k)$를 지난다. 이때 k의 값을 구하시오.

(3) 이차함수 $y=-\frac{1}{2}x^2$의 그래프를 x축의 방향으로 -3만큼 평행이동하면 점 $(1, k)$를 지난다. 이때 k의 값을 구하시오.

(4) 이차함수 $y=5x^2$의 그래프를 x축의 방향으로 -1만큼, y축의 방향으로 2만큼 평행이동하면 점 $(-2, k)$를 지난다. 이때 k의 값을 구하시오.

10 **다음 중 이차함수 $y=-2(x-1)^2+4$의 그래프에 대한 설명으로 옳은 것에는 ○표를 하고, 옳지 않은 것은 옳게 고치시오.**

(1) y축에 대칭이다.

____

(2) 아래로 볼록한 포물선이다.

____

(3) 꼭짓점의 좌표는 $(1, 4)$이다.

____

(4) 축의 방정식은 $x=1$이다.

____

(5) $x>1$일 때, x의 값이 증가하면 y의 값도 증가한다.

____

(6) $y=-2x^2$의 그래프와 폭이 같다.

____

핵심 체크

❻ 이차함수의 그래프는 x^2의 계수가 같으면 평행이동에 의해 그래프가 포개어진다.

정답과 해설 | 35쪽

11 이차함수 $y=a(x-p)^2+q$의 그래프가 다음과 같을 때, a, p, q의 부호를 정하시오.

(1)

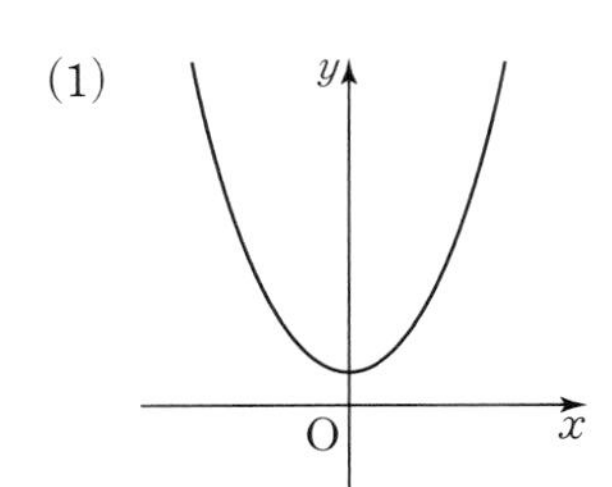

(2)

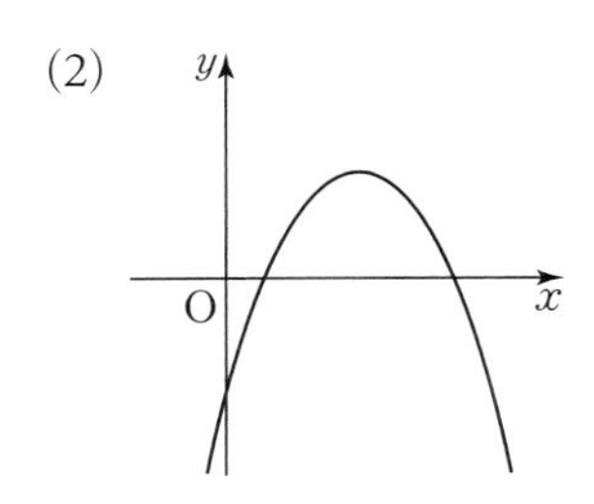

(3)

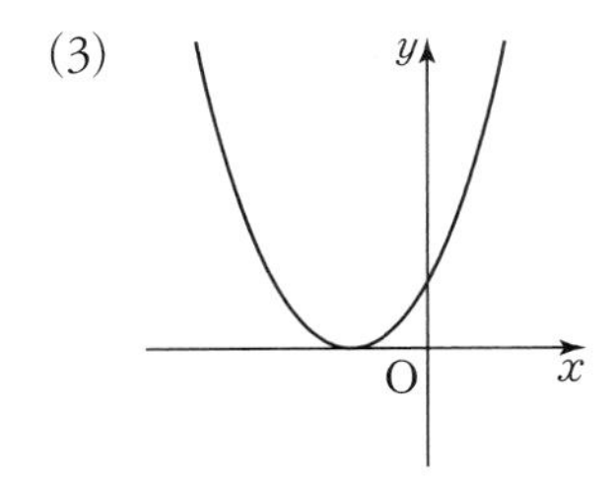

(4)

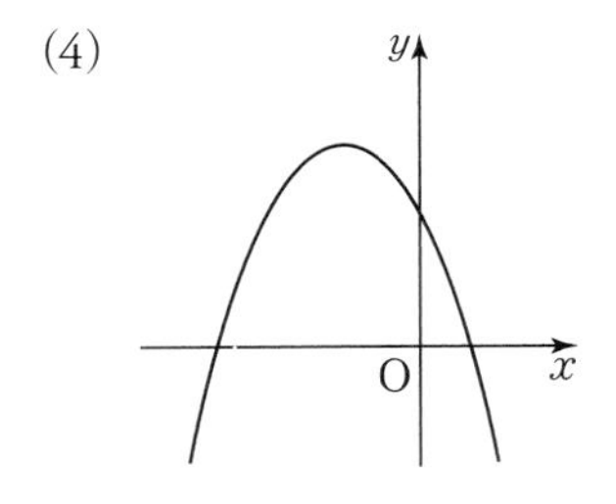

12 다음 물음에 답하시오.

(1) $y=x^2-4$의 그래프를 x축의 방향으로 2만큼, y축의 방향으로 -1만큼 평행이동한 그래프가 나타내는 이차함수의 식을 구하시오.

(2) $y=-2(x+3)^2$의 그래프를 x축의 방향으로 -1만큼, y축의 방향으로 6만큼 평행이동한 그래프가 나타내는 이차함수의 식을 구하시오.

(3) $y=\frac{2}{3}(x-1)^2-2$의 그래프를 x축의 방향으로 3만큼, y축의 방향으로 5만큼 평행이동한 그래프가 나타내는 이차함수의 식을 구하시오.

(4) $y=-4(x+2)^2+7$의 그래프를 x축의 방향으로 4만큼, y축의 방향으로 -3만큼 평행이동한 그래프가 나타내는 이차함수의 식을 구하시오.

핵심 체크

❼ 이차함수 $y=a(x-p)^2+q$의 그래프에서
- a의 부호 ➡ 그래프의 모양으로 결정
- p, q의 부호 ➡ 꼭짓점의 위치로 결정

❽ 이차함수 $y=a(x-p)^2+q$의 그래프를 x축의 방향으로 m만큼, y축의 방향으로 n만큼 평행이동한 그래프가 나타내는 이차함수의 식 ➡ $y=a(x-p-m)^2+q+n$

| 빅터 연산 **공부 계획표** |

	주제	쪽수	학습한 날짜
STEP 1	**01** 이차함수 $y=ax^2+bx+c$의 그래프	122쪽~126쪽	월 일
	02 이차함수 $y=ax^2+bx+c$의 그래프의 평행이동	127쪽~128쪽	월 일
STEP 2	기본연산 집중연습	129쪽~130쪽	월 일
STEP 1	**03** 이차함수의 식 구하기(1)	131쪽~132쪽	월 일
	04 이차함수의 식 구하기(2)	133쪽~134쪽	월 일
	05 이차함수의 식 구하기(3)	135쪽~136쪽	월 일
	06 이차함수의 식 구하기(4)	137쪽~138쪽	월 일
	07 이차함수 $y=ax^2+bx+c$에서 a, b, c의 부호	139쪽~140쪽	월 일
STEP 2	기본연산 집중연습	141쪽~142쪽	월 일
STEP 3	기본연산 테스트	143쪽~144쪽	월 일

3

이차함수의 그래프(2)

우리가 위성 TV를 보기 위해 설치하는 위성 안테나에서 포물선 모양을 찾아볼 수 있는데, 안테나의 중심을 지나고 반이 되도록 평면으로 자를 때 생기는 단면 또한 포물선 모양임을 확인할 수 있다.

포물선 모양에는 축에 평행하게 들어오는 전파가 포물선에 반사되어 한 점에 모이고, 반대로 그 점에서 나온 빛이 포물선에 반사되어 평행하게 나아가는 독특한 성질이 있다. 그 결과 인공위성에서 날아오는 약한 전파도 감지할 수 있어 우리가 위성 TV를 볼 수 있다.

포물선의 이와 같은 성질은 자동차의 전조등이나 전파 망원경을 만드는 데에도 쓰인다.

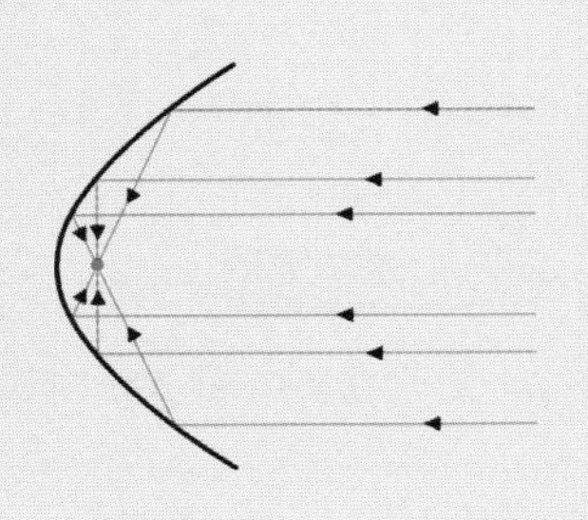

01 이차함수 $y=ax^2+bx+c$의 그래프

이차함수 $y=ax^2+bx+c$의 그래프 그리기

❶ $y=a(x-p)^2+q$의 꼴로 바꾼다.

❷ 꼭짓점의 좌표, 축의 방정식과 y축과의 교점의 좌표를 구한다.

❸ ❷를 이용하여 이차함수의 그래프를 그린다.

$$\begin{aligned} y&=2x^2-8x+3\\ &=2(x^2-4x)+3\\ &=2(x^2-4x+4-4)+3\\ &=2(x^2-4x+4)-8+3\\ &=2(x-2)^2-5 \end{aligned}$$

➡

꼭짓점의 좌표 : $(2,\ -5)$

축의 방정식 : $x=2$

y축과의 교점의 좌표 : $(0, 3)$

➡

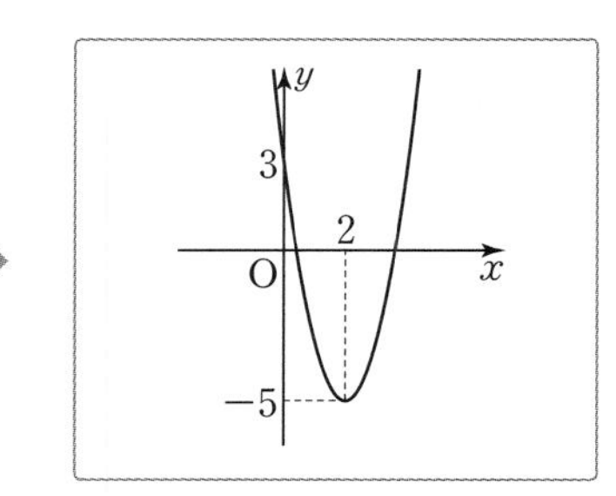

참고 y축과의 교점의 좌표는 $y=ax^2+bx+c$에 $x=0$을 대입한다. ➡ $(0, c)$

○ 다음 이차함수의 식을 $y=a(x-p)^2+q$의 꼴로 나타내시오.

1-1

$$\begin{aligned} y&=\frac{1}{2}x^2-4x-1\\ &=\frac{1}{2}(x^2-8x)-1\\ &=\frac{1}{2}(x^2-8x+\square-\square)-1\\ &=\frac{1}{2}(x^2-8x+\square)-\square-1\\ &=\frac{1}{2}(x-\square)^2-\square \end{aligned}$$

1-2 $y=-x^2+4x+3$

______

2-1 $y=3x^2-6x-9$

______

2-2 $y=-\frac{1}{3}x^2+2x-5$

______

3-1 $y=2x^2-4x+7$

______

3-2 $y=-x^2+6x$

______

핵심 체크

$y=ax^2+bx+c$의 꼴을 이차함수의 일반형, $y=a(x-p)^2+q$의 꼴을 이차함수의 표준형이라 한다.

○ 다음 이차함수의 식을 $y=a(x-p)^2+q$의 꼴로 바꾸고 그래프를 좌표평면 위에 그리시오. 또, 이 그래프에 대한 설명으로 ☐ 안에 알맞은 것을 써넣으시오.

4-1 $y=2x^2-8x+5$ ➡ ________

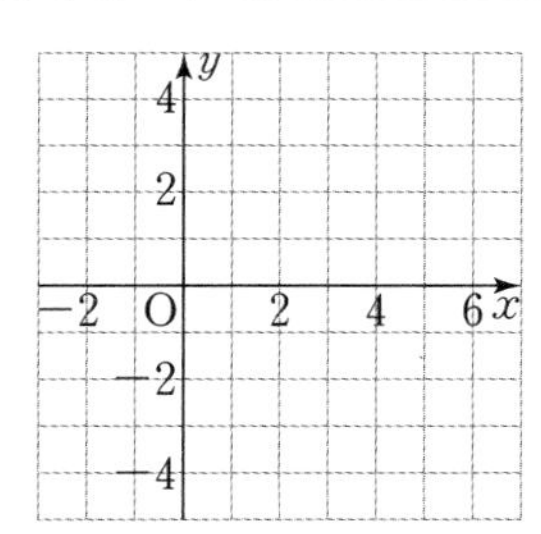

① $y=$☐의 그래프를 x축의 방향으로 ☐만큼, y축의 방향으로 ☐만큼 평행이동한 것이다.

② 꼭짓점의 좌표는 ☐이다.

③ 축의 방정식은 ☐이다.

④ ☐로 볼록한 그래프이다.

4-2 $y=-\frac{1}{2}x^2-3x-\frac{5}{2}$ ➡ ________

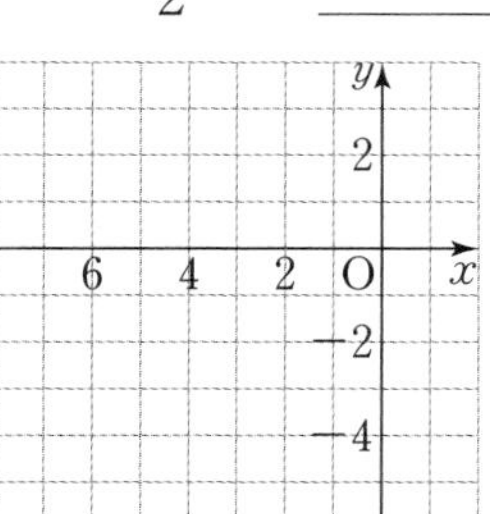

① $y=$☐의 그래프를 x축의 방향으로 ☐만큼, y축의 방향으로 ☐만큼 평행이동한 것이다.

② 꼭짓점의 좌표는 ☐이다.

③ 축의 방정식은 ☐이다.

④ ☐로 볼록한 그래프이다.

5-1 $y=3x^2+6x+1$ ➡ ________

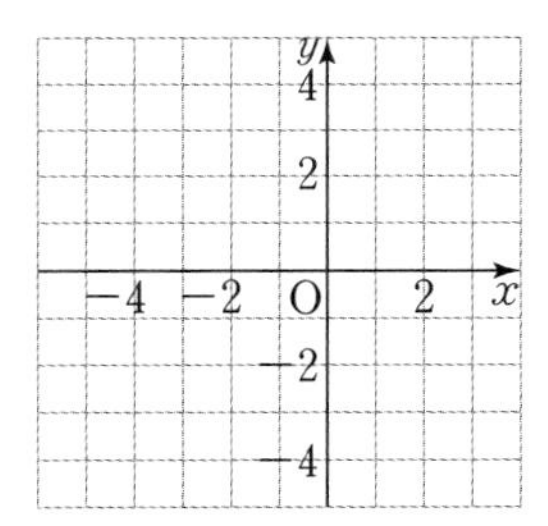

① $y=$☐의 그래프를 x축의 방향으로 ☐만큼, y축의 방향으로 ☐만큼 평행이동한 것이다.

② 꼭짓점의 좌표는 ☐이다.

③ 축의 방정식은 ☐이다.

④ ☐로 볼록한 그래프이다.

5-2 $y=-2x^2+12x-14$ ➡ ________

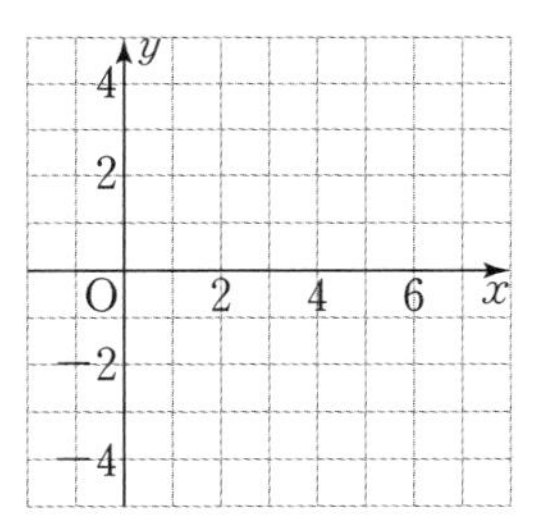

① $y=$☐의 그래프를 x축의 방향으로 ☐만큼, y축의 방향으로 ☐만큼 평행이동한 것이다.

② 꼭짓점의 좌표는 ☐이다.

③ 축의 방정식은 ☐이다.

④ ☐로 볼록한 그래프이다.

핵심 체크

$y=a(x-p)^2+q$의 그래프는 $y=ax^2$의 그래프를 x축의 방향으로 p만큼, y축의 방향으로 q만큼 평행이동한 것이다.

○ 다음 이차함수의 식을 $y=a(x-p)^2+q$의 꼴로 바꾸고 그래프를 그리시오. 또, 꼭짓점의 좌표와 축의 방정식을 구하시오. (단, 그래프에 꼭짓점과 y축과의 교점을 반드시 표시한다.)

6-1 $y=-2x^2+4x+1$ ➡ $y=-2(x-1)^2+\square$

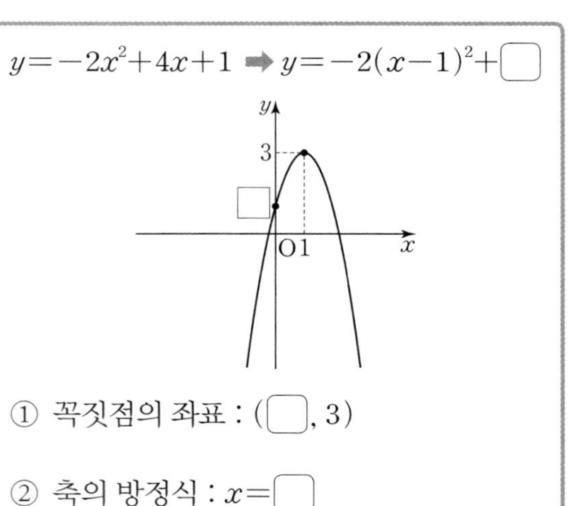

① 꼭짓점의 좌표 : $(\square, 3)$

② 축의 방정식 : $x=\square$

6-2 $y=x^2-2x+2$ ➡ ____________

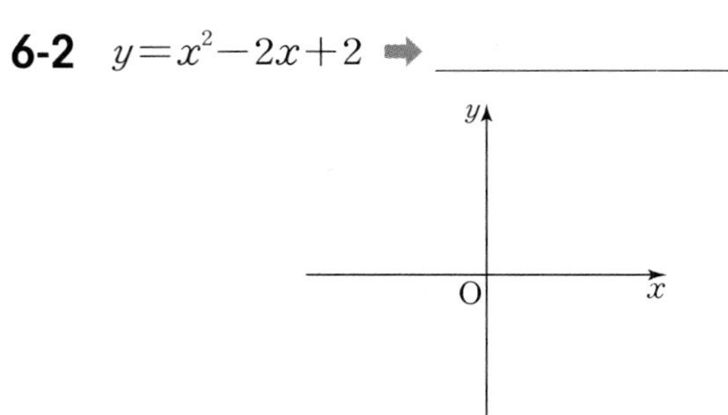

① 꼭짓점의 좌표 ____________

② 축의 방정식 ____________

7-1 $y=-x^2-6x+1$ ➡ ____________

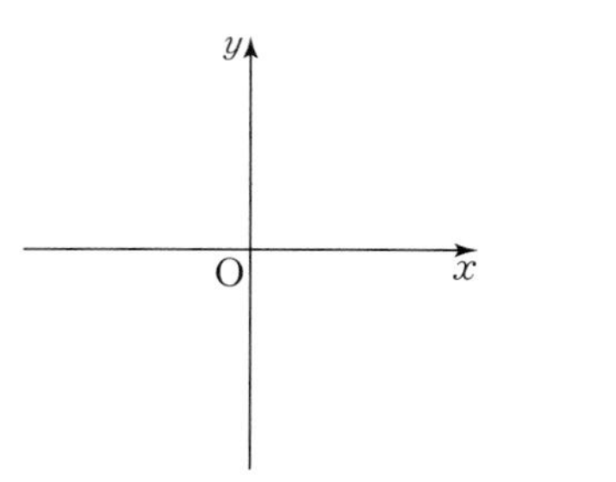

① 꼭짓점의 좌표 ____________

② 축의 방정식 ____________

7-2 $y=2x^2+8x+1$ ➡ ____________

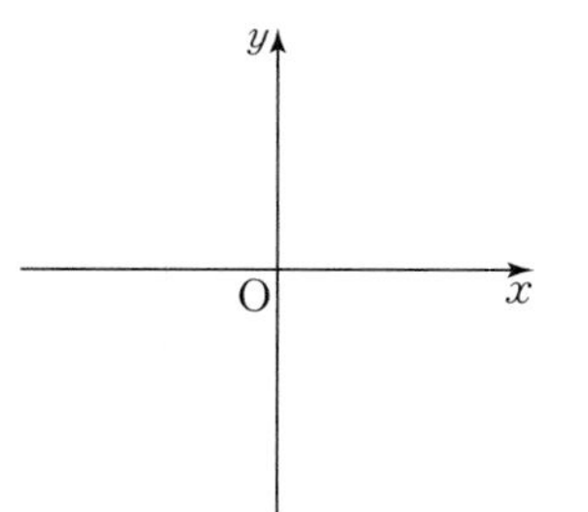

① 꼭짓점의 좌표 ____________

② 축의 방정식 ____________

핵심 체크

$y=a(x-p)^2+q$의 그래프에서 꼭짓점의 좌표는 (p, q)이고, 축의 방정식은 $x=p$이다.

○ 다음 이차함수의 식을 $y=a(x-p)^2+q$의 꼴로 바꾸고 그래프를 그리시오. 또, 꼭짓점의 좌표와 축의 방정식을 구하시오. (단, 그래프에 꼭짓점과 y축과의 교점을 반드시 표시한다.)

8-1 $y=\frac{1}{3}x^2-2x+2$ ➡ ________

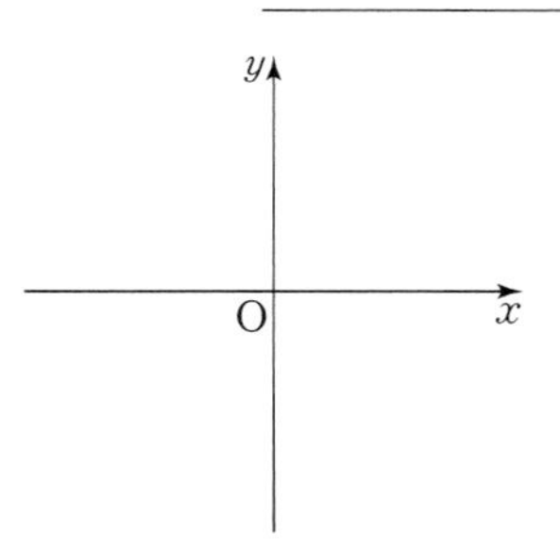

① 꼭짓점의 좌표 ________

② 축의 방정식 ________

8-2 $y=-3x^2+6x-2$ ➡ ________

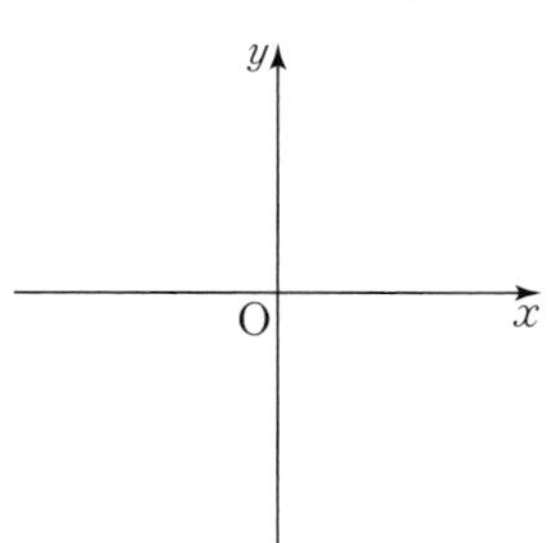

① 꼭짓점의 좌표 ________

② 축의 방정식 ________

9-1 $y=\frac{3}{2}x^2+3x-\frac{1}{2}$ ➡ ________

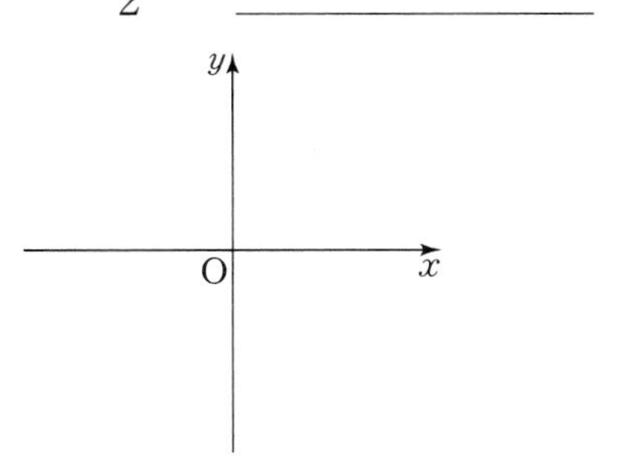

① 꼭짓점의 좌표 ________

② 축의 방정식 ________

9-2 $y=-\frac{1}{2}x^2-x+\frac{5}{2}$ ➡ ________

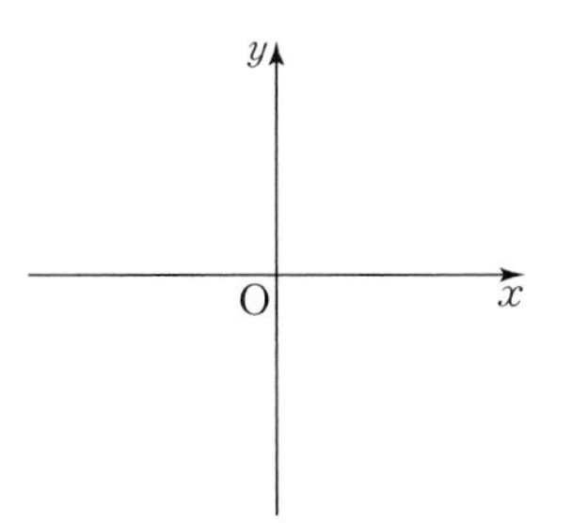

① 꼭짓점의 좌표 ________

② 축의 방정식 ________

핵심 체크

$y=ax^2+bx+c$의 그래프와 y축과의 교점의 좌표

➡ $y=ax^2+bx+c$에 $x=0$을 대입한다.

➡ $(0, c)$

01 이차함수 $y=ax^2+bx+c$의 그래프

○ 주어진 이차함수의 그래프에 대한 다음 설명 중 옳은 것에는 ○표를 하고, 옳지 않은 것은 옳게 고치시오.

10-1 $y=3x^2-12x+7$

(1) 꼭짓점의 좌표는 $(4,\ -5)$이다.

(2) y축을 축으로 한다.

(3) 제1, 2, 4사분면을 지난다.

(4) $y=3x^2$의 그래프를 x축의 방향으로 -2만큼, y축의 방향으로 5만큼 평행이동한 것이다.

(5) $x<2$일 때, x의 값이 증가하면 y의 값은 감소한다.

(6) 점 $(1,\ -2)$를 지난다.

10-2 $y=-x^2+4x-5$

(1) 꼭짓점의 좌표는 $(-2,\ -1)$이다.

(2) 축의 방정식은 $x=2$이다.

(3) $y=-x^2$의 그래프를 x축의 방향으로 2만큼, y축의 방향으로 -1만큼 평행이동한 것이다.

(4) 제1, 2사분면을 지난다.

(5) $x<2$일 때, x의 값이 증가하면 y의 값은 감소한다.

(6) 점 $(4,\ -5)$를 지난다.

핵심 체크

먼저 $y=ax^2+bx+c$를 $y=a(x-p)^2+q$의 꼴로 고친다.

02 이차함수 $y=ax^2+bx+c$의 그래프의 평행이동

정답과 해설 | 39쪽

이차함수 $y=ax^2+bx+c$의 그래프를 x축의 방향으로 m만큼, y축의 방향으로 n만큼 평행이동한 그래프가 나타내는 이차함수의 식은 $y=a(x-p)^2+q$의 꼴로 바꿔서 생각한다.

❶ 꼭짓점의 좌표 : (p, q) $\xrightarrow[y\text{축의 방향으로 } n\text{만큼 평행이동}]{x\text{축의 방향으로 } m\text{만큼,}}$ $(p+m, q+n)$

❷ 이차함수의 식 : $y=a(x-p-m)^2+q+n$

예 이차함수 $y=x^2-4x+3$의 그래프를 x축의 방향으로 -3만큼, y축의 방향으로 2만큼 평행이동한 그래프가 나타내는 이차함수 식을 구하시오.

① $y=x^2-4x+3=(x-2)^2-1$

② 꼭짓점의 좌표

$(2, -1)$ $\xrightarrow[y\text{축의 방향으로 2만큼 평행이동}]{x\text{축의 방향으로 } -3\text{만큼,}}$ $(2-3, -1+2)$, 즉 $(-1, 1)$

③ 이차함수의 식 : $y=(x+1)^2+1$

○ 다음 이차함수의 그래프를 x축의 방향으로 m만큼, y축의 방향으로 n만큼 평행이동한 그래프가 나타내는 이차함수의 식을 $y=ax^2+bx+c$의 꼴로 나타내시오.

1-1 $y=2x^2-12x+13$ $[m=-2,\ n=1]$

① $y=2x^2-12x+13=2(x-□)^2-5$

② 꼭짓점의 좌표

$(□, -5)$ $\xrightarrow[y\text{축의 방향으로 1만큼 평행이동}]{x\text{축의 방향으로 } -2\text{만큼,}}$ $(□, □)$

③ 이차함수의 식

$y=2(x-□)^2-4=2x^2-□x-□$

1-2 $y=-2x^2+8x+5$ $[m=1,\ n=-5]$

① $y=-2x^2+8x+5$

$=-2(x-□)^2+□$

② 꼭짓점의 좌표

$(□, □) \longrightarrow (□, □)$

③ 이차함수의 식

____

2-1 $y=\frac{1}{2}x^2-4x+2$ $[m=-2,\ n=-3]$

① $y=\frac{1}{2}x^2-4x+2=$ __________

② 꼭짓점의 좌표

$(□, □) \longrightarrow (□, □)$

③ 이차함수의 식

____

2-2 $y=-\frac{1}{2}x^2-2x-3$ $[m=2,\ n=-1]$

① $y=-\frac{1}{2}x^2-2x-3=$ __________

② 꼭짓점의 좌표

$(□, □) \longrightarrow (□, □)$

③ 이차함수의 식

____

핵심 체크

이차함수의 그래프를 평행이동한 그래프가 나타내는 이차함수의 식은 꼭짓점의 변화를 알면 쉽게 구할 수 있다.

02 이차함수 $y=ax^2+bx+c$의 그래프의 평행이동

○ 다음 이차함수의 그래프를 x축의 방향으로 m만큼, y축의 방향으로 n만큼 평행이동한 그래프가 나타내는 이차함수의 식을 $y=ax^2+bx+c$의 꼴로 나타내시오.

3-1 $y=x^2-10x+1$ $[m=2,\ n=8]$

① $y=x^2-10x+1=$ ______

② 꼭짓점의 좌표

$(\square, \square) \longrightarrow (\square, \square)$

③ 이차함수의 식

______

3-2 $y=-x^2-2x+3$ $[m=5,\ n=1]$

① $y=-x^2-2x+3=$ ______

② 꼭짓점의 좌표

$(\square, \square) \longrightarrow (\square, \square)$

③ 이차함수의 식

______

4-1 $y=3x^2-6x+4$ $[m=1,\ n=-1]$

① $y=3x^2-6x+4=$ ______

② 꼭짓점의 좌표

$(\square, \square) \longrightarrow (\square, \square)$

③ 이차함수의 식

______

4-2 $y=-3x^2+6x$ $[m=-4,\ n=-2]$

① $y=-3x^2+6x=$ ______

② 꼭짓점의 좌표

$(\square, \square) \longrightarrow (\square, \square)$

③ 이차함수의 식

______

5-1 $y=\frac{2}{3}x^2+4x+5$ $[m=6,\ n=2]$

① $y=\frac{2}{3}x^2+4x+5=$ ______

② 꼭짓점의 좌표

$(\square, \square) \longrightarrow (\square, \square)$

③ 이차함수의 식

______

5-2 $y=-\frac{2}{3}x^2-8x+4$ $[m=-3,\ n=4]$

① $y=-\frac{2}{3}x^2-8x+4=$ ______

② 꼭짓점의 좌표

$(\square, \square) \longrightarrow (\square, \square)$

③ 이차함수의 식

______

핵심 체크

평행이동한 그래프가 나타내는 이차함수의 식을 먼저 $y=a(x-p)^2+q$의 꼴로 구한 후 이것을 전개하여 $y=ax^2+bx+c$의 꼴로 나타낸다.

기본연산 집중연습 | 01~02

정답과 해설 | 39쪽

○ 이차함수의 식과 그 식이 나타내는 그래프를 선으로 연결하시오.

1-1

① $y=-x^2+2x+3$

② $y=2x^2+16x+32$

③ $y=\frac{3}{2}x^2-6x+4$

㉠

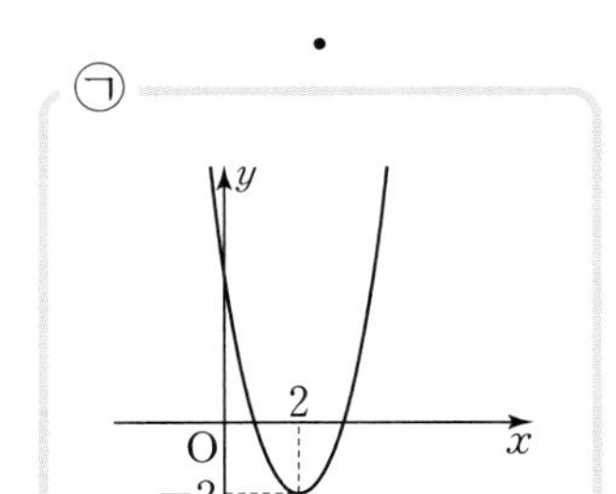

㉡

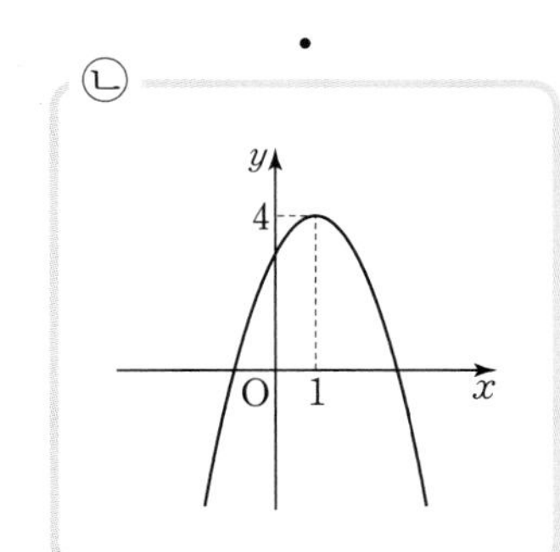

㉢

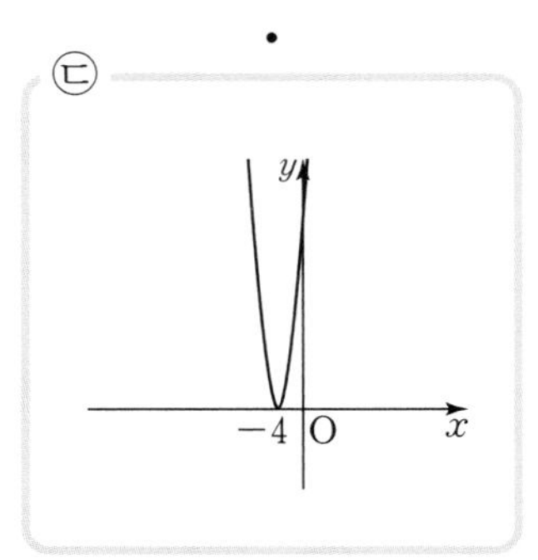

1-2

① $y=2x^2+12x+10$

② $y=-x^2+6x-11$

③ $y=-\frac{7}{4}x^2+7x+1$

㉠

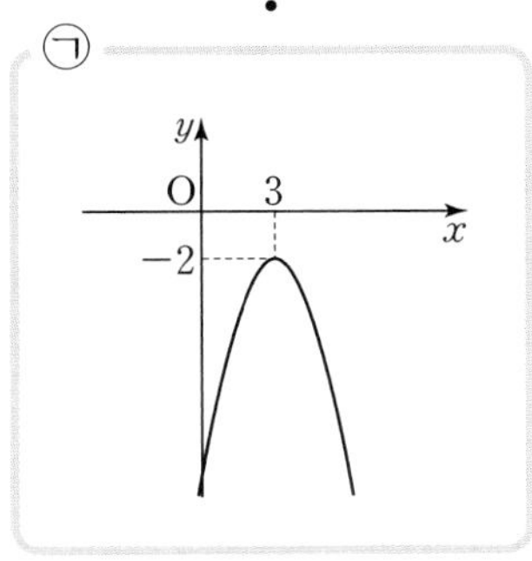

㉡

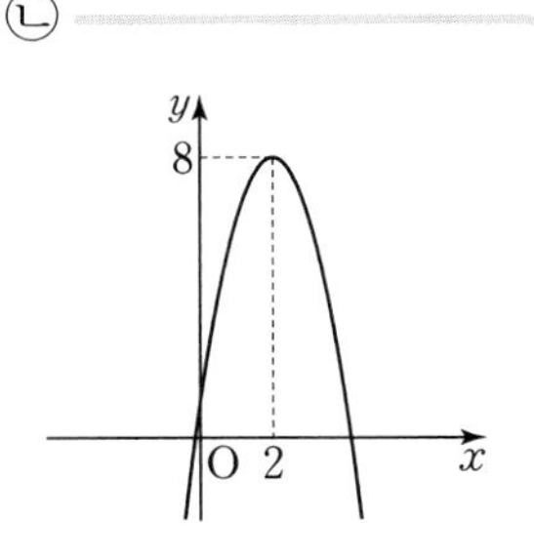

㉢

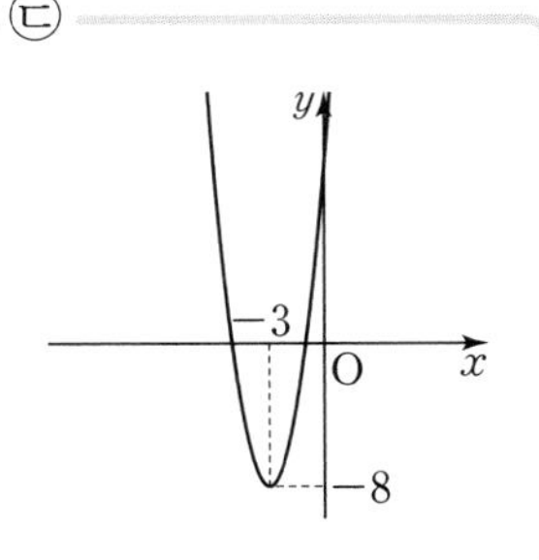

핵심 체크

❶ 이차함수 $y=ax^2+bx+c$를 $y=a(x-p)^2+q$의 꼴로 고치면 그래프에서

(i) 꼭짓점의 좌표 : (p, q), 축의 방정식 : $x=p$

(ii) $a>0$이면 아래로 볼록, $a<0$이면 위로 볼록

STEP 2

○ 주어진 이차함수의 그래프에 대해 떠오르는 것을 마인드 맵으로 그렸다. ▢ 안에 알맞은 것을 써넣으시오.

2-1 $y=2x^2-12x+11$

(1) $y=a(x-p)^2+q$의 꼴로 나타내면
$y=$ ▢

(2) 꼭짓점의 좌표는 ▢

(3) 축의 방정식은 ▢

(4) x축의 방향으로 -1만큼, y축의 방향으로 3만큼 평행이동한 그래프가 나타내는 이차함수의 식은
$y=$ ▢ x^2- ▢ $x+$ ▢

2-2 $y=-\frac{1}{4}x^2+2x-6$

(1) $y=a(x-p)^2+q$의 꼴로 나타내면
$y=$ ▢

(2) 꼭짓점의 좌표는 ▢

(3) 축의 방정식은 ▢

(4) x축의 방향으로 -2만큼, y축의 방향으로 5만큼 평행이동한 그래프가 나타내는 이차함수의 식은
$y=$ ▢ x^2+x+ ▢

핵심 체크

❷ y축과의 교점의 좌표 : $x=0$을 대입하여 구한다.
❸ x축과의 교점의 좌표 : $y=0$을 대입하여 구한다.

03 이차함수의 식 구하기(1)

정답과 해설 | 40쪽

꼭짓점의 좌표 (p, q)와 다른 한 점의 좌표를 알 때, 이차함수의 식 구하기

❶ 이차함수의 식을 $y=a(x-p)^2+q$로 놓는다.

❷ ❶의 식에 다른 한 점의 좌표를 대입하여 a의 값을 구한다.

예 꼭짓점의 좌표가 $(1, -4)$이고 점 $(2, 1)$을 지나는 포물선을 그래프로 하는 이차함수의 식을 구하시오.

① 이차함수의 식을 $y=a(x-1)^2-4$로 놓는다.

② $y=a(x-1)^2-4$에 $x=2, y=1$을 대입하면

$1=a(2-1)^2-4, 1=a-4$ $\quad \therefore a=5$

③ 따라서 구하는 이차함수의 식은 $y=5(x-1)^2-4=5x^2-10x+1$

○ 다음 조건을 만족하는 포물선을 그래프로 하는 이차함수의 식을 $y=ax^2+bx+c$의 꼴로 나타내시오.

1-1 꼭짓점의 좌표가 $(1, -1)$이고 점 $(2, 3)$을 지나는 포물선

① 이차함수의 식을 $y=a(x-1)^2-\square$로 놓는다.

② $y=a(x-1)^2-\square$에 $x=2, y=3$을 대입하면

$\square=a(2-1)^2-\square$ $\quad \therefore a=\square$

③ 따라서 구하는 이차함수의 식은

$y=\square(x-1)^2-\square$

$=\square x^2-\square x+\square$

1-2 꼭짓점의 좌표가 $(3, 0)$이고 점 $(1, -1)$을 지나는 포물선

➡ 이차함수의 식을 $y=a(x-\square)^2$으로 놓는다.

______

1-3 꼭짓점의 좌표가 $(0, 2)$이고 점 $(2, -2)$를 지나는 포물선

➡ 이차함수의 식을 $y=ax^2+\square$로 놓는다.

______

2-1 꼭짓점의 좌표가 $(3, 4)$이고 점 $(6, 1)$을 지나는 포물선

______

2-2 꼭짓점의 좌표가 $(2, 1)$이고 점 $(3, 2)$를 지나는 포물선

______

핵심 체크

꼭짓점의 좌표에 따른 이차함수의 식

- 꼭짓점의 좌표가 $(0, 0)$ ➡ $y=ax^2$
- 꼭짓점의 좌표가 $(0, q)$ ➡ $y=ax^2+q$
- 꼭짓점의 좌표가 $(p, 0)$ ➡ $y=a(x-p)^2$
- 꼭짓점의 좌표가 (p, q) ➡ $y=a(x-p)^2+q$

03 이차함수의 식 구하기(1)

○ 다음 그림과 같은 포물선을 그래프로 하는 이차함수의 식을 $y=ax^2+bx+c$의 꼴로 나타내시오.

3-1

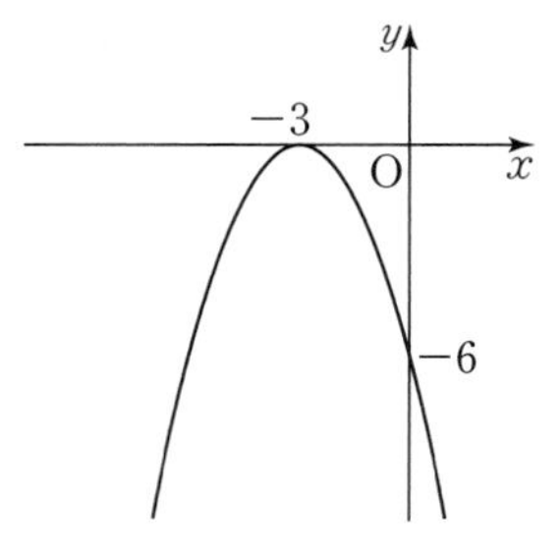

➡ 꼭짓점의 좌표가 ($\square$, 0)이고
점 (0, −6)을 지나는 포물선이므로
이차함수의 식을 $y=a(x+\square)^2$으로 놓는다.

3-2

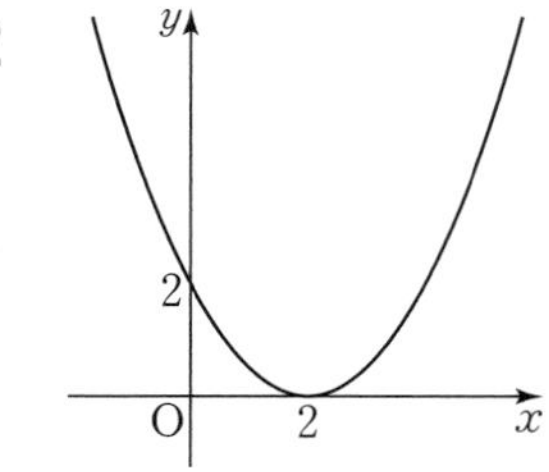

4-1

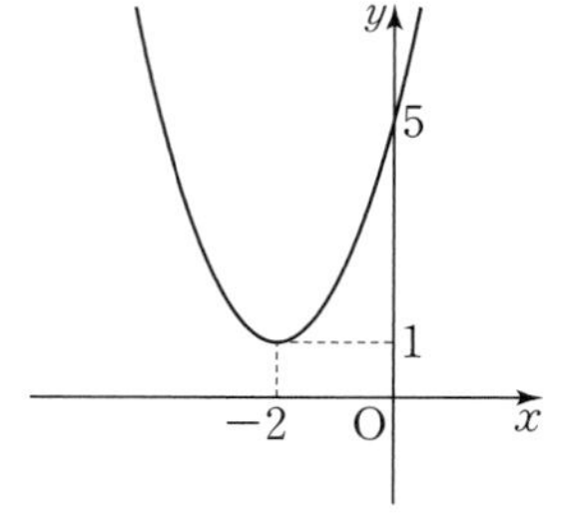

4-2

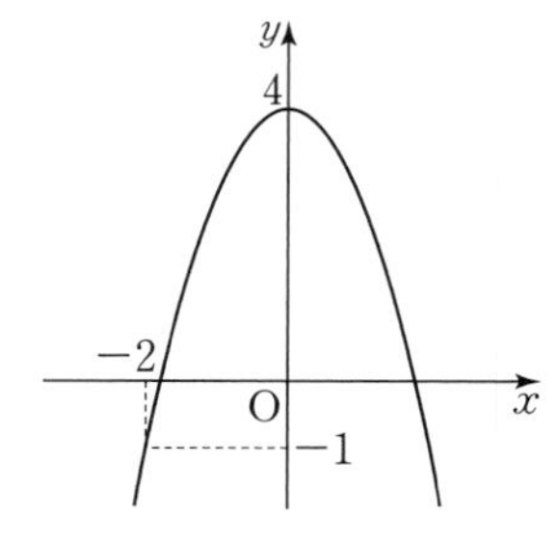

5-1

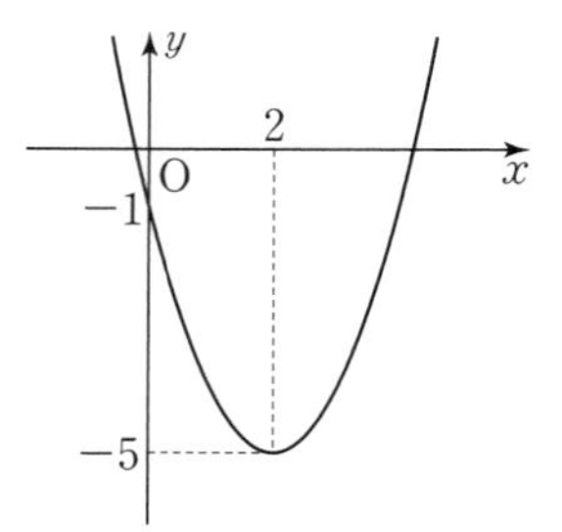

5-2

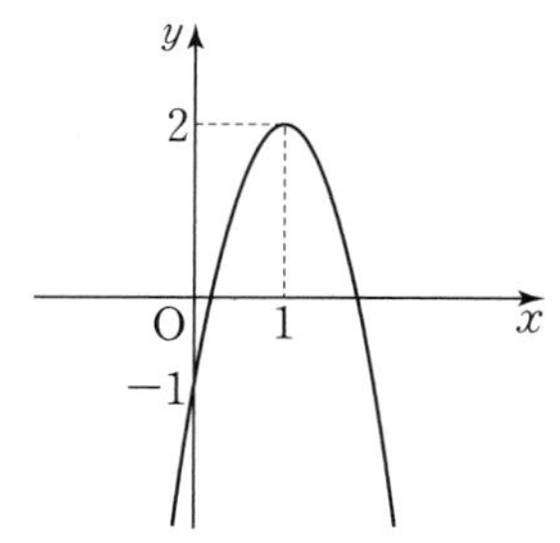

핵심 체크

그래프에서 꼭짓점 (p, q)와 그래프가 지나는 다른 한 점이 주어지면 이차함수의 식을 $y=a(x-p)^2+q$로 놓고 그래프가 지나는 한 점의 좌표를 대입하여 a의 값을 구한다.

04 이차함수의 식 구하기(2)

축의 방정식 $x=p$와 서로 다른 두 점의 좌표를 알 때, 이차함수의 식 구하기

❶ 이차함수의 식을 $y=a(x-p)^2+q$로 놓는다.

❷ ❶의 식에 두 점의 좌표를 각각 대입하여 a, q의 값을 구한다.

예 축의 방정식이 $x=1$이고 두 점 $(0, -1)$, $(3, 5)$를 지나는 포물선을 그래프로 하는 이차함수의 식을 구하시오.

① 이차함수의 식을 $y=a(x-1)^2+q$로 놓는다.

② $y=a(x-1)^2+q$에 두 점의 좌표를 각각 대입하면

$-1=a+q$ ……㉠

$5=4a+q$ ……㉡

㉠, ㉡을 연립하여 풀면 $a=2$, $q=-3$

③ 따라서 구하는 이차함수의 식은 $y=2(x-1)^2-3=2x^2-4x-1$

○ **다음 조건을 만족하는 포물선을 그래프로 하는 이차함수의 식을 $y=ax^2+bx+c$의 꼴로 나타내시오.**

1-1 축의 방정식이 $x=-3$이고 두 점 $(-1, -3)$, $(1, -9)$를 지나는 포물선

① 이차함수의 식을 $y=a(x+\square)^2+q$로 놓는다.

② $y=a(x+\square)^2+q$에 두 점의 좌표를 각각 대입하면

$-3=\square a+q$ ……㉠ 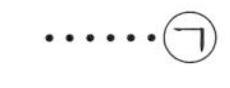

$\square=16a+q$ ……㉡ 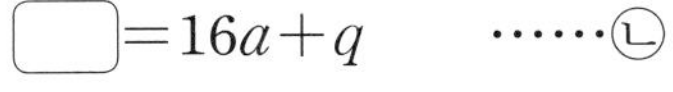

㉠, ㉡을 연립하여 풀면

$a=\square$, $q=\square$

③ 따라서 구하는 이차함수의 식은

$y=\square(x+3)^2-1$

$=\square x^2-\square x-\dfrac{11}{2}$

1-2 축의 방정식이 $x=0$이고 두 점 $(-1, -2)$, $(2, 7)$을 지나는 포물선

➡ 이차함수의 식을 $y=ax^2+q$로 놓는다.

____

1-3 축의 방정식이 $x=-2$이고 두 점 $(-1, 6)$, $(-2, 1)$을 지나는 포물선

➡ 이차함수의 식을 $y=a(x+\square)^2+q$로 놓는다.

____

2-1 축의 방정식이 $x=2$이고 두 점 $(1, 0)$, $(5, -8)$을 지나는 포물선

____

2-2 축의 방정식이 $x=-1$이고 두 점 $(-3, 0)$, $(2, 5)$를 지나는 포물선

____

핵심 체크

축의 방정식을 알면 꼭짓점의 x좌표를 알 수 있다.

04 이차함수의 식 구하기(2)

○ 다음 그림과 같은 포물선을 그래프로 하는 이차함수의 식을 $y=ax^2+bx+c$의 꼴로 나타내시오.

3-1

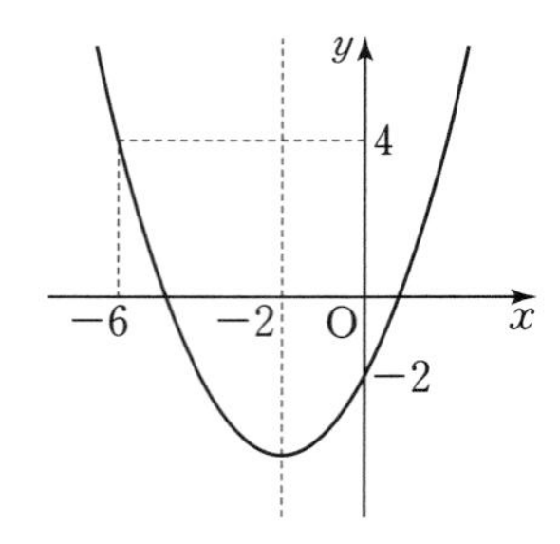

➡ 축의 방정식이 $x=$☐이고 두 점 $(-6, 4)$, $(0, -2)$를 지나는 포물선이므로 이차함수의 식을 $y=a(x+☐)^2+q$로 놓는다.

____

3-2

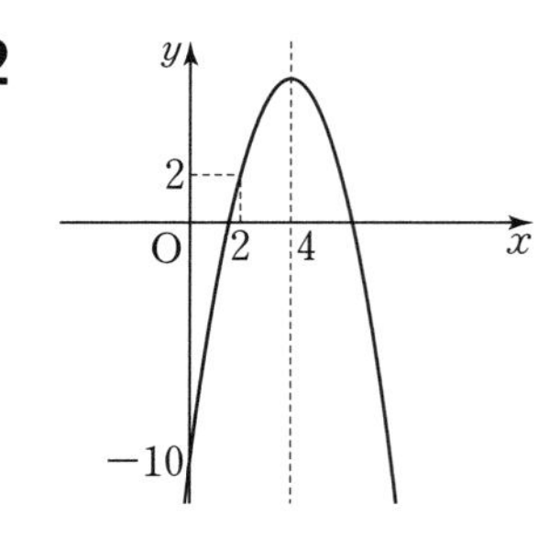

____

4-1

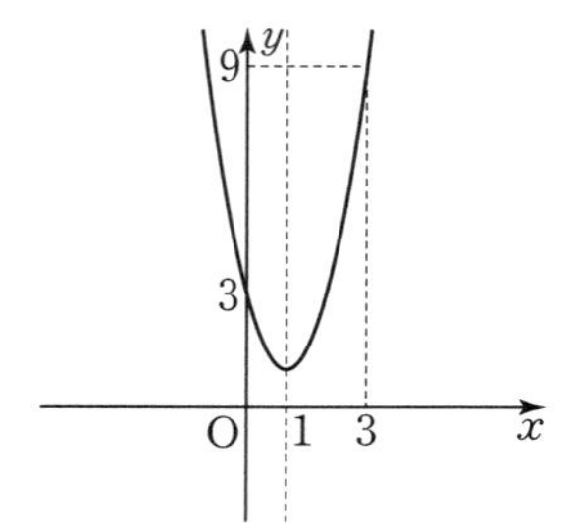

____

4-2

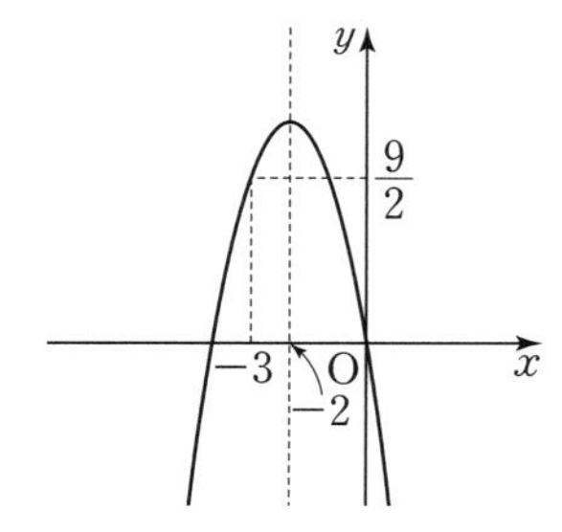

____

5-1

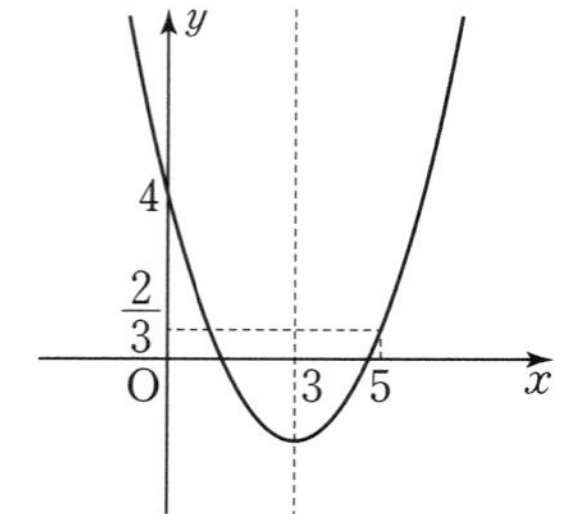

____

5-2

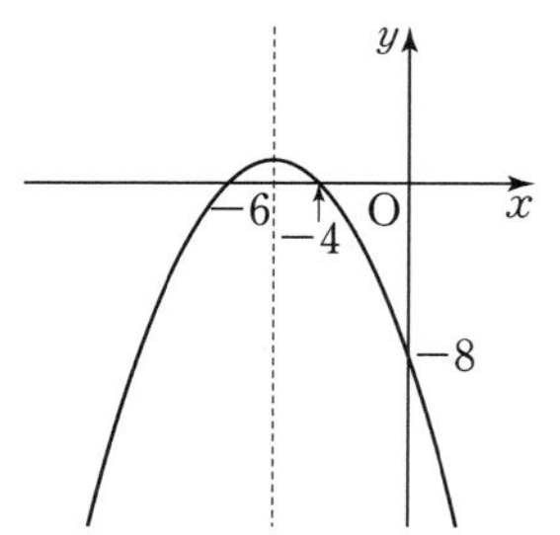

____

핵심 체크

그래프에서 축의 방정식 $x=p$와 그래프가 지나는 서로 다른 두 점이 주어지면 이차함수의 식을 $y=a(x-p)^2+q$로 놓고 그래프가 지나는 두 점의 좌표를 각각 대입하여 a, q의 값을 구한다.

05 이차함수의 식 구하기(3)

정답과 해설 | 42쪽

서로 다른 세 점의 좌표를 알 때, 이차함수의 식 구하기

❶ 이차함수의 식을 $y=ax^2+bx+c$로 놓는다.

❷ ❶의 식에 세 점의 좌표를 각각 대입하여 a, b, c의 값을 구한다.

예 세 점 $(-1,\ -6)$, $(0,\ -5)$, $(2,\ 3)$을 지나는 포물선을 그래프로 하는 이차함수의 식을 구하시오.

① 이차함수의 식을 $y=ax^2+bx+c$로 놓는다.

② $y=ax^2+bx+c$에 세 점의 좌표를 각각 대입하면

$-6=a-b+c$ ······㉠

$-5=c$ ······㉡

$3=4a+2b+c$ ······㉢

㉠, ㉡, ㉢을 연립하여 풀면 $a=1$, $b=2$, $c=-5$

③ 따라서 구하는 이차함수의 식은 $y=x^2+2x-5$

○ **다음 조건을 만족하는 포물선을 그래프로 하는 이차함수의 식을 $y=ax^2+bx+c$의 꼴로 나타내시오.**

1-1 세 점 $(-1,\ 4)$, $(0,\ 2)$, $(1,\ -2)$를 지나는 포물선

① 이차함수의 식을 $y=ax^2+bx+c$로 놓는다.

② $y=ax^2+bx+c$에 세 점의 좌표를 각각 대입하면

$4=a-b+c$ ······㉠

$2=c$ ······㉡

$-2=a+b+c$ ······㉢

㉠, ㉡, ㉢을 연립하여 풀면

$a=$ ☐, $b=$ ☐, $c=$ ☐

③ 따라서 구하는 이차함수의 식은

$y=$ ☐

1-2 세 점 $(0,\ 8)$, $(2,\ 0)$, $(5,\ 3)$을 지나는 포물선

____

1-3 세 점 $(0,\ 12)$, $(1,\ 0)$, $(2,\ -6)$을 지나는 포물선

____

2-1 세 점 $(-2,\ 0)$, $(0,\ -3)$, $(2,\ -4)$를 지나는 포물선

____

2-2 세 점 $(-1,\ 4)$, $(0,\ 1)$, $(1,\ 2)$를 지나는 포물선

____

핵심 체크

그래프가 지나는 서로 다른 세 점의 좌표가 주어지면 이차함수의 식을 $y=ax^2+bx+c$로 놓고 세 점의 좌표를 각각 대입하여 a, b, c의 값을 구한다.

05 이차함수의 식 구하기(3)

○ 다음 그림과 같은 포물선을 그래프로 하는 이차함수의 식을 $y=ax^2+bx+c$의 꼴로 나타내시오.

3-1

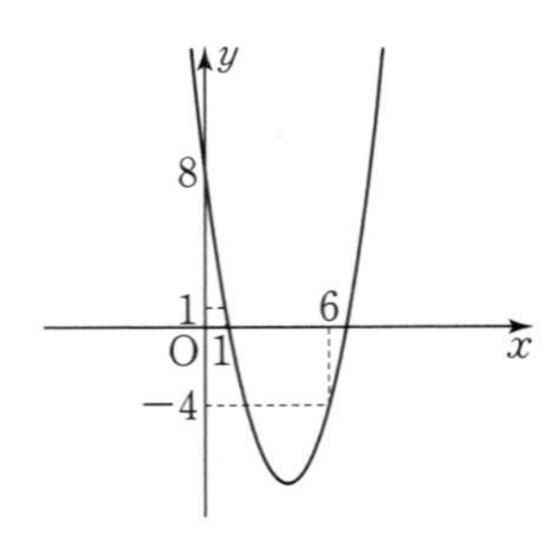

➡ 세 점 (0, ☐), (1, ☐), (6, ☐)를 지나는 포물선이므로 이차함수의 식을 $y=ax^2+bx+c$로 놓는다.

____

3-2

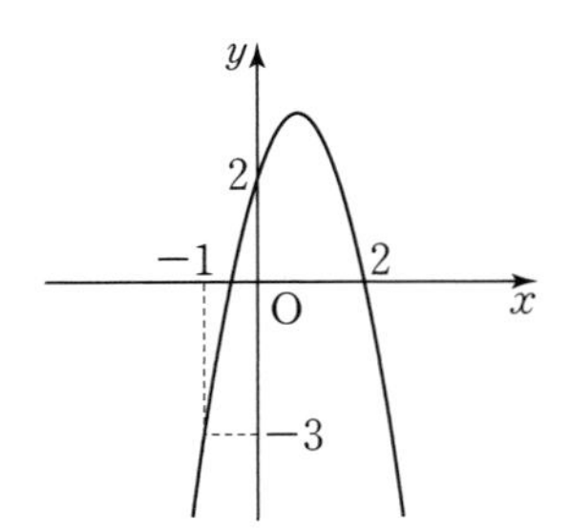

____

4-1

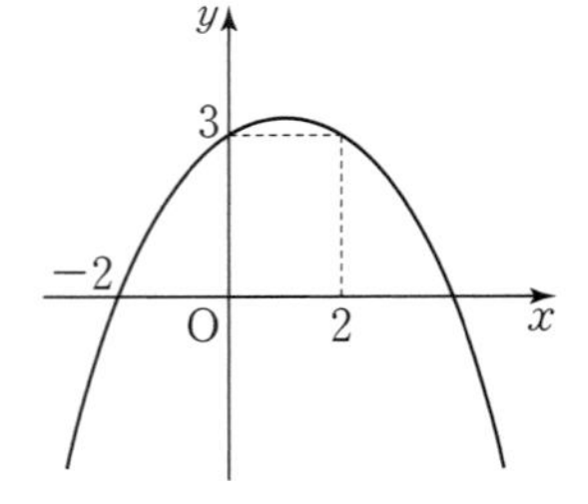

____

4-2

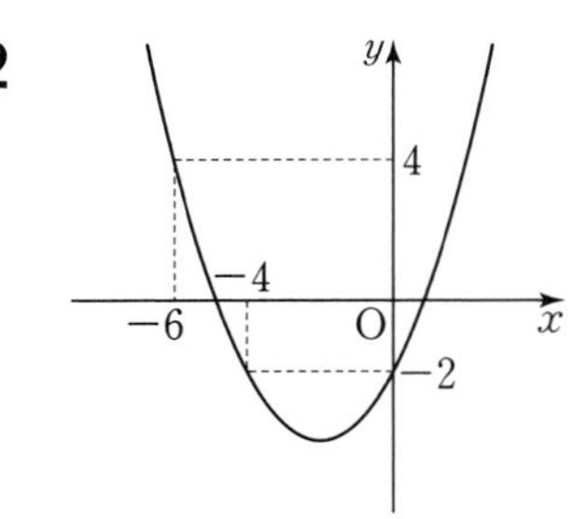

____

5-1

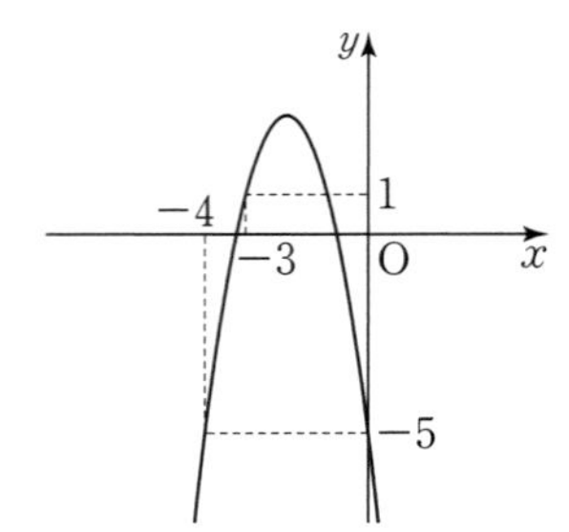

____

5-2

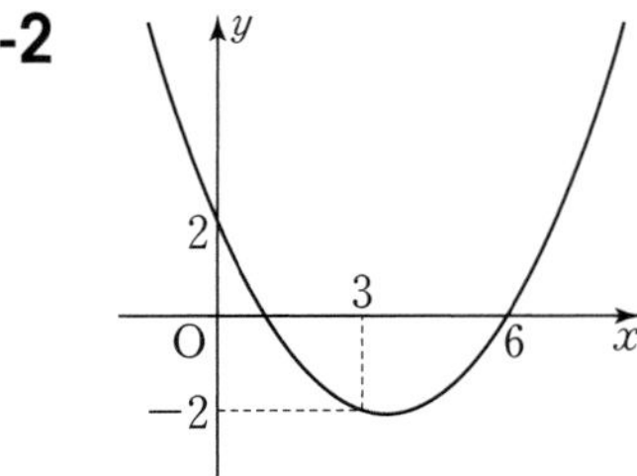

____

핵심 체크

그래프가 지나는 세 점의 좌표를 먼저 구한 후 $y=ax^2+bx+c$에 각각 대입하여 a, b, c의 값을 구한다.

06 이차함수의 식 구하기(4)

정답과 해설 | 43쪽

x축과의 교점의 좌표 $(m, 0)$, $(n, 0)$과 다른 한 점의 좌표를 알 때, 이차함수의 식 구하기

❶ 이차함수의 식을 $y=a(x-m)(x-n)$으로 놓는다.
❷ ❶의 식에 다른 한 점의 좌표를 대입하여 a의 값을 구한다.
예 x축과 두 점 $(-1, 0)$, $(3, 0)$에서 만나고 한 점 $(0, -3)$을 지나는 포물선을 그래프로 하는 이차함수의 식을 구하시오.
① 이차함수의 식을 $y=a(x+1)(x-3)$으로 놓는다.
② $y=a(x+1)(x-3)$에 $x=0$, $y=-3$을 대입하면
$-3=-3a$ $\quad\therefore a=1$
③ 따라서 구하는 이차함수의 식은 $y=(x+1)(x-3)=x^2-2x-3$

○ **다음 조건을 만족하는 포물선을 그래프로 하는 이차함수의 식을 $y=ax^2+bx+c$의 꼴로 나타내시오.**

1-1 x축과 두 점 $(-4, 0)$, $(3, 0)$에서 만나고 한 점 $(2, 12)$를 지나는 포물선

① 이차함수의 식을 $y=a(x+4)(x-3)$으로 놓는다.
② $y=a(x+4)(x-3)$에 $x=2$, $y=12$를 대입하면
$12=-6a$ $\quad\therefore a=\square$
③ 따라서 구하는 이차함수의 식은
$y=\square(x+4)(x-3)$
$=\square x^2-\square x+\square$

1-2 x축과 두 점 $(-1, 0)$, $(5, 0)$에서 만나고 한 점 $(0, 5)$를 지나는 포물선

______

1-3 x축과 두 점 $(1, 0)$, $(3, 0)$에서 만나고 한 점 $(2, -1)$을 지나는 포물선

______

2-1 x축과 두 점 $(2, 0)$, $(-3, 0)$에서 만나고 한 점 $(0, 3)$을 지나는 포물선

______

2-2 x축과 두 점 $(-6, 0)$, $(-2, 0)$에서 만나고 한 점 $(0, 9)$를 지나는 포물선

______

핵심 체크

x축과 두 점에서 만나고 다른 한 점을 지나는 그래프는 결국 세 점을 지나는 그래프이다.
즉 이차함수의 식을 $y=a(x-m)(x-n)$으로 놓지 않고 $y=ax^2+bx+c$로 놓고 풀어도 된다.

06 이차함수의 식 구하기(4)

○ 다음 그림과 같은 포물선을 그래프로 하는 이차함수의 식을 $y=ax^2+bx+c$의 꼴로 나타내시오.

3-1

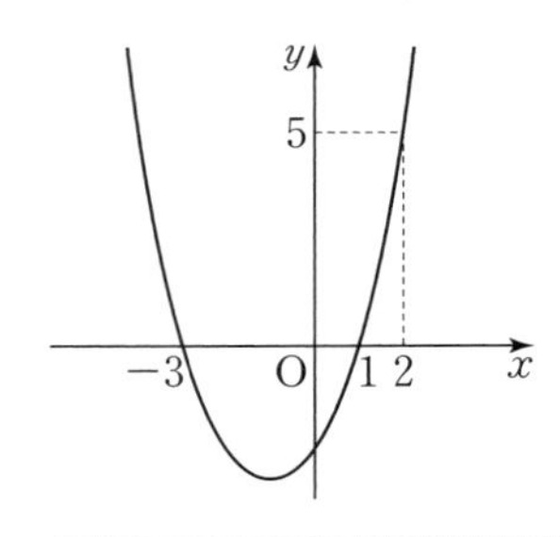

➡ x축과 두 점 $(-3, 0)$, $(1, 0)$에서 만나고 한 점 $(2, \square)$를 지나는 포물선이므로 이차함수의 식을 $y=a(x+3)(x-\square)$로 놓는다.

____

3-2

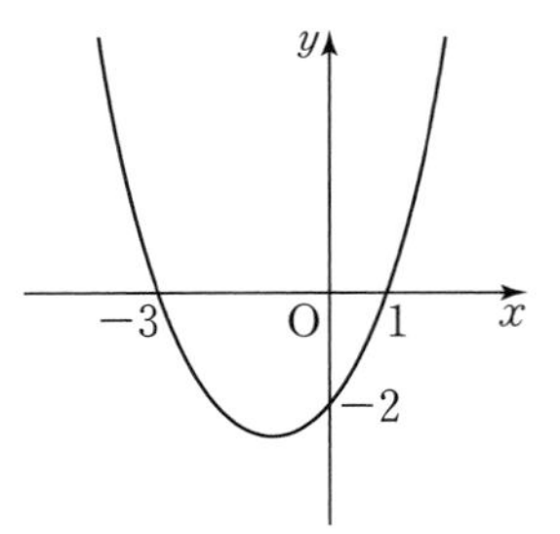

____

4-1

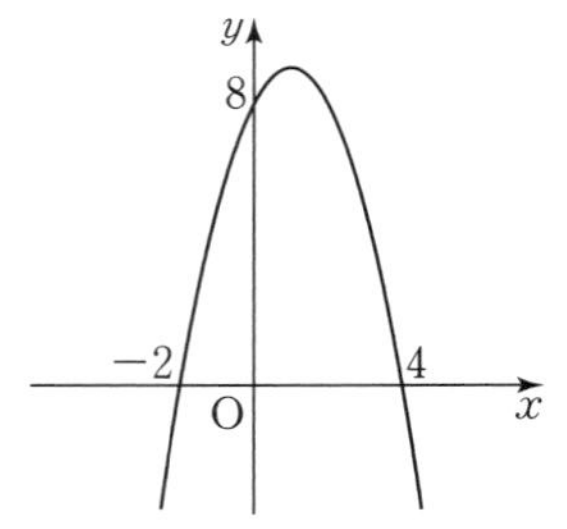

____

4-2

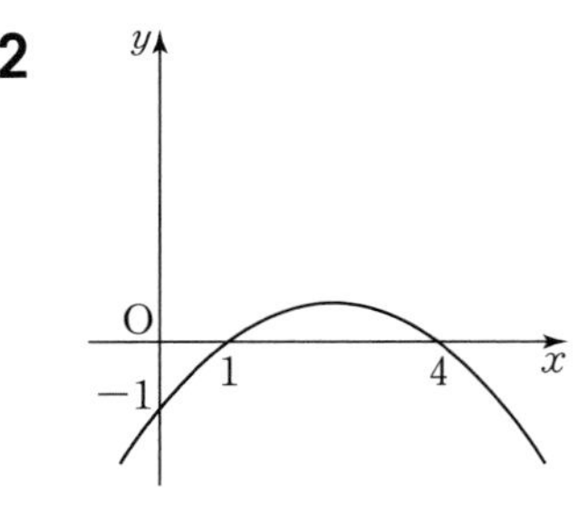

____

5-1

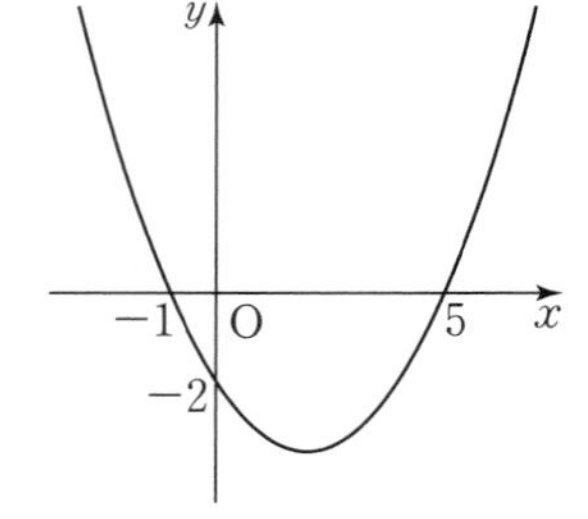

____

5-2

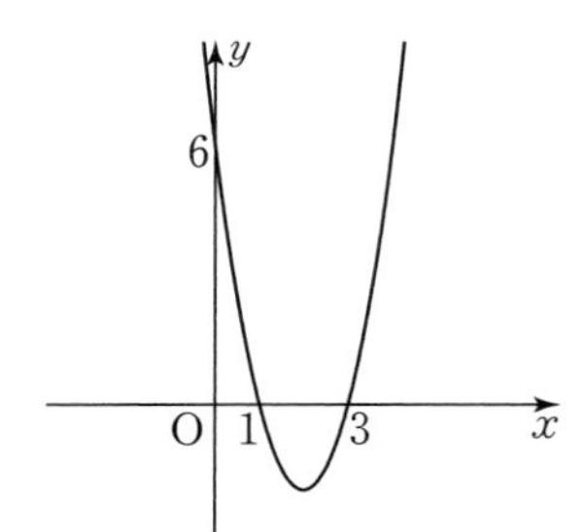

____

핵심 체크

그래프에서 x축과 만나는 두 점 $(m, 0)$, $(n, 0)$과 그래프가 지나는 다른 한 점이 주어지면 이차함수의 식을 $y=a(x-m)(x-n)$으로 놓고 그래프가 지나는 한 점의 좌표를 대입하여 a의 값을 구한다.

07 이차함수 $y=ax^2+bx+c$에서 a, b, c의 부호

정답과 해설 | 44쪽

❶ a의 부호 : 그래프의 모양으로 결정한다.

(i) 아래로 볼록하다. ➡ $a>0$

(ii) 위로 볼록하다. ➡ $a<0$

❷ b의 부호 : 축의 위치로 결정한다.

(i) 축이 y축의 왼쪽이다. ➡ a, b는 같은 부호

(ii) 축이 y축이다. ➡ $b=0$

(iii) 축이 y축의 오른쪽이다. ➡ a, b는 다른 부호

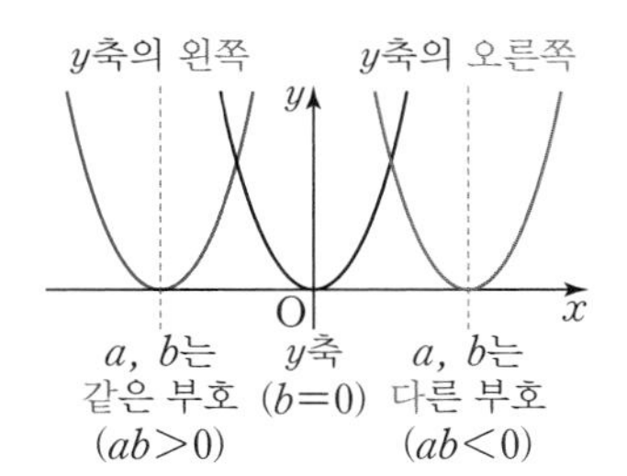

❸ c의 부호 : y축과의 교점의 위치로 결정한다.

(i) y축과의 교점이 x축보다 위쪽이다. ➡ $c>0$

(ii) y축과의 교점이 원점이다. ➡ $c=0$

(iii) y축과의 교점이 x축보다 아래쪽이다. ➡ $c<0$

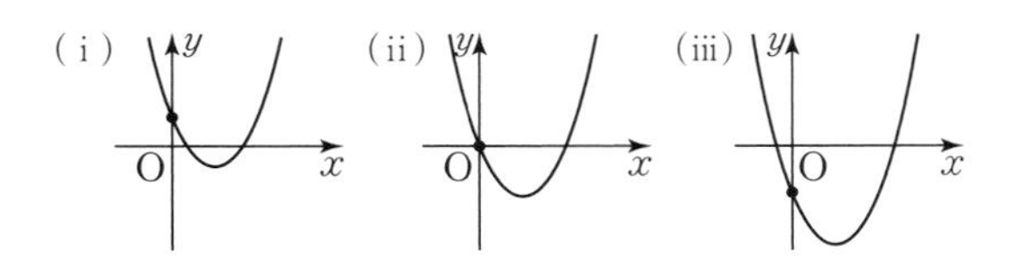

○ 이차함수 $y=ax^2+bx+c$의 그래프가 다음 그림과 같을 때, ☐ 안에 $>$, $=$, $<$ 중 알맞은 것을 써넣으시오.

1-1

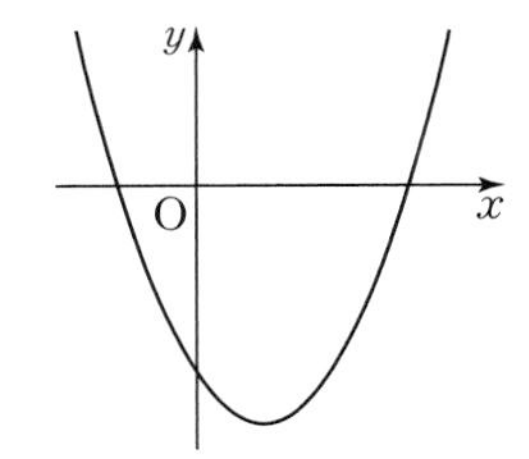

➡ 그래프가 아래로 볼록하므로 a ☐ 0

축이 y축의 오른쪽에 있으므로 a, b는 다른 부호이다.

$\therefore b$ ☐ 0

y축과의 교점이 x축보다 아래쪽에 있으므로 c ☐ 0

1-2

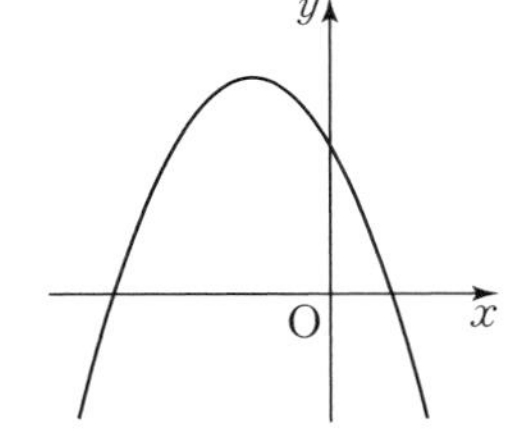

➡ 그래프가 위로 볼록하므로 a ☐ 0

축이 y축의 왼쪽에 있으므로 a, b는 같은 부호이다.

$\therefore b$ ☐ 0

y축과의 교점이 x축보다 위쪽에 있으므로 c ☐ 0

핵심 체크

b의 부호는 a의 부호와 축의 위치를 모두 알아야 결정할 수 있다.

3 이차함수의 그래프(2)

07 이차함수 $y=ax^2+bx+c$의 그래프에서 a, b, c의 부호

○ 이차함수 $y=ax^2+bx+c$의 그래프가 다음 그림과 같을 때, ☐ 안에 $>$, $=$, $<$ 중 알맞은 것을 써넣으시오.

2-1

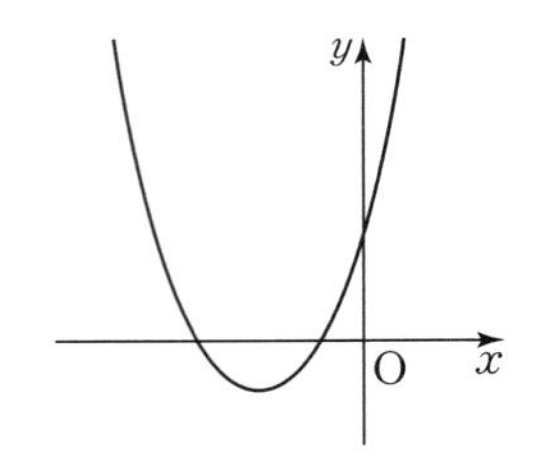

➡ a ☐ 0, b ☐ 0, c ☐ 0

2-2

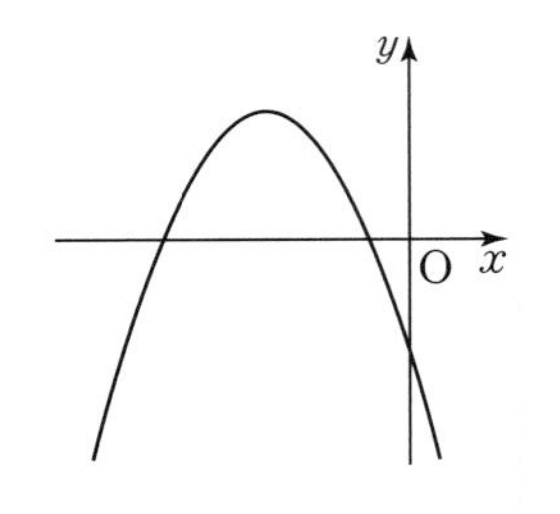

➡ a ☐ 0, b ☐ 0, c ☐ 0

3-1

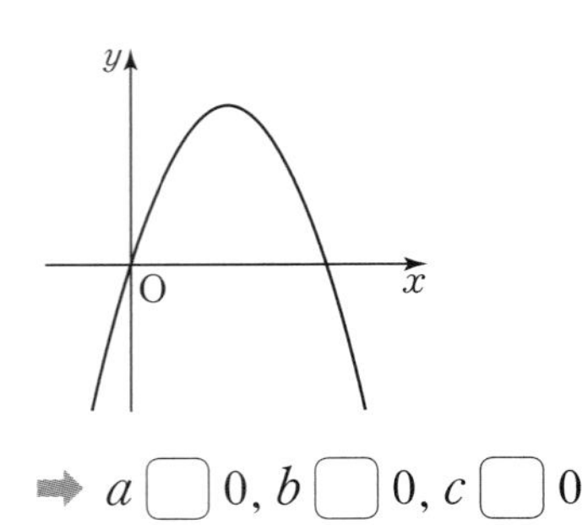

➡ a ☐ 0, b ☐ 0, c ☐ 0

3-2

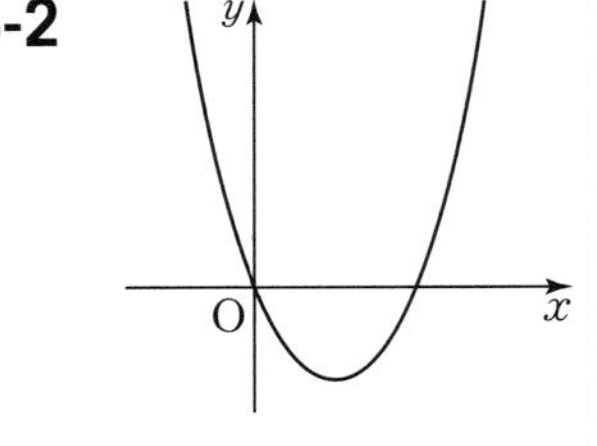

➡ a ☐ 0, b ☐ 0, c ☐ 0

4-1

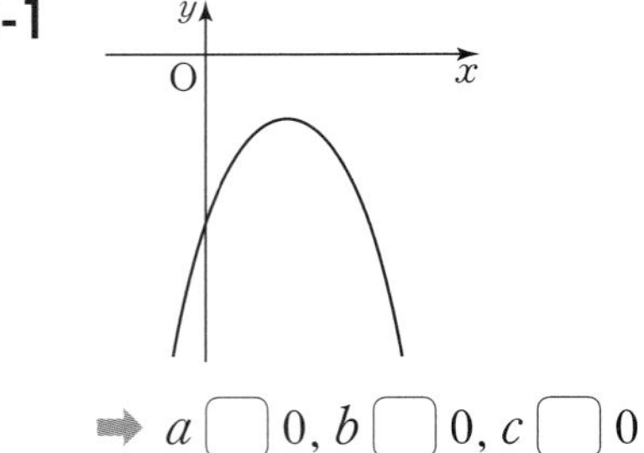

➡ a ☐ 0, b ☐ 0, c ☐ 0

4-2

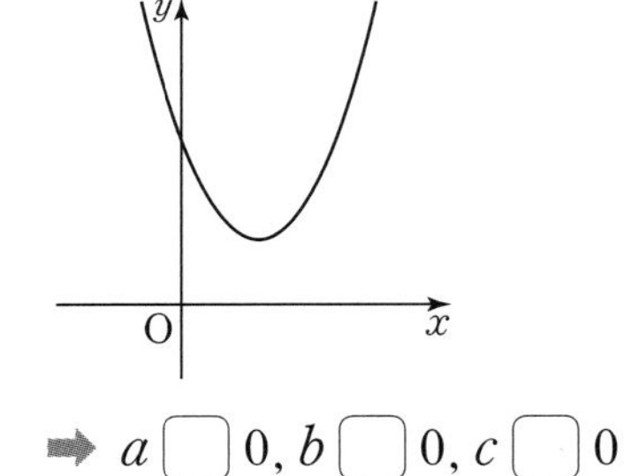

➡ a ☐ 0, b ☐ 0, c ☐ 0

핵심 체크

이차함수 $y=ax^2+bx+c$의 그래프에서

- a의 부호는 그래프의 모양으로 결정한다.
- b의 부호는 축의 위치로 결정한다.
- c의 부호는 y축과의 교점의 위치로 결정한다.

기본연산 집중연습 | 03~07

○ 연수와 준태가 허들 경주를 하고 있다. 허들에 적힌 조건을 만족하는 포물선을 그래프로 하는 이차함수의 식을 $y=ax^2+bx+c$의 꼴로 나타내시오.

이차함수의 그래프의 폭이 가장 넓은 허들을 넘은 사람이 이겼을 때, 허들 경주에서 이긴 사람은 누구일까요?

핵심 체크

❶ 꼭짓점의 좌표 (p, q)와 다른 한 점의 좌표를 알 때 이차함수의 식 구하기
➡ 이차함수의 식을 $y=a(x-p)^2+q$로 놓고 다른 한 점의 좌표를 대입하여 a의 값을 구한다.

❷ 축의 방정식 $x=p$와 다른 두 점의 좌표를 알 때 이차함수의 식 구하기
➡ 이차함수의 식을 $y=a(x-p)^2+q$로 놓고 다른 두 점의 좌표를 대입하여 a, q의 값을 구한다.

STEP 2

2. 오른쪽 그림과 같은 이차함수 $y=ax^2+bx+c$의 그래프에 대한 설명 중 옳은 카드에 적힌 글자를 조합하여 단어를 완성하시오.

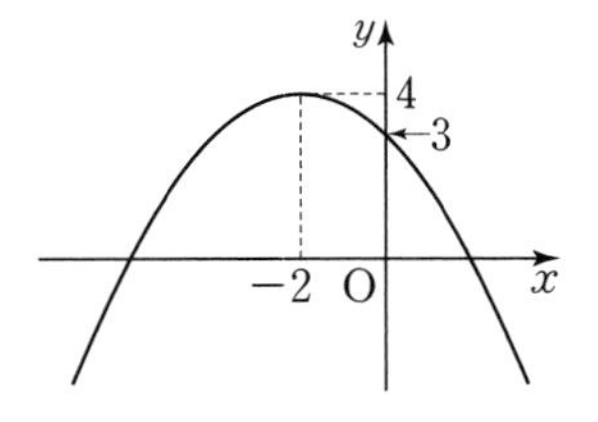

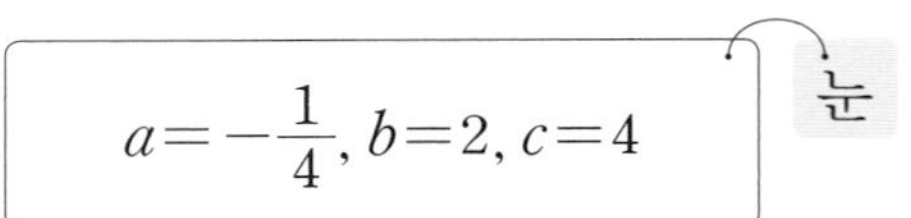

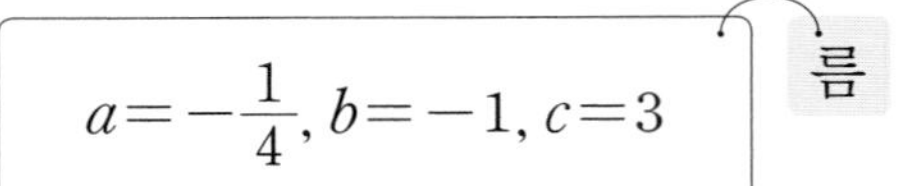

점 $(-6, 0)$을 지난다. — 여

점 $(2, 1)$을 지난다. — 물

$y=\frac{1}{2}x^2$의 그래프와 폭이 같다. — 씨

$y=4x^2$의 그래프와 폭이 같다. — 앗

○ 이차함수 $y=ax^2+bx+c$의 그래프가 다음과 같을 때, ☐ 안에 $>$, $=$, $<$ 중 알맞은 것을 써넣으시오.

3-1

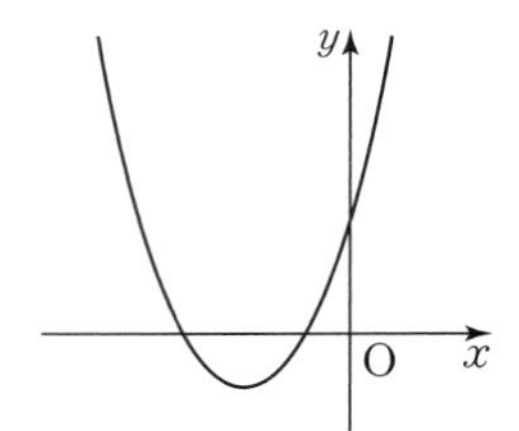

➡ a ☐ 0, b ☐ 0, c ☐ 0

3-2

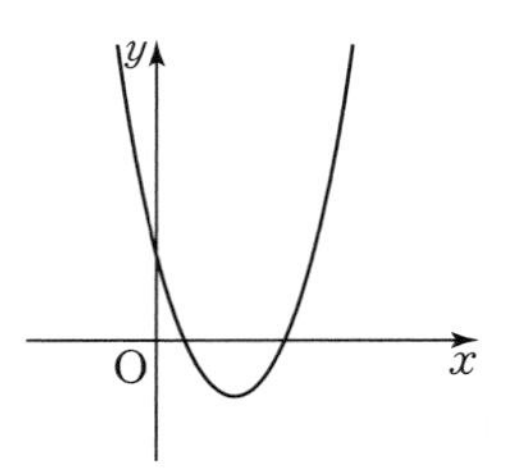

➡ a ☐ 0, b ☐ 0, c ☐ 0

3-3

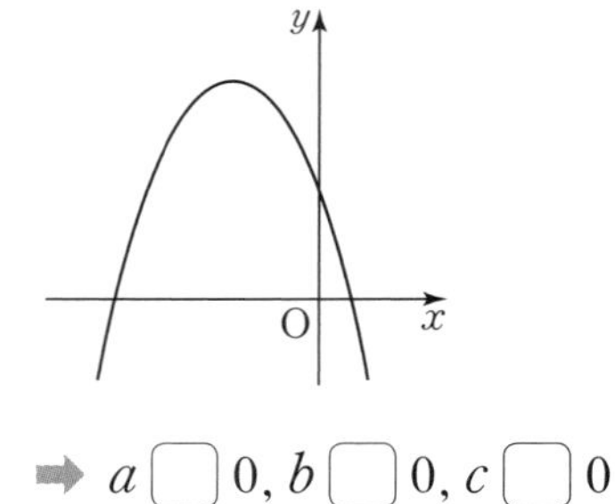

➡ a ☐ 0, b ☐ 0, c ☐ 0

3-4

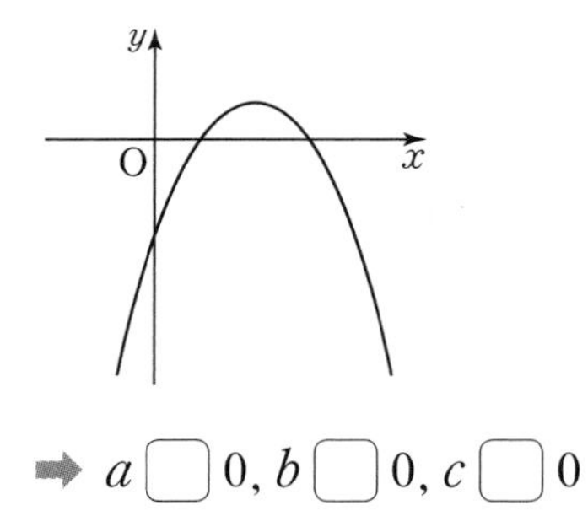

➡ a ☐ 0, b ☐ 0, c ☐ 0

핵심 체크

❸ 이차함수 $y=ax^2+bx+c$에서
- 그래프가 아래로 볼록하면 $a>0$, 위로 볼록하면 $a<0$이다.
- 축이 y축의 왼쪽에 있으면 a, b는 같은 부호이고, 축이 y축의 오른쪽에 있으면 a, b는 다른 부호이다.
- y축과의 교점이 x축보다 위쪽에 있으면 $c>0$, 원점에 있으면 $c=0$, x축보다 아래쪽에 있으면 $c<0$이다.

기본연산 테스트

정답과 해설 | 45쪽

1 다음은 이차함수 $y=\frac{1}{3}x^2+2x+5$를 $y=a(x-p)^2+q$의 꼴로 나타내는 과정이다. (가)~(마)에 알맞은 수를 써넣으시오.

$$y=\frac{1}{3}x^2+2x+5$$
$$=\frac{1}{3}(x^2+\boxed{(가)}x)+5$$
$$=\frac{1}{3}(x^2+\boxed{(가)}x+\boxed{(나)}-\boxed{(나)})+5$$
$$=\frac{1}{3}(x+\boxed{(다)})^2-\boxed{(라)}+5$$
$$=\frac{1}{3}(x+\boxed{(다)})^2+\boxed{(마)}$$

2 주어진 이차함수의 그래프의 꼭짓점의 좌표와 축의 방정식을 각각 구하시오.

(1) $y=-x^2+6x-4$

(2) $y=2x^2+4x-5$

(3) $y=-\frac{1}{2}x^2+x-4$

3 다음 중 이차함수 $y=-\frac{1}{4}x^2+x+2$의 그래프에 대한 설명으로 옳은 것을 모두 고르시오.

ㄱ 위로 볼록한 그래프이다.
ㄴ 꼭짓점의 좌표는 $(-2, 3)$이다.
ㄷ 축의 방정식은 $x=2$이다.
ㄹ 모든 사분면을 지난다.
ㅁ $x<2$일 때, x의 값이 증가하면 y의 값도 증가한다.
ㅂ 점 $(4, -2)$를 지난다.

4 다음 그래프가 나타내는 이차함수의 식을 $y=ax^2+bx+c$의 꼴로 나타내시오.

(1) 이차함수 $y=2x^2-4x+5$의 그래프를 x축의 방향으로 1만큼, y축의 방향으로 -4만큼 평행이동한 그래프

(2) 이차함수 $y=-3x^2+12x-11$의 그래프를 x축의 방향으로 -2만큼, y축의 방향으로 5만큼 평행이동한 그래프

핵심 체크

❶ $y=ax^2+bx+c$의 그래프를 $y=a(x-p)^2+q$의 꼴로 나타내었을 때

(i) 꼭짓점의 좌표 : (p, q), 축의 방정식 : $x=p$

(ii) x축의 방향으로 m만큼, y축의 방향으로 n만큼 평행이동한 그래프가 나타내는 이차함수의 식은 $y=a(x-p-m)^2+q+n$

STEP 3

5 이차함수 $y=ax^2+bx+c$의 그래프가 다음 그림과 같을 때, 상수 a, b, c의 값을 각각 구하시오.

(1)

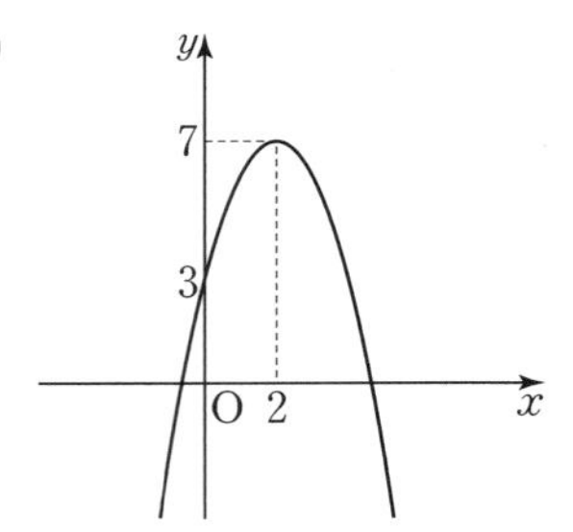

(2)

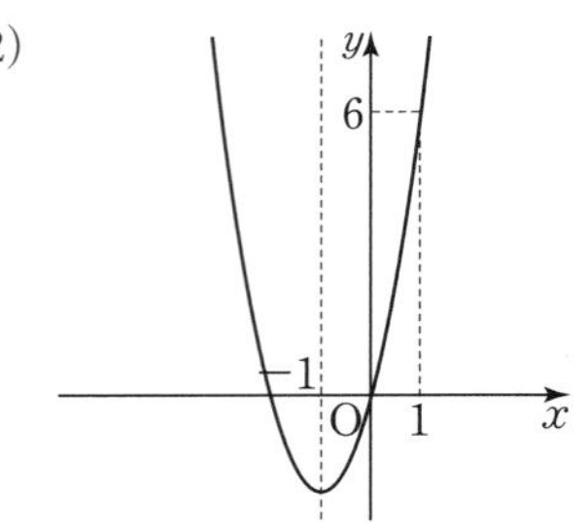

(3)

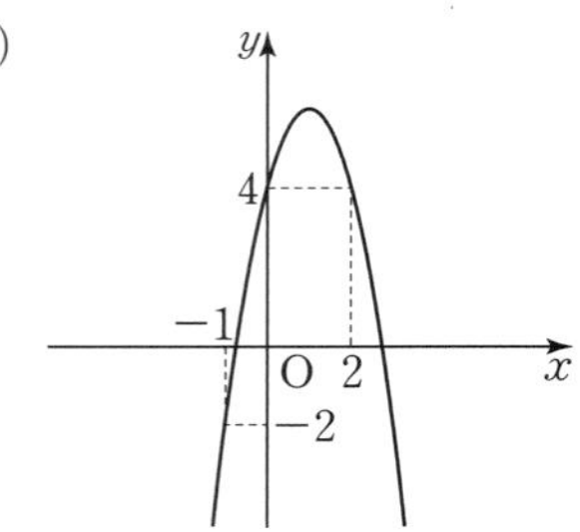

(4)

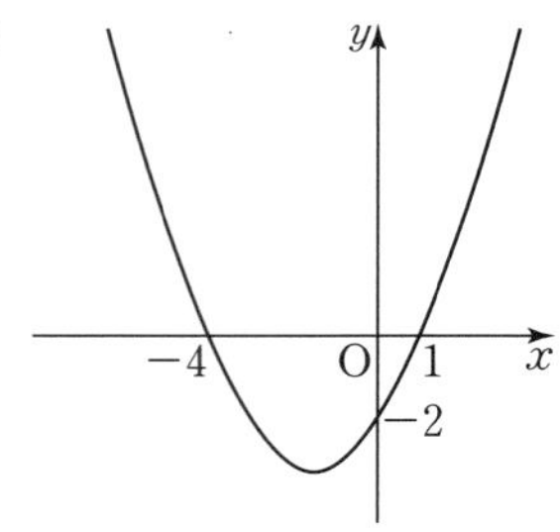

6 이차함수 $y=ax^2+bx+c$의 그래프가 다음 그림과 같을 때, a, b, c의 부호를 정하시오.

(1)

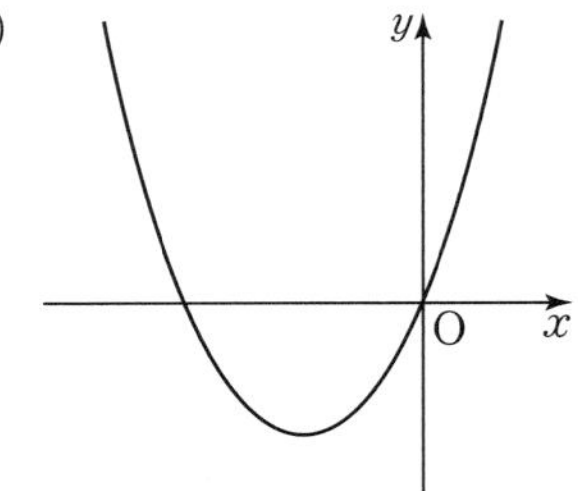

(2)

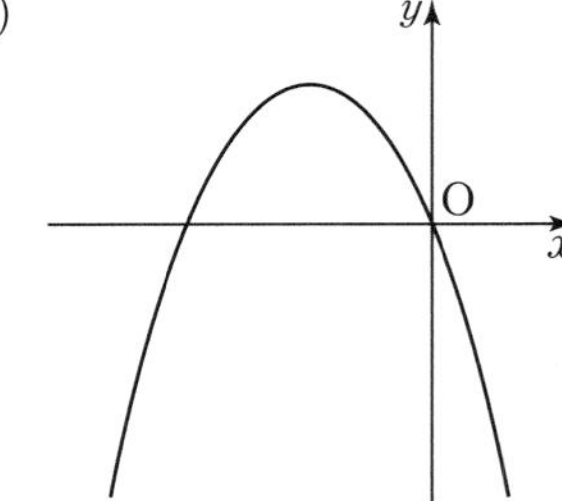

(3)

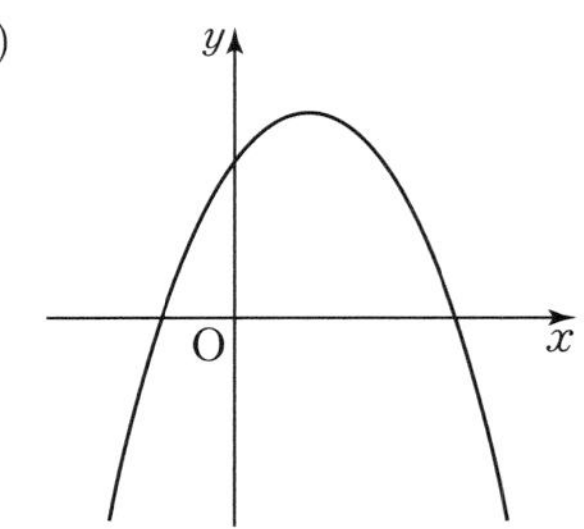

(4)

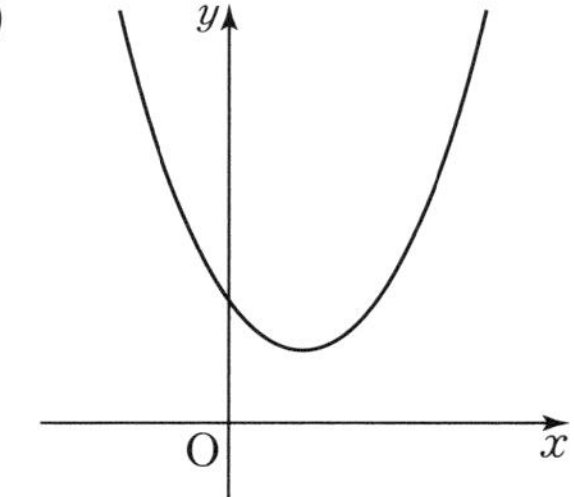

핵심 체크

② 세 점의 좌표를 알 때, 이차함수의 식 구하기

➡ 이차함수의 식을 $y=ax^2+bx+c$로 놓고 이 식에 세 점의 좌표를 각각 대입하여 a, b, c의 값을 구한다.

③ x축과의 교점의 좌표 $(m, 0)$, $(n, 0)$과 다른 한 점의 좌표를 알 때, 이차함수의 식 구하기

➡ 이차함수의 식을 $y=a(x-m)(x-n)$으로 놓고 이 식에 다른 한 점의 좌표를 대입하여 a의 값을 구한다.

이익보다 중요한 것, 좋은 책을 만드는 것

- 천재교육의 교재 개발 철학

'이익을 기대하기 어려운 책이라도
교육에 꼭 필요하다면 망설임 없이 만든다.'
1981년 창립 이후 꾸준히 이어지고 있는
천재교육만의 교재 개발 철학입니다.
업계 최초 초 · 중 · 고 독도교과서,
창의와 인성을 길러주는 다양한 인정교과서 개발도
뜻과 원칙이 있기에 가능했던 일입니다.
아이들의 교육을 위한 책 개발에는
이익보다 가치가 먼저라는 것이
우리의 변함없는 생각이니까요.

'사업' 아닌 '사명'으로 교육을 바라보는
한결같은 진심, 변하지 않겠습니다.

다양한 인정교과서로 학교 수업이 더 즐거워집니다

초·중·고 각종 정규 수업 및 재량활동 수업에 사용되는 인정교과서로 학교 수업이 더 알차고 풍성해집니다. 천재교육의 모든 인정교과서는 '수요가 비록 적더라도, 교육현장의 요청이 있다면 교육적 사명감을 우선으로 최선을 다해 개발한다'는 원칙에 따라 꾸준히 발행되고 있습니다.

- ▣ 초등 <독도야, 사랑해!>, <논술은 내 친구>, <즐거운 예절>, <어린이 성>, <환경은 내 친구> 외 다수
- ▣ 중등 <아름다운 독도>, <진로와 직업>, <아는 만큼 힘이 되는 소비자 교육>, <에너지 프로젝트 1331> 외 다수
- ▣ 고등 <아름다운 독도>, <환경>, <미술 창작>, <음악 감상과 비평>, <진로와 직업> , <성공적인 직업 생활> 외 다수

중학 연산의 빅데이터

빅터 연산

중학수학 **3B**

정답과 해설

중학 연산의 빅데이터

빅터 연산

천재교육

중학 연산의 빅데이터
빅터 연산

중학 연산의 **빅데이터**

빅터 연산

정답과 해설

3-B

1
이차방정식

STEP 1

01 일차방정식의 뜻과 해
p. 6

1-1	×	1-2	○
2-1	×	2-2	×
3-1	○	3-2	○
4-1	$x=-4$	4-2	$x=2$
5-1	$x=2$	5-2	$x=4$

3-1 $3(x+2)+1=2x+5$에서 $3x+6+1=2x+5$
$\therefore x+2=0$ (일차방정식)

3-2 $x(x+5)=x^2-2$에서 $x^2+5x=x^2-2$
$\therefore 5x+2=0$ (일차방정식)

4-1 $3x+5=x-3$에서 $2x=-8$ $\quad\therefore x=-4$

4-2 $2x-4=5x-10$에서 $-3x=-6$ $\quad\therefore x=2$

5-1 $4x+2=-2x+14$에서 $6x=12$ $\quad\therefore x=2$

5-2 $7-2x=3x-13$에서 $-5x=-20$ $\quad\therefore x=4$

02 이차방정식의 뜻
p. 7~p. 8

1-1	3, 2, 3	1-2	2
2-1	4, 9	2-2	9, 18
3-1	×	3-2	○
4-1	×	4-2	○
5-1	○	5-2	○
6-1	×	6-2	○
7-1	○	7-2	○
8-1	×	8-2	×
9-1	0	9-2	$a\neq0$
10-1	$a-2$, 2	10-2	$a\neq1$

1-2 $(x-1)^2+2x=3$에서 $x^2-2x+1+2x=3$
$\therefore x^2-2=0$

2-1 $(x-3)(2x+2)=3$에서 $2x^2-4x-6=3$
$\therefore 2x^2-4x-9=0$

2-2 $x(x-3)-3x=3(x+3)(x-2)$에서
$x^2-3x-3x=3(x^2+x-6)$
$x^2-6x=3x^2+3x-18$
$\therefore 2x^2+9x-18=0$

3-2 $x^2-2x=-1$에서 $x^2-2x+1=0$ (이차방정식)

4-1 $4x-1=2(x+1)$에서 $4x-1=2x+2$
$\therefore 2x-3=0$ (이차방정식이 아니다.)

5-1 $5x^2+x=-2x+3$에서 $5x^2+3x-3=0$ (이차방정식)

5-2 $x^3+10x=7x^2+x^3$에서 $-7x^2+10x=0$ (이차방정식)

6-1 $x^2+1=x(x+6)$에서 $x^2+1=x^2+6x$
$\therefore -6x+1=0$ (이차방정식이 아니다.)

6-2 $(x+2)^2=2x^2+5x$에서 $x^2+4x+4=2x^2+5x$
$\therefore -x^2-x+4=0$ (이차방정식)

7-1 $x^2=10$에서 $x^2-10=0$ (이차방정식)

7-2 $x^2+3x-10=-x^2+2x$에서
$2x^2+x-10=0$ (이차방정식)

8-1 $x^2=(x-1)^2$에서 $x^2=x^2-2x+1$
$\therefore 2x-1=0$ (이차방정식이 아니다.)

10-2 $(a-1)x^2-3x-2=0$이 x에 대한 이차방정식이 되려면
$a-1\neq0$ $\quad\therefore a\neq1$

03 이차방정식의 해(근)
p. 9~p. 10

1-1	-1, 거짓, 0, 참, $x=0$ 또는 $x=2$		
1-2	$x=-1$ 또는 $x=1$		
2-1	$x=-1$ 또는 $x=0$	2-2	$x=-1$
3-1	$x=2$ 또는 $x=3$	3-2	$x=3$
4-1	$x=1$ 또는 $x=3$	4-2	$x=2$ 또는 $x=4$
5-1	○	5-2	×
6-1	○	6-2	○
7-1	×	7-2	×
8-1	○	8-2	×
9-1	×	9-2	○

1-2 $x=-1$일 때, $(-1-1)\times(-1+1)=0$
$x=0$일 때, $(0-1)\times(0+1)\neq0$
$x=1$일 때, $(1-1)\times(1+1)=0$
$x=2$일 때, $(2-1)\times(2+1)\neq0$
따라서 구하는 해는 $x=-1$ 또는 $x=1$이다.

2-1 $x=-1$일 때, $(-1)^2+(-1)=0$
$x=0$일 때, $0^2+0=0$
$x=1$일 때, $1^2+1\neq0$
$x=2$일 때, $2^2+2\neq0$
따라서 구하는 해는 $x=-1$ 또는 $x=0$이다.

2-2 $x=-1$일 때, $(-1)^2-2\times(-1)-3=0$
$x=0$일 때, $0^2-2\times0-3\neq0$
$x=1$일 때, $1^2-2\times1-3\neq0$
$x=2$일 때, $2^2-2\times2-3\neq0$
따라서 구하는 해는 $x=-1$이다.

3-1 $x=0$일 때, $(0-2)\times(0-3)\neq0$
$x=1$일 때, $(1-2)\times(1-3)\neq0$
$x=2$일 때, $(2-2)\times(2-3)=0$
$x=3$일 때, $(3-2)\times(3-3)=0$
$x=4$일 때, $(4-2)\times(4-3)\neq0$
따라서 구하는 해는 $x=2$ 또는 $x=3$이다.

3-2 $x=0$일 때, $2\times0^2-5\times0-3\neq0$
$x=1$일 때, $2\times1^2-5\times1-3\neq0$
$x=2$일 때, $2\times2^2-5\times2-3\neq0$
$x=3$일 때, $2\times3^2-5\times3-3=0$
$x=4$일 때, $2\times4^2-5\times4-3\neq0$
따라서 구하는 해는 $x=3$이다.

4-1 $x=0$일 때, $0^2-4\times0+3\neq0$
$x=1$일 때, $1^2-4\times1+3=0$
$x=2$일 때, $2^2-4\times2+3\neq0$
$x=3$일 때, $3^2-4\times3+3=0$
$x=4$일 때, $4^2-4\times4+3\neq0$
따라서 구하는 해는 $x=1$ 또는 $x=3$이다.

4-2 $x=0$일 때, $0^2-6\times0+8\neq0$
$x=1$일 때, $1^2-6\times1+8\neq0$
$x=2$일 때, $2^2-6\times2+8=0$
$x=3$일 때, $3^2-6\times3+8\neq0$
$x=4$일 때, $4^2-6\times4+8=0$
따라서 구하는 해는 $x=2$ 또는 $x=4$이다.

5-1 $x(x-4)=-4$에 $x=2$를 대입하면
$2\times(2-4)=-4$

5-2 $(x-1)(x+5)=0$에 $x=-1$을 대입하면
$(-1-1)\times(-1+5)\neq0$

6-1 $x(x-2)=0$에 $x=0$을 대입하면
$0\times(0-2)=0$

6-2 $x^2-3x=0$에 $x=3$을 대입하면
$3^2-3\times3=0$

7-1 $2x^2+x-3=0$에 $x=-1$을 대입하면
$2\times(-1)^2+(-1)-3\neq0$

7-2 $(x+1)^2=0$에 $x=1$을 대입하면
$(1+1)^2\neq0$

8-1 $x^2-4x-5=0$에 $x=5$를 대입하면
$5^2-4\times5-5=0$

8-2 $(x-2)(x+1)=0$에 $x=-2$를 대입하면
$(-2-2)\times(-2+1)\neq0$

9-1 $x^2=2$에 $x=2$를 대입하면
$2^2\neq2$

9-2 $x^2-x-6=0$에 $x=-2$를 대입하면
$(-2)^2-(-2)-6=0$

04 한 근이 주어질 때, 미지수의 값 구하기 p. 11

1-1	$-3, -3, -3, 5$	**1-2**	-3
2-1	-6	**2-2**	1
3-1	-2	**3-2**	5
4-1	2	**4-2**	2

1-2 $x^2+ax+2=0$에 $x=2$를 대입하면
$4+2a+2=0,\ 2a=-6 \quad \therefore a=-3$

2-1 $x^2-x+a=0$에 $x=3$을 대입하면
$9-3+a=0 \quad \therefore a=-6$

2-2 $ax^2+3x+2=0$에 $x=-2$를 대입하면
$4a-6+2=0,\ 4a=4 \quad \therefore a=1$

3-1 $x^2+3ax-7=0$에 $x=-1$을 대입하면
$1-3a-7=0,\ -3a=6 \quad \therefore a=-2$

3-2 $2x^2-ax-3=0$에 $x=3$을 대입하면
$18-3a-3=0,\ -3a=-15 \quad \therefore a=5$

4-1 $x^2+ax-2a+1=0$에 $x=-3$을 대입하면
$9-3a-2a+1=0,\ -5a=-10 \quad \therefore a=2$

4-2 $(a-1)x^2-6x+2a+1=0$에 $x=1$을 대입하면
$a-1-6+2a+1=0,\ 3a=6 \quad \therefore a=2$

STEP 2

기본연산 집중연습 | 01~04

p. 12~p. 13

1-1	○	1-2	×
1-3	×	1-4	○
1-5	×	1-6	×
1-7	○	1-8	○
1-9	×	1-10	○
1-11	○	1-12	×
2-1	$x=0$ 또는 $x=1$	2-2	$x=0$ 또는 $x=2$
2-3	$x=-2$	2-4	$x=-1$ 또는 $x=2$
3	풀이 참조		
4-1	2	4-2	1
4-3	2	4-4	-5

1-4 $(x+1)(x-4)=0$에서 $x^2-3x-4=0$ (이차방정식)

1-5 $x^2+10=(x-1)^2$에서 $x^2+10=x^2-2x+1$
$\therefore 2x+9=0$ (이차방정식이 아니다.)

1-7 $2x(x-1)=x^2+3$에서 $2x^2-2x=x^2+3$
$\therefore x^2-2x-3=0$ (이차방정식)

1-9 $(x-1)(x+1)=x^2$에서 $x^2-1=x^2$
$\therefore -1=0$ (이차방정식이 아니다.)

1-10 $x^3-1=x(x^2-1)+x^2$에서 $x^3-1=x^3-x+x^2$
$\therefore -x^2+x-1=0$ (이차방정식)

1-11 $x^2=-(x-1)^2$에서 $x^2=-(x^2-2x+1)$
$x^2=-x^2+2x-1$ $\quad\therefore 2x^2-2x+1=0$ (이차방정식)

1-12 $x^2+4x-1=x+x^2$에서
$3x-1=0$ (이차방정식이 아니다.)

2-1 $x=-2$일 때, $(-2)^2-(-2)\neq0$
$x=-1$일 때, $(-1)^2-(-1)\neq0$
$x=0$일 때, $0^2-0=0$
$x=1$일 때, $1^2-1=0$
$x=2$일 때, $2^2-2\neq0$
따라서 구하는 해는 $x=0$ 또는 $x=1$이다.

2-2 $x=-2$일 때, $2\times(-2)^2-4\times(-2)\neq0$
$x=-1$일 때, $2\times(-1)^2-4\times(-1)\neq0$
$x=0$일 때, $2\times0^2-4\times0=0$
$x=1$일 때, $2\times1^2-4\times1\neq0$
$x=2$일 때, $2\times2^2-4\times2=0$
따라서 구하는 해는 $x=0$ 또는 $x=2$이다.

2-3 $x=-2$일 때, $(-2)^2-(-2)-6=0$
$x=-1$일 때, $(-1)^2-(-1)-6\neq0$
$x=0$일 때, $0^2-0-6\neq0$
$x=1$일 때, $1^2-1-6\neq0$
$x=2$일 때, $2^2-2-6\neq0$
따라서 구하는 해는 $x=-2$이다.

2-4 $x=-2$일 때, $(-2)^2-(-2)-2\neq0$
$x=-1$일 때, $(-1)^2-(-1)-2=0$
$x=0$일 때, $0^2-0-2\neq0$
$x=1$일 때, $1^2-1-2\neq0$
$x=2$일 때, $2^2-2-2=0$
따라서 구하는 해는 $x=-1$ 또는 $x=2$이다.

3

출발

-3	$x^2-x-2=0$	-1	$x^2+8x+16=0$	-4
$x^2+2x-3=0$	1	$x^2+x-2=0$	2	$x^2+2x-8=0$
-1	$x^2+3x=0$	-2	$x^2+3x-10=0$	5
$x^2-x-6=0$	3	$x^2+5x+6=0$	3	$x^2+2x-15=0$
0	$x^2+4x+3=0$	-1	$x^2-x-12=0$	4

4-1 $x^2+ax+1=0$에 $x=-1$을 대입하면
$1-a+1=0,\ -a=-2$ $\quad\therefore a=2$

4-2 $x^2+ax-12=0$에 $x=-4$를 대입하면
$16-4a-12=0,\ -4a=-4$ $\quad\therefore a=1$

4-3 $x^2+(a-1)x-6=0$에 $x=-3$을 대입하면
$9-3(a-1)-6=0,\ 9-3a+3-6=0$
$-3a=-6$ $\quad\therefore a=2$

4-4 $3x^2+ax+a-7=0$에 $x=3$을 대입하면
$27+3a+a-7=0,\ 4a=-20$ $\quad\therefore a=-5$

STEP 1

05 $AB=0$의 성질을 이용한 이차방정식의 풀이

p. 14

1-1	$x-5, 5$	1-2	$x=0$ 또는 $x=4$
2-1	$x=-7$ 또는 $x=7$	2-2	$x=-6$ 또는 $x=-5$
3-1	$x=1$ 또는 $x=\frac{1}{2}$	3-2	$x=-1$ 또는 $x=\frac{3}{2}$
4-1	$x=\frac{1}{3}$ 또는 $x=-\frac{1}{2}$	4-2	$x=2$ 또는 $x=-\frac{5}{4}$

1-2 $2x(x-4)=0$에서 $2x=0$ 또는 $x-4=0$
$\therefore x=0$ 또는 $x=4$

2-1 $(x+7)(x-7)=0$에서 $x+7=0$ 또는 $x-7=0$
$\therefore x=-7$ 또는 $x=7$

2-2 $(x+6)(x+5)=0$에서 $x+6=0$ 또는 $x+5=0$
$\therefore x=-6$ 또는 $x=-5$

3-1 $(x-1)(2x-1)=0$에서 $x-1=0$ 또는 $2x-1=0$
$\therefore x=1$ 또는 $x=\frac{1}{2}$

3-2 $(x+1)(2x-3)=0$에서 $x+1=0$ 또는 $2x-3=0$
$\therefore x=-1$ 또는 $x=\frac{3}{2}$

4-1 $(3x-1)(2x+1)=0$에서 $3x-1=0$ 또는 $2x+1=0$
$\therefore x=\frac{1}{3}$ 또는 $x=-\frac{1}{2}$

4-2 $\frac{1}{4}(x-2)(4x+5)=0$에서 $x-2=0$ 또는 $4x+5=0$
$\therefore x=2$ 또는 $x=-\frac{5}{4}$

06 인수분해를 이용한 이차방정식의 풀이 p. 15~p. 17

1-1	3	**1-2**	$x=0$ 또는 $x=\frac{1}{3}$
2-1	$x=0$ 또는 $x=-5$	**2-2**	$x=0$ 또는 $x=\frac{2}{3}$
3-1	$x=0$ 또는 $x=\frac{5}{2}$	**3-2**	$x=0$ 또는 $x=-4$
4-1	$x=0$ 또는 $x=-8$	**4-2**	$x=0$ 또는 $x=\frac{3}{2}$
5-1	2	**5-2**	$x=-3$ 또는 $x=3$
6-1	$x=-\frac{3}{2}$ 또는 $x=\frac{3}{2}$	**6-2**	$x=-\frac{1}{4}$ 또는 $x=\frac{1}{4}$
7-1	$0, 0, -2, -5$	**7-2**	$x=4$ 또는 $x=5$
8-1	$x=-2$ 또는 $x=-3$	**8-2**	$x=-1$ 또는 $x=-2$
9-1	$x=3$ 또는 $x=4$	**9-2**	$x=-4$ 또는 $x=9$
10-1	$x=4$ 또는 $x=-7$	**10-2**	$x=-2$ 또는 $x=4$
11-1	$3, \frac{1}{2}$	**11-2**	$x=1$ 또는 $x=-\frac{5}{2}$
12-1	$x=2$ 또는 $x=\frac{1}{3}$	**12-2**	$x=1$ 또는 $x=-\frac{1}{5}$
13-1	$x=-2$ 또는 $x=\frac{3}{5}$	**13-2**	$x=\frac{3}{2}$ 또는 $x=\frac{2}{3}$
14-1	$x=\frac{5}{2}$ 또는 $x=-\frac{2}{3}$	**14-2**	$x=-\frac{1}{3}$ 또는 $x=\frac{2}{3}$
15-1	$x=-2$ 또는 $x=2$	**15-2**	$x=4$ 또는 $x=-5$
16-1	$x=-3$ 또는 $x=-\frac{3}{10}$	**16-2**	$x=-3$ 또는 $x=\frac{2}{3}$

1-2 $15x^2-5x=0$에서 $5x(3x-1)=0$
$\therefore x=0$ 또는 $x=\frac{1}{3}$

2-1 $x^2+5x=0$에서 $x(x+5)=0$
$\therefore x=0$ 또는 $x=-5$

2-2 $6x^2-4x=0$에서 $2x(3x-2)=0$
$\therefore x=0$ 또는 $x=\frac{2}{3}$

3-1 $2x^2-5x=0$에서 $x(2x-5)=0$
$\therefore x=0$ 또는 $x=\frac{5}{2}$

3-2 $x^2+4x=0$에서 $x(x+4)=0$
$\therefore x=0$ 또는 $x=-4$

4-1 $x^2=-8x$에서 $x^2+8x=0$, $x(x+8)=0$
$\therefore x=0$ 또는 $x=-8$

4-2 $2x^2=3x$에서 $2x^2-3x=0$, $x(2x-3)=0$
$\therefore x=0$ 또는 $x=\frac{3}{2}$

5-2 $x^2-9=0$에서 $(x+3)(x-3)=0$
$\therefore x=-3$ 또는 $x=3$

6-1 $4x^2-9=0$에서 $(2x+3)(2x-3)=0$
$\therefore x=-\frac{3}{2}$ 또는 $x=\frac{3}{2}$

6-2 $16x^2-1=0$에서 $(4x+1)(4x-1)=0$
$\therefore x=-\frac{1}{4}$ 또는 $x=\frac{1}{4}$

7-2 $x^2-9x+20=0$에서 $(x-4)(x-5)=0$
$\therefore x=4$ 또는 $x=5$

8-1 $x^2+5x+6=0$에서 $(x+2)(x+3)=0$
$\therefore x=-2$ 또는 $x=-3$

8-2 $x^2+3x+2=0$에서 $(x+1)(x+2)=0$
$\therefore x=-1$ 또는 $x=-2$

9-1 $x^2-7x+12=0$에서 $(x-3)(x-4)=0$
$\therefore x=3$ 또는 $x=4$

9-2 $x^2-5x-36=0$에서 $(x+4)(x-9)=0$

$\therefore x=-4$ 또는 $x=9$

10-1 $x^2+3x-28=0$에서 $(x-4)(x+7)=0$

$\therefore x=4$ 또는 $x=-7$

10-2 $x^2-2x-8=0$에서 $(x+2)(x-4)=0$

$\therefore x=-2$ 또는 $x=4$

11-2 $2x^2+3x-5=0$에서 $(x-1)(2x+5)=0$

$\therefore x=1$ 또는 $x=-\frac{5}{2}$

12-1 $3x^2-7x+2=0$에서 $(x-2)(3x-1)=0$

$\therefore x=2$ 또는 $x=\frac{1}{3}$

12-2 $5x^2-4x-1=0$에서 $(x-1)(5x+1)=0$

$\therefore x=1$ 또는 $x=-\frac{1}{5}$

13-1 $5x^2+7x-6=0$에서 $(x+2)(5x-3)=0$

$\therefore x=-2$ 또는 $x=\frac{3}{5}$

13-2 $6x^2-13x+6=0$에서 $(2x-3)(3x-2)=0$

$\therefore x=\frac{3}{2}$ 또는 $x=\frac{2}{3}$

14-1 $6x^2-11x-10=0$에서 $(2x-5)(3x+2)=0$

$\therefore x=\frac{5}{2}$ 또는 $x=-\frac{2}{3}$

14-2 $9x^2-3x-2=0$에서 $(3x+1)(3x-2)=0$

$\therefore x=-\frac{1}{3}$ 또는 $x=\frac{2}{3}$

15-1 $(x-3)(x-4)=-7x+16$에서

$x^2-7x+12=-7x+16,\ x^2-4=0$

$(x+2)(x-2)=0 \qquad \therefore x=-2$ 또는 $x=2$

15-2 $x(x+1)=20$에서

$x^2+x=20,\ x^2+x-20=0$

$(x-4)(x+5)=0 \qquad \therefore x=4$ 또는 $x=-5$

16-1 $(2x+7)(5x-1)+16=0$에서

$10x^2+33x-7+16=0,\ 10x^2+33x+9=0$

$(x+3)(10x+3)=0 \qquad \therefore x=-3$ 또는 $x=-\frac{3}{10}$

16-2 $(3x-4)(x+3)=-2x-6$에서

$3x^2+5x-12=-2x-6,\ 3x^2+7x-6=0$

$(x+3)(3x-2)=0 \qquad \therefore x=-3$ 또는 $x=\frac{2}{3}$

07 이차방정식의 중근

p. 18~p. 19

1-1	-7	**1-2**	$x=3$ (중근)
2-1	$x=4$ (중근)	**2-2**	$x=-\frac{2}{5}$ (중근)
3-1	-6	**3-2**	$x=5$ (중근)
4-1	$x=-2$ (중근)	**4-2**	$x=7$ (중근)
5-1	$3, \frac{3}{2}$	**5-2**	$x=-\frac{5}{4}$ (중근)
6-1	$x=\frac{1}{3}$ (중근)	**6-2**	$x=\frac{1}{5}$ (중근)
7-1	$x=-\frac{1}{4}$ (중근)	**7-2**	$x=\frac{2}{3}$ (중근)
8-1	$x=-3$ (중근)	**8-2**	$x=8$ (중근)
9-1	$x=-\frac{1}{2}$ (중근)	**9-2**	$x=\frac{3}{4}$ (중근)
10-1	$1, 1$	**10-2**	$x=-5$ (중근)

3-2 $x^2-10x+25=0$에서 $(x-5)^2=0$

$\therefore x=5$ (중근)

4-1 $x^2+4x+4=0$에서 $(x+2)^2=0$

$\therefore x=-2$ (중근)

4-2 $x^2-14x+49=0$에서 $(x-7)^2=0$

$\therefore x=7$ (중근)

5-2 $16^2+40x+25=0$에서 $(4x+5)^2=0$

$\therefore x=-\frac{5}{4}$ (중근)

6-1 $9x^2-6x+1=0$에서 $(3x-1)^2=0$

$\therefore x=\frac{1}{3}$ (중근)

6-2 $25x^2-10x+1=0$에서 $(5x-1)^2=0$

$\therefore x=\frac{1}{5}$ (중근)

7-1 $16x^2+8x+1=0$에서 $(4x+1)^2=0$

$\therefore x=-\frac{1}{4}$ (중근)

7-2 $9x^2-12x+4=0$에서 $(3x-2)^2=0$

$\therefore x=\frac{2}{3}$ (중근)

8-1 $x^2+9=-6x$에서 $x^2+6x+9=0$

$(x+3)^2=0 \qquad \therefore x=-3$ (중근)

8-2 $x^2-16x=-64$에서 $x^2-16x+64=0$

$(x-8)^2=0 \qquad \therefore x=8$ (중근)

9-1 $4x^2+1=-4x$에서 $4x^2+4x+1=0$

$(2x+1)^2=0 \quad \therefore x=-\frac{1}{2}$ (중근)

9-2 $16x^2=24x-9$에서 $16x^2-24x+9=0$

$(4x-3)^2=0 \quad \therefore x=\frac{3}{4}$ (중근)

10-2 $3x^2+30x+75=0$에서 $3(x^2+10x+25)=0$

$3(x+5)^2=0 \quad \therefore x=-5$ (중근)

08 이차방정식이 중근을 가질 조건

p. 20~p. 21

1-1	1, 1	**1-2**	4, 2
2-1	16, 4	**2-2**	9, 3
3-1	4, 4	**3-2**	25
4-1	2	**4-2**	-4
5-1	6	**5-2**	$\frac{13}{4}$
6-1	±8	**6-2**	±10
7-1	±3	**7-2**	±4
8-1	2, 1, 3	**8-2**	$\frac{9}{2}$
9-1	14	**9-2**	±1

3-2 $k=\left(\frac{10}{2}\right)^2=25$

4-1 $k-1=\left(\frac{-2}{2}\right)^2=1 \quad \therefore k=2$

4-2 $20+k=\left(\frac{-8}{2}\right)^2=16 \quad \therefore k=-4$

5-1 $2k-3=\left(\frac{-6}{2}\right)^2=9,\ 2k=12 \quad \therefore k=6$

5-2 $k-1=\left(\frac{-3}{2}\right)^2=\frac{9}{4} \quad \therefore k=\frac{13}{4}$

6-2 $25=\left(\frac{k}{2}\right)^2,\ k^2=100 \quad \therefore k=\pm10$

7-1 $9=\left(\frac{2k}{2}\right)^2,\ k^2=9 \quad \therefore k=\pm3$

7-2 $4=\left(\frac{k}{2}\right)^2,\ k^2=16 \quad \therefore k=\pm4$

8-2 $2x^2-8x+2k-1=0$의 양변을 2로 나누면

$x^2-4x+k-\frac{1}{2}=0$이므로 중근을 가지려면

$k-\frac{1}{2}=\left(\frac{-4}{2}\right)^2=4 \quad \therefore k=\frac{9}{2}$

9-1 $4x^2-12x+k-5=0$의 양변을 4로 나누면

$x^2-3x+\frac{k-5}{4}=0$이므로 중근을 가지려면

$\frac{k-5}{4}=\left(\frac{-3}{2}\right)^2=\frac{9}{4},\ k-5=9 \quad \therefore k=14$

9-2 $2x^2+8kx+8=0$의 양변을 2로 나누면

$x^2+4kx+4=0$이므로 중근을 가지려면

$4=\left(\frac{4k}{2}\right)^2,\ 4k^2=4,\ k^2=1 \quad \therefore k=\pm1$

09 이차방정식의 공통인 근

p. 22~p. 23

1-1	4, 4, 4	**1-2**	$x=-2$
2-1	$x=-3$	**2-2**	$x=-\frac{1}{3}$
3-1	$x=5$	**3-2**	$x=3$
4-1	$x=-3$	**4-2**	$x=1$
5-1	$x=-3$	**5-2**	$x=7$
6-1	$x=-3$	**6-2**	$x=-1$
7-1	$a=-2,\ b=2$	**7-2**	$a=-3,\ b=-5$
8-1	$a=-2,\ b=10$	**8-2**	$a=4,\ b=-21$
9-1	$a=-4,\ b=0$	**9-2**	$a=-8,\ b=-2$

1-2 $x^2+7x+10=0$에서 $(x+2)(x+5)=0$

$\therefore x=-2$ 또는 $x=-5$

$5x^2+7x-6=0$에서 $(x+2)(5x-3)=0$

$\therefore x=-2$ 또는 $x=\frac{3}{5}$

따라서 두 이차방정식의 공통인 근은 $x=-2$이다.

2-1 $2x^2+7x+3=0$에서 $(x+3)(2x+1)=0$

$\therefore x=-3$ 또는 $x=-\frac{1}{2}$

$x^2-3x-18=0$에서 $(x+3)(x-6)=0$

$\therefore x=-3$ 또는 $x=6$

따라서 두 이차방정식의 공통인 근은 $x=-3$이다.

2-2 $6x^2-x-1=0$에서 $(2x-1)(3x+1)=0$

$\therefore x=\frac{1}{2}$ 또는 $x=-\frac{1}{3}$

$9x^2-1=0$에서 $(3x+1)(3x-1)=0$

$\therefore x=-\frac{1}{3}$ 또는 $x=\frac{1}{3}$

따라서 두 이차방정식의 공통인 근은 $x=-\frac{1}{3}$이다.

3-1 $x^2-3x-10=0$에서 $(x+2)(x-5)=0$

$\therefore x=-2$ 또는 $x=5$

$x^2-7x+10=0$에서 $(x-2)(x-5)=0$

$\therefore x=2$ 또는 $x=5$

따라서 두 이차방정식의 공통인 근은 $x=5$이다.

3-2 $x^2+5x-24=0$에서 $(x-3)(x+8)=0$

$\therefore x=3$ 또는 $x=-8$

$5x^2-16x+3=0$에서 $(x-3)(5x-1)=0$

$\therefore x=3$ 또는 $x=\frac{1}{5}$

따라서 두 이차방정식의 공통인 근은 $x=3$이다.

4-1 $x^2+x-6=0$에서 $(x-2)(x+3)=0$

$\therefore x=2$ 또는 $x=-3$

$x^2+8x+15=0$에서 $(x+3)(x+5)=0$

$\therefore x=-3$ 또는 $x=-5$

따라서 두 이차방정식의 공통인 근은 $x=-3$이다.

4-2 $x^2+3x-4=0$에서 $(x-1)(x+4)=0$

$\therefore x=1$ 또는 $x=-4$

$x^2+2x-3=0$에서 $(x-1)(x+3)=0$

$\therefore x=1$ 또는 $x=-3$

따라서 두 이차방정식의 공통인 근은 $x=1$이다.

5-1 $x^2-2x-15=0$에서 $(x+3)(x-5)=0$

$\therefore x=-3$ 또는 $x=5$

$4x^2+11x-3=0$에서 $(x+3)(4x-1)=0$

$\therefore x=-3$ 또는 $x=\frac{1}{4}$

따라서 두 이차방정식의 공통인 근은 $x=-3$이다.

5-2 $x^2-10x+21=0$에서 $(x-3)(x-7)=0$

$\therefore x=3$ 또는 $x=7$

$x^2-6x-7=0$에서 $(x+1)(x-7)=0$

$\therefore x=-1$ 또는 $x=7$

따라서 두 이차방정식의 공통인 근은 $x=7$이다.

6-1 $2x^2+5x-3=0$에서 $(x+3)(2x-1)=0$

$\therefore x=-3$ 또는 $x=\frac{1}{2}$

$(x+1)(x-2)=10$에서 $x^2-x-2=10$

$x^2-x-12=0$, $(x+3)(x-4)=0$

$\therefore x=-3$ 또는 $x=4$

따라서 두 이차방정식의 공통인 근은 $x=-3$이다.

6-2 $(x+2)(x-6)=-7$에서 $x^2-4x-12=-7$

$x^2-4x-5=0$, $(x+1)(x-5)=0$

$\therefore x=-1$ 또는 $x=5$

$x^2-7x-8=0$에서 $(x+1)(x-8)=0$

$\therefore x=-1$ 또는 $x=8$

따라서 두 이차방정식의 공통인 근은 $x=-1$이다.

7-1 $x^2-x+a=0$에 $x=2$를 대입하면

$2^2-2+a=0 \qquad \therefore a=-2$

$x^2-bx=0$에 $x=2$를 대입하면

$2^2-2b=0$, $-2b=-4 \qquad \therefore b=2$

7-2 $x^2-2x+a=0$에 $x=3$을 대입하면

$3^2-2\times3+a=0 \qquad \therefore a=-3$

$2x^2+bx-3=0$에 $x=3$을 대입하면

$2\times3^2+3b-3=0$, $3b=-15 \qquad \therefore b=-5$

8-1 $x^2+ax-8=0$에 $x=-2$를 대입하면

$(-2)^2-2a-8=0$, $-2a=4 \qquad \therefore a=-2$

$2x^2+9x+b=0$에 $x=-2$를 대입하면

$2\times(-2)^2+9\times(-2)+b=0 \qquad \therefore b=10$

8-2 $2x^2+ax-6=0$에 $x=-3$을 대입하면

$2\times(-3)^2-3a-6=0$, $-3a=-12 \qquad \therefore a=4$

$x^2-4x+b=0$에 $x=-3$을 대입하면

$(-3)^2-4\times(-3)+b=0 \qquad \therefore b=-21$

9-1 $x^2+3x+a=0$에 $x=1$을 대입하면

$1^2+3\times1+a=0 \qquad \therefore a=-4$

$x^2-x+b=0$에 $x=1$을 대입하면

$1^2-1+b=0 \qquad \therefore b=0$

9-2 $x^2+ax+12=0$에 $x=2$를 대입하면

$2^2+2a+12=0$, $2a=-16 \qquad \therefore a=-8$

$2x^2-3x+b=0$에 $x=2$를 대입하면

$2\times2^2-3\times2+b=0 \qquad \therefore b=-2$

STEP 2

기본연산 집중연습 | 05~09

p. 24~p. 25

1-1 $x=0$ 또는 $x=5$

1-2 $x=\frac{1}{2}$ 또는 $x=-4$

1-3 $x=-6$ 또는 $x=7$

1-4 $x=-\frac{1}{3}$ (중근)

1-5 $x=-2$ 또는 $x=\frac{1}{2}$

1-6 $x=-\frac{3}{2}$ 또는 $x=\frac{3}{2}$

1-7 $x=-3$ 또는 $x=7$

1-8 $x=-\frac{1}{2}$ 또는 $x=\frac{5}{3}$

1-9 $x=2$ 또는 $x=-6$

1-10 $x=\frac{3}{5}$ (중근)

1-11 $x=6$ 또는 $x=-7$

1-12 $x=\frac{1}{2}$ 또는 $x=-\frac{1}{5}$

1-13 $x=3$ 또는 $x=-7$

1-14 $x=0$ 또는 $x=5$

2-1 7

2-2 ± 8

2-3 5

2-4 -8 또는 12

3 상미, 지윤, 남주

1-3 $x^2-x-42=0$에서 $(x+6)(x-7)=0$

$\therefore x=-6$ 또는 $x=7$

1-4 $9x^2+6x+1=0$에서 $(3x+1)^2=0$

$\therefore x=-\frac{1}{3}$ (중근)

1-5 $2x^2+3x-2=0$에서 $(x+2)(2x-1)=0$

$\therefore x=-2$ 또는 $x=\frac{1}{2}$

1-6 $4x^2-9=0$에서 $(2x+3)(2x-3)=0$

$\therefore x=-\frac{3}{2}$ 또는 $x=\frac{3}{2}$

1-7 $(x+1)(x-5)=16$에서 $x^2-4x-5=16$

$x^2-4x-21=0$, $(x+3)(x-7)=0$

$\therefore x=-3$ 또는 $x=7$

1-8 $6x^2-7x-5=0$에서 $(2x+1)(3x-5)=0$

$\therefore x=-\frac{1}{2}$ 또는 $x=\frac{5}{3}$

1-9 $x^2+4x-12=0$에서 $(x-2)(x+6)=0$

$\therefore x=2$ 또는 $x=-6$

1-10 $25x^2=30x-9$에서 $25x^2-30x+9=0$

$(5x-3)^2=0$ $\quad\therefore x=\frac{3}{5}$ (중근)

1-11 $(x-1)(x+2)=40$에서 $x^2+x-2=40$

$x^2+x-42=0$, $(x-6)(x+7)=0$

$\therefore x=6$ 또는 $x=-7$

1-12 $10x^2-3x-1=0$에서 $(2x-1)(5x+1)=0$

$\therefore x=\frac{1}{2}$ 또는 $x=-\frac{1}{5}$

1-13 $x^2+4x-21=0$에서 $(x-3)(x+7)=0$

$\therefore x=3$ 또는 $x=-7$

1-14 $2x^2-10x=0$에서 $2x(x-5)=0$

$\therefore x=0$ 또는 $x=5$

2-1 $a-3=\left(\frac{-4}{2}\right)^2=4$ $\quad\therefore a=7$

2-2 $16=\left(\frac{a}{2}\right)^2$, $a^2=64$ $\quad\therefore a=\pm 8$

2-3 $3a+1=\left(\frac{-8}{2}\right)^2=16$, $3a=15$ $\quad\therefore a=5$

2-4 $25=\left\{\frac{-(a-2)}{2}\right\}^2$, $(a-2)^2=100$

$a^2-4a+4=100$, $a^2-4a-96=0$

$(a+8)(a-12)=0$ $\quad\therefore a=-8$ 또는 $a=12$

3 상미 ➡ $2x^2-5x+2=0$에서 $(x-2)(2x-1)=0$

$\therefore x=2$ 또는 $x=\frac{1}{2}$

$4x^2-8x+3=0$에서 $(2x-1)(2x-3)=0$

$\therefore x=\frac{1}{2}$ 또는 $x=\frac{3}{2}$

따라서 두 이차방정식의 공통인 근은 $x=\frac{1}{2}$이다.

동철 ➡ $3x^2+12x+12=0$에서 $3(x^2+4x+4)=0$

$3(x+2)^2=0$ $\quad\therefore x=-2$ (중근)

$x^2-2x-3=0$에서 $(x+1)(x-3)=0$

$\therefore x=-1$ 또는 $x=3$

따라서 두 이차방정식의 공통인 근은 없다.

진규 ➡ $x(x-2)=8$에서 $x^2-2x=8$

$x^2-2x-8=0$, $(x+2)(x-4)=0$

$\therefore x=-2$ 또는 $x=4$

$x^2+10x+24=0$에서 $(x+4)(x+6)=0$

$\therefore x=-4$ 또는 $x=-6$

따라서 두 이차방정식의 공통인 근은 없다.

지윤 ➡ $x^2+x-6=0$에서 $(x-2)(x+3)=0$

$\therefore x=2$ 또는 $x=-3$

$3x^2-4x-4=0$에서 $(x-2)(3x+2)=0$

$\therefore x=2$ 또는 $x=-\frac{2}{3}$

따라서 두 이차방정식의 공통인 근은 $x=2$이다.

태운 ➡ $x^2-16x+15=0$에서 $(x-1)(x-15)=0$

$\therefore x=1$ 또는 $x=15$

$x^2-4x=21$에서 $x^2-4x-21=0$

$(x+3)(x-7)=0$ $\quad\therefore x=-3$ 또는 $x=7$

따라서 두 이차방정식의 공통인 근은 없다.

남주 ➡ $x^2+3x-10=0$에서 $(x-2)(x+5)=0$

$\therefore x=2$ 또는 $x=-5$

$x^2+5x-14=0$에서 $(x-2)(x+7)=0$

$\therefore x=2$ 또는 $x=-7$

따라서 두 이차방정식의 공통인 근은 $x=2$이다.

즉 6명의 학생 중 공통인 근이 있는 두 이차방정식을 말한 학생은 상미, 지윤, 남주이다.

10 제곱근을 이용한 이차방정식 $x^2=q(q\ge0)$의 해

p. 26~p. 27

1-1	8, 2	**1-2**	$x=\pm\sqrt{17}$
2-1	$x=\pm2$	**2-2**	$x=\pm2\sqrt{5}$
3-1	18, 18, 3	**3-2**	$x=\pm\sqrt{15}$
4-1	$x=\pm4$	**4-2**	$x=\pm2\sqrt{6}$
5-1	7, 7	**5-2**	$x=\pm\sqrt{6}$
6-1	$x=\pm\frac{4}{5}$	**6-2**	$x=\pm\frac{\sqrt{5}}{3}$
7-1	24, 6, 6	**7-2**	$x=\pm\sqrt{15}$
8-1	$x=\pm3$	**8-2**	$x=\pm4$
9-1	$x=\pm4\sqrt{2}$	**9-2**	$x=\pm\frac{1}{2}$
10-1	$x=\pm1$	**10-2**	$x=\pm\frac{\sqrt{3}}{2}$

2-1 $x^2=4$에서 $x=\pm\sqrt{4}=\pm2$

2-2 $x^2=20$에서 $x=\pm\sqrt{20}=\pm2\sqrt{5}$

3-2 $x^2-15=0$에서 $x^2=15$ $\quad\therefore x=\pm\sqrt{15}$

4-1 $x^2-16=0$에서 $x^2=16$ $\quad\therefore x=\pm\sqrt{16}=\pm4$

4-2 $x^2-24=0$에서 $x^2=24$ $\quad\therefore x=\pm\sqrt{24}=\pm2\sqrt{6}$

5-2 $3x^2=18$에서 $x^2=6$ $\quad\therefore x=\pm\sqrt{6}$

6-1 $25x^2=16$에서 $x^2=\frac{16}{25}$ $\quad\therefore x=\pm\sqrt{\frac{16}{25}}=\pm\frac{4}{5}$

6-2 $9x^2=5$에서 $x^2=\frac{5}{9}$ $\quad\therefore x=\pm\sqrt{\frac{5}{9}}=\pm\frac{\sqrt{5}}{3}$

7-2 $6x^2-90=0$에서 $6x^2=90$, $x^2=15$ $\quad\therefore x=\pm\sqrt{15}$

8-1 $3x^2-27=0$에서 $3x^2=27$, $x^2=9$ $\quad\therefore x=\pm\sqrt{9}=\pm3$

8-2 $5x^2-80=0$에서 $5x^2=80$, $x^2=16$ $\quad\therefore x=\pm\sqrt{16}=\pm4$

9-1 $2x^2-64=0$에서 $2x^2=64$, $x^2=32$

$\therefore x=\pm\sqrt{32}=\pm4\sqrt{2}$

9-2 $4x^2-1=0$에서 $4x^2=1$, $x^2=\frac{1}{4}$

$\therefore x=\pm\sqrt{\frac{1}{4}}=\pm\frac{1}{2}$

10-1 $9x^2+8=17$에서 $9x^2=9$, $x^2=1$ $\quad\therefore x=\pm\sqrt{1}=\pm1$

10-2 $16x^2+9=21$에서 $16x^2=12$, $x^2=\frac{3}{4}$

$\therefore x=\pm\sqrt{\frac{3}{4}}=\pm\frac{\sqrt{3}}{2}$

11 제곱근을 이용한 이차방정식 $(x-p)^2=q(q\ge0)$의 해

p. 28~p. 29

1-1	3, 2, -4	**1-2**	$x=7$ 또는 $x=3$
2-1	$x=6$ 또는 $x=-2$	**2-2**	$x=3$ 또는 $x=-9$
3-1	$x=-2\pm\sqrt{7}$	**3-2**	$x=3\pm2\sqrt{3}$
4-1	$x=13$ 또는 $x=3$	**4-2**	$x=\frac{1\pm2\sqrt{2}}{2}$
5-1	5, 5, $-7\pm\sqrt{5}$	**5-2**	$x=5\pm\sqrt{6}$
6-1	$x=2\pm\sqrt{7}$	**6-2**	$x=8\pm\sqrt{3}$
7-1	$x=3\pm2\sqrt{2}$	**7-2**	$x=-2\pm2\sqrt{3}$
8-1	$x=-2\pm\sqrt{5}$	**8-2**	$x=-3\pm\sqrt{6}$
9-1	$x=6$ 또는 $x=0$	**9-2**	$x=3$ 또는 $x=-1$
10-1	$x=\frac{1}{2}$ 또는 $x=-\frac{5}{2}$	**10-2**	$x=2\pm\frac{\sqrt{14}}{2}$

1-2 $(x-5)^2=4$에서 $x-5=\pm2$ $\quad\therefore x=7$ 또는 $x=3$

2-1 $(x-2)^2=16$에서 $x-2=\pm4$ $\quad\therefore x=6$ 또는 $x=-2$

2-2 $(x+3)^2=36$에서 $x+3=\pm6$ $\quad\therefore x=3$ 또는 $x=-9$

3-1 $(x+2)^2=7$에서 $x+2=\pm\sqrt{7}$ $\quad\therefore x=-2\pm\sqrt{7}$

3-2 $(x-3)^2=12$에서 $x-3=\pm2\sqrt{3}$ $\quad\therefore x=3\pm2\sqrt{3}$

4-1 $(x-8)^2-25=0$에서 $(x-8)^2=25$

$x-8=\pm5$ $\quad\therefore x=13$ 또는 $x=3$

4-2 $(2x-1)^2-8=0$에서 $(2x-1)^2=8$

$2x-1=\pm2\sqrt{2}$, $2x=1\pm2\sqrt{2}$ $\quad\therefore x=\frac{1\pm2\sqrt{2}}{2}$

5-2 $9(x-5)^2=54$에서 $(x-5)^2=6$

$x-5=\pm\sqrt{6}$ $\quad\therefore x=5\pm\sqrt{6}$

6-1 $4(x-2)^2=28$에서 $(x-2)^2=7$
$x-2=\pm\sqrt{7}$ $\quad\therefore x=2\pm\sqrt{7}$

6-2 $14(x-8)^2=42$에서 $(x-8)^2=3$
$x-8=\pm\sqrt{3}$ $\quad\therefore x=8\pm\sqrt{3}$

7-1 $2(x-3)^2=16$에서 $(x-3)^2=8$
$x-3=\pm2\sqrt{2}$ $\quad\therefore x=3\pm2\sqrt{2}$

7-2 $5(x+2)^2=60$에서 $(x+2)^2=12$
$x+2=\pm2\sqrt{3}$ $\quad\therefore x=-2\pm2\sqrt{3}$

8-1 $3(x+2)^2-15=0$에서 $3(x+2)^2=15$
$(x+2)^2=5,\ x+2=\pm\sqrt{5}$ $\quad\therefore x=-2\pm\sqrt{5}$

8-2 $2(x+3)^2-12=0$에서 $2(x+3)^2=12,\ (x+3)^2=6$
$x+3=\pm\sqrt{6}$ $\quad\therefore x=-3\pm\sqrt{6}$

9-1 $2(x-3)^2-18=0$에서 $2(x-3)^2=18,\ (x-3)^2=9$
$x-3=\pm3$ $\quad\therefore x=6$ 또는 $x=0$

9-2 $7(x-1)^2-28=0$에서 $7(x-1)^2=28,\ (x-1)^2=4$
$x-1=\pm2$ $\quad\therefore x=3$ 또는 $x=-1$

10-1 $4(x+1)^2-9=0$에서 $4(x+1)^2=9,\ (x+1)^2=\frac{9}{4}$
$x+1=\pm\frac{3}{2}$ $\quad\therefore x=\frac{1}{2}$ 또는 $x=-\frac{5}{2}$

10-2 $2(x-2)^2-7=0$에서 $2(x-2)^2=7,\ (x-2)^2=\frac{7}{2}$
$x-2=\pm\frac{\sqrt{14}}{2}$ $\quad\therefore x=2\pm\frac{\sqrt{14}}{2}$

12 완전제곱식을 이용한 이차방정식의 풀이

p. 30~p. 33

1-1 $-6, 16, 16, 4, 10$ **1-2** $(x-5)^2=22$
2-1 $(x-2)^2=2$ **2-2** $(x+1)^2=2$
3-1 $(x-3)^2=5$ **3-2** $\left(x+\frac{1}{2}\right)^2=\frac{13}{4}$
4-1 $1, 1, 9, 9, 3, 10$ **4-2** $(x-2)^2=6$
5-1 $(x+2)^2=\frac{11}{2}$ **5-2** $(x-1)^2=\frac{1}{2}$
6-1 $(x+1)^2=\frac{7}{4}$ **6-2** $\left(x+\frac{1}{4}\right)^2=\frac{13}{16}$
7-1 $16, 16, 4, 23, 4, 23, 4, 23$ **7-2** $9, 9, 3, 13, 3, 13, -3, 13$
8-1 $1, 1, 1, 5, 1, 5, -1\pm\sqrt{5}$ **8-2** $4, 4, 2, 6, 2, 6, 2\pm\sqrt{6}$
9-1 $(x-6)^2=37,\ x=6\pm\sqrt{37}$
9-2 $x=-4\pm\sqrt{13}$
10-1 $x=1\pm\sqrt{6}$ **10-2** $x=-5\pm\sqrt{17}$
11-1 $x=-2\pm2\sqrt{3}$ **11-2** $x=3\pm\sqrt{7}$
12-1 $x=\frac{5\pm\sqrt{41}}{2}$ **12-2** $x=\frac{-7\pm\sqrt{29}}{2}$
13-1 $(x-1)^2=5,\ x=1\pm\sqrt{5}$
13-2 $x=-5\pm\sqrt{21}$
14-1 $x=2\pm\sqrt{6}$ **14-2** $x=-1\pm\sqrt{5}$
15-1 $x=\frac{5\pm\sqrt{23}}{2}$ **15-2** $x=\frac{-3\pm\sqrt{17}}{2}$

1-2 $x^2-10x+3=0$에서 $x^2-10x=-3$
$x^2-10x+25=-3+25$ $\quad\therefore (x-5)^2=22$

2-1 $x^2-4x+2=0$에서 $x^2-4x=-2$
$x^2-4x+4=-2+4$ $\quad\therefore (x-2)^2=2$

2-2 $x^2+2x-1=0$에서 $x^2+2x=1$
$x^2+2x+1=1+1$ $\quad\therefore (x+1)^2=2$

3-1 $x^2-6x+4=0$에서 $x^2-6x=-4$
$x^2-6x+9=-4+9$ $\quad\therefore (x-3)^2=5$

3-2 $x^2+x-3=0$에서 $x^2+x=3$
$x^2+x+\frac{1}{4}=3+\frac{1}{4}$ $\quad\therefore \left(x+\frac{1}{2}\right)^2=\frac{13}{4}$

4-2 $5x^2-20x-10=0$에서 $x^2-4x-2=0$
$x^2-4x=2,\ x^2-4x+4=2+4$ $\quad\therefore (x-2)^2=6$

5-1 $2x^2+8x-3=0$에서 $x^2+4x-\frac{3}{2}=0,\ x^2+4x=\frac{3}{2}$
$x^2+4x+4=\frac{3}{2}+4$ $\quad\therefore (x+2)^2=\frac{11}{2}$

5-2 $2x^2-4x+1=0$에서 $x^2-2x+\frac{1}{2}=0,\ x^2-2x=-\frac{1}{2}$
$x^2-2x+1=-\frac{1}{2}+1$ $\quad\therefore (x-1)^2=\frac{1}{2}$

6-1 $4x^2+8x-3=0$에서 $x^2+2x-\frac{3}{4}=0,\ x^2+2x=\frac{3}{4}$
$x^2+2x+1=\frac{3}{4}+1$ $\quad\therefore (x+1)^2=\frac{7}{4}$

6-2 $4x^2+2x-3=0$에서 $x^2+\frac{1}{2}x-\frac{3}{4}=0,\ x^2+\frac{1}{2}x=\frac{3}{4}$
$x^2+\frac{1}{2}x+\frac{1}{16}=\frac{3}{4}+\frac{1}{16}$ $\quad\therefore \left(x+\frac{1}{4}\right)^2=\frac{13}{16}$

9-1 $x^2-12x-1=0$에서 $x^2-12x=1$
$x^2-12+36=1+36$, $(x-6)^2=37$
$x-6=\pm\sqrt{37}$ $\therefore x=6\pm\sqrt{37}$

9-2 $x^2+8x+3=0$에서 $x^2+8x=-3$
$x^2+8x+16=-3+16$, $(x+4)^2=13$
$x+4=\pm\sqrt{13}$ $\therefore x=-4\pm\sqrt{13}$

10-1 $x^2-2x-5=0$에서 $x^2-2x=5$
$x^2-2x+1=5+1$, $(x-1)^2=6$
$x-1=\pm\sqrt{6}$ $\therefore x=1\pm\sqrt{6}$

10-2 $x^2+10x+8=0$에서 $x^2+10x=-8$
$x^2+10x+25=-8+25$, $(x+5)^2=17$
$x+5=\pm\sqrt{17}$ $\therefore x=-5\pm\sqrt{17}$

11-1 $x^2+4x-8=0$에서 $x^2+4x=8$
$x^2+4x+4=8+4$, $(x+2)^2=12$
$x+2=\pm2\sqrt{3}$ $\therefore x=-2\pm2\sqrt{3}$

11-2 $x^2-6x+2=0$에서 $x^2-6x=-2$
$x^2-6x+9=-2+9$, $(x-3)^2=7$
$x-3=\pm\sqrt{7}$ $\therefore x=3\pm\sqrt{7}$

12-1 $x^2-5x-4=0$에서 $x^2-5x=4$
$x^2-5x+\frac{25}{4}=4+\frac{25}{4}$, $\left(x-\frac{5}{2}\right)^2=\frac{41}{4}$
$x-\frac{5}{2}=\pm\frac{\sqrt{41}}{2}$ $\therefore x=\frac{5\pm\sqrt{41}}{2}$

12-2 $x^2+7x+5=0$에서 $x^2+7x=-5$
$x^2+7x+\frac{49}{4}=-5+\frac{49}{4}$, $\left(x+\frac{7}{2}\right)^2=\frac{29}{4}$
$x+\frac{7}{2}=\pm\frac{\sqrt{29}}{2}$ $\therefore x=\frac{-7\pm\sqrt{29}}{2}$

13-1 $3x^2-6x-12=0$에서 $x^2-2x-4=0$, $x^2-2x=4$
$x^2-2x+1=4+1$, $(x-1)^2=5$
$x-1=\pm\sqrt{5}$ $\therefore x=1\pm\sqrt{5}$

13-2 $2x^2+20x+8=0$에서 $x^2+10x+4=0$
$x^2+10x=-4$, $x^2+10x+25=-4+25$
$(x+5)^2=21$, $x+5=\pm\sqrt{21}$ $\therefore x=-5\pm\sqrt{21}$

14-1 $3x^2-12x-6=0$에서 $x^2-4x-2=0$
$x^2-4x=2$, $x^2-4x+4=2+4$
$(x-2)^2=6$, $x-2=\pm\sqrt{6}$ $\therefore x=2\pm\sqrt{6}$

14-2 $4x^2+8x-16=0$에서 $x^2+2x-4=0$
$x^2+2x=4$, $x^2+2x+1=4+1$
$(x+1)^2=5$, $x+1=\pm\sqrt{5}$ $\therefore x=-1\pm\sqrt{5}$

15-1 $2x^2-10x+1=0$에서 $x^2-5x+\frac{1}{2}=0$
$x^2-5x=-\frac{1}{2}$, $x^2-5x+\frac{25}{4}=-\frac{1}{2}+\frac{25}{4}$
$\left(x-\frac{5}{2}\right)^2=\frac{23}{4}$, $x-\frac{5}{2}=\pm\frac{\sqrt{23}}{2}$ $\therefore x=\frac{5\pm\sqrt{23}}{2}$

15-2 $3x^2+9x-6=0$에서 $x^2+3x-2=0$, $x^2+3x=2$
$x^2+3x+\frac{9}{4}=2+\frac{9}{4}$, $\left(x+\frac{3}{2}\right)^2=\frac{17}{4}$
$x+\frac{3}{2}=\pm\frac{\sqrt{17}}{2}$ $\therefore x=\frac{-3\pm\sqrt{17}}{2}$

STEP 2

기본연산 집중연습 | 10~12

p. 34~p. 35

1-1	$x=\pm8$	**1-2**	$x=\pm10$
1-3	$x=\pm\sqrt{39}$	**1-4**	$x=\pm\sqrt{15}$
1-5	$x=\pm2\sqrt{2}$	**1-6**	$x=\pm7$
1-7	$x=-4\pm2\sqrt{5}$	**1-8**	$x=-5\pm2\sqrt{7}$
1-9	$x=6\pm3\sqrt{5}$	**1-10**	$x=\frac{5}{2}$ 또는 $x=\frac{3}{2}$
1-11	$x=1\pm\frac{\sqrt{10}}{2}$	**1-12**	$x=\frac{3\pm\sqrt{2}}{2}$
2-1	㉢-㉠-㉤-㉡-㉣	**2-2**	㉤-㉡-㉣-㉠-㉢
3-1	$x=-4\pm\sqrt{31}$	**3-2**	$x=\frac{5\pm\sqrt{21}}{2}$
3-3	$x=-1\pm\frac{\sqrt{10}}{2}$	**3-4**	$x=1\pm\frac{\sqrt{35}}{5}$
3-5	$x=-\frac{1}{2}\pm\sqrt{2}$	**3-6**	$x=3\pm3\sqrt{3}$

1-1 $x^2=64$에서 $x=\pm\sqrt{64}=\pm8$

1-2 $x^2-100=0$에서 $x^2=100$ $\therefore x=\pm\sqrt{100}=\pm10$

1-3 $x^2+6=45$에서 $x^2=39$ $\therefore x=\pm\sqrt{39}$

1-4 $5x^2=75$에서 $x^2=15$ $\therefore x=\pm\sqrt{15}$

1-5 $6x^2=48$에서 $x^2=8$ $\therefore x=\pm\sqrt{8}=\pm2\sqrt{2}$

1-6 $3x^2-147=0$에서 $3x^2=147$, $x^2=49$
$\therefore x=\pm\sqrt{49}=\pm7$

1-7 $(x+4)^2=20$에서 $x+4=\pm2\sqrt{5}$ $\therefore x=-4\pm2\sqrt{5}$

1-8 $(x+5)^2=28$에서 $x+5=\pm2\sqrt{7}$ $\quad\therefore x=-5\pm2\sqrt{7}$

1-9 $(x-6)^2=45$에서 $x-6=\pm3\sqrt{5}$ $\quad\therefore x=6\pm3\sqrt{5}$

1-10 $4(x-2)^2=1$에서 $(x-2)^2=\frac{1}{4}$, $x-2=\pm\frac{1}{2}$

$\therefore x=\frac{5}{2}$ 또는 $x=\frac{3}{2}$

1-11 $2(x-1)^2=5$에서 $(x-1)^2=\frac{5}{2}$, $x-1=\pm\frac{\sqrt{10}}{2}$

$\therefore x=1\pm\frac{\sqrt{10}}{2}$

1-12 $3(2x-3)^2=6$에서 $(2x-3)^2=2$

$2x-3=\pm\sqrt{2}$, $2x=3\pm\sqrt{2}$ $\quad\therefore x=\frac{3\pm\sqrt{2}}{2}$

3-1 $x^2+8x-15=0$에서 $x^2+8x=15$

$x^2+8x+16=15+16$, $(x+4)^2=31$

$x+4=\pm\sqrt{31}$ $\quad\therefore x=-4\pm\sqrt{31}$

3-2 $x^2-5x+1=0$에서 $x^2-5x=-1$

$x^2-5x+\frac{25}{4}=-1+\frac{25}{4}$, $\left(x-\frac{5}{2}\right)^2=\frac{21}{4}$

$x-\frac{5}{2}=\pm\frac{\sqrt{21}}{2}$ $\quad\therefore x=\frac{5\pm\sqrt{21}}{2}$

3-3 $2x^2+4x-3=0$에서 $x^2+2x-\frac{3}{2}=0$

$x^2+2x=\frac{3}{2}$, $x^2+2x+1=\frac{3}{2}+1$, $(x+1)^2=\frac{5}{2}$

$x+1=\pm\frac{\sqrt{10}}{2}$ $\quad\therefore x=-1\pm\frac{\sqrt{10}}{2}$

3-4 $5x^2-10x-2=0$에서 $x^2-2x-\frac{2}{5}=0$

$x^2-2x=\frac{2}{5}$, $x^2-2x+1=\frac{2}{5}+1$, $(x-1)^2=\frac{7}{5}$

$x-1=\pm\frac{\sqrt{35}}{5}$ $\quad\therefore x=1\pm\frac{\sqrt{35}}{5}$

3-5 $4x^2+4x-7=0$에서 $x^2+x-\frac{7}{4}=0$

$x^2+x=\frac{7}{4}$, $x^2+x+\frac{1}{4}=\frac{7}{4}+\frac{1}{4}$, $\left(x+\frac{1}{2}\right)^2=2$

$x+\frac{1}{2}=\pm\sqrt{2}$ $\quad\therefore x=-\frac{1}{2}\pm\sqrt{2}$

3-6 $\frac{1}{2}x^2-3x-9=0$에서 $x^2-6x-18=0$

$x^2-6x=18$, $x^2-6x+9=18+9$, $(x-3)^2=27$

$x-3=\pm3\sqrt{3}$ $\quad\therefore x=3\pm3\sqrt{3}$

STEP 1

13 이차방정식의 근의 공식

p. 36~p. 37

1-1 $-3, -3, 1, 17$ **1-2** $3, 3, 3, 5$

2-1 $5, 5, 5, -2, 5, 41$ **2-2** $4, -1, 4, 4, -1, 28, 7$

3-1 $1, -3, 1, x=\frac{3\pm\sqrt{5}}{2}$ **3-2** $1, 4, 1, x=-2\pm\sqrt{3}$

4-1 $3, 3, -1, x=\frac{-3\pm\sqrt{21}}{6}$ **4-2** $2, -7, 4, x=\frac{7\pm\sqrt{17}}{4}$

5-1 $x=\frac{-5\pm\sqrt{53}}{2}$ **5-2** $x=\frac{1\pm\sqrt{17}}{2}$

6-1 $x=\frac{-1\pm\sqrt{33}}{4}$ **6-2** $x=\frac{-5\pm\sqrt{5}}{2}$

7-1 $x=\frac{7\pm\sqrt{33}}{8}$ **7-2** $x=\frac{9\pm\sqrt{41}}{10}$

3-1 $x=\frac{-(-3)\pm\sqrt{(-3)^2-4\times1\times1}}{2\times1}=\frac{3\pm\sqrt{5}}{2}$

3-2 $x=\frac{-4\pm\sqrt{4^2-4\times1\times1}}{2\times1}=\frac{-4\pm\sqrt{12}}{2}$

$=\frac{-4\pm2\sqrt{3}}{2}=-2\pm\sqrt{3}$

4-1 $x=\frac{-3\pm\sqrt{3^2-4\times3\times(-1)}}{2\times3}=\frac{-3\pm\sqrt{21}}{6}$

4-2 $x=\frac{-(-7)\pm\sqrt{(-7)^2-4\times2\times4}}{2\times2}=\frac{7\pm\sqrt{17}}{4}$

5-1 $x=\frac{-5\pm\sqrt{5^2-4\times1\times(-7)}}{2\times1}=\frac{-5\pm\sqrt{53}}{2}$

5-2 $x=\frac{-(-1)\pm\sqrt{(-1)^2-4\times1\times(-4)}}{2\times1}=\frac{1\pm\sqrt{17}}{2}$

6-1 $x=\frac{-1\pm\sqrt{1^2-4\times2\times(-4)}}{2\times2}=\frac{-1\pm\sqrt{33}}{4}$

6-2 $x=\frac{-5\pm\sqrt{5^2-4\times1\times5}}{2\times1}=\frac{-5\pm\sqrt{5}}{2}$

7-1 $x=\frac{-(-7)\pm\sqrt{(-7)^2-4\times4\times1}}{2\times4}=\frac{7\pm\sqrt{33}}{8}$

7-2 $x=\frac{-(-9)\pm\sqrt{(-9)^2-4\times5\times2}}{2\times5}=\frac{9\pm\sqrt{41}}{10}$

14 일차항의 계수가 짝수인 이차방정식의 근의 공식

p. 38~p. 39

1-1 $-3, -3, 3, 1, 2$ **1-2** $-1, -1, 1, 6$

2-1 $-4, -4, -4, 3, 4, 13$

2-2 $-3, -2, -3, -3, -2, 3, 19$

3-1 $1, -2, 1, x=2\pm\sqrt{3}$ **3-2** $3, 1, -3, x=\frac{-1\pm\sqrt{10}}{3}$

4-1 $2, -1, -1, x=\frac{1\pm\sqrt{3}}{2}$ **4-2** $1, 2, 2, x=-2\pm\sqrt{2}$

5-1 $x=3\pm\sqrt{6}$ **5-2** $x=-5\pm\sqrt{17}$

6-1 $x=\frac{1\pm\sqrt{7}}{3}$ **6-2** $x=\frac{-3\pm\sqrt{15}}{2}$

7-1 $x=\frac{2\pm\sqrt{10}}{2}$ **7-2** $x=\frac{-5\pm\sqrt{19}}{3}$

3-1 $x=\frac{-(-2)\pm\sqrt{(-2)^2-1\times1}}{1}=2\pm\sqrt{3}$

3-2 $x=\frac{-1\pm\sqrt{1^2-3\times(-3)}}{3}=\frac{-1\pm\sqrt{10}}{3}$

4-1 $x=\frac{-(-1)\pm\sqrt{(-1)^2-2\times(-1)}}{2}=\frac{1\pm\sqrt{3}}{2}$

4-2 $x=\frac{-2\pm\sqrt{2^2-1\times2}}{1}=-2\pm\sqrt{2}$

5-1 $x=\frac{-(-3)\pm\sqrt{(-3)^2-1\times3}}{1}=3\pm\sqrt{6}$

5-2 $x=\frac{-5\pm\sqrt{5^2-1\times8}}{1}=-5\pm\sqrt{17}$

6-1 $x=\frac{-(-1)\pm\sqrt{(-1)^2-3\times(-2)}}{3}=\frac{1\pm\sqrt{7}}{3}$

6-2 $x=\frac{-3\pm\sqrt{3^2-2\times(-3)}}{2}=\frac{-3\pm\sqrt{15}}{2}$

7-1 $x=\frac{-(-2)\pm\sqrt{(-2)^2-2\times(-3)}}{2}=\frac{2\pm\sqrt{10}}{2}$

7-2 $x=\frac{-5\pm\sqrt{5^2-3\times2}}{3}=\frac{-5\pm\sqrt{19}}{3}$

15 복잡한 이차방정식의 풀이(1) : 괄호

p. 40~p. 41

1-1 $3, 3, 21$ **1-2** $2, 3, x=-3$ 또는 $x=1$

2-1 $16, x=-4$ 또는 $x=4$ **2-2** $8, 9, x=-1$ 또는 $x=9$

3-1 $6, x=-2$ 또는 $x=3$ **3-2** $6, 3, x=\frac{3\pm\sqrt{3}}{2}$

4-1 $x=-2\pm2\sqrt{2}$ **4-2** $x=1\pm2\sqrt{6}$

5-1 $x=-3\pm\sqrt{15}$ **5-2** $x=0$ 또는 $x=-6$

6-1 $x=-1$ 또는 $x=\frac{1}{2}$ **6-2** $x=-1$ 또는 $x=\frac{1}{3}$

7-1 $x=\frac{7\pm\sqrt{85}}{6}$ **7-2** $x=\frac{3\pm\sqrt{17}}{2}$

1-2 $(x-1)^2=2x^2-2$에서 $x^2-2x+1=2x^2-2$

$x^2+2x-3=0$, $(x+3)(x-1)=0$

$\therefore x=-3$ 또는 $x=1$

2-1 $(x+2)^2=4(x+5)$에서 $x^2+4x+4=4x+20$

$x^2-16=0$, $(x+4)(x-4)=0$

$\therefore x=-4$ 또는 $x=4$

2-2 $(x+3)(x-3)=8x$에서 $x^2-9=8x$

$x^2-8x-9=0$, $(x+1)(x-9)=0$

$\therefore x=-1$ 또는 $x=9$

3-1 $(x-1)(x+2)=2x+4$에서 $x^2+x-2=2x+4$

$x^2-x-6=0$, $(x+2)(x-3)=0$

$\therefore x=-2$ 또는 $x=3$

3-2 $(2x-1)(x-4)=-3x+1$에서 $2x^2-9x+4=-3x+1$

$2x^2-6x+3=0$

$\therefore x=\frac{-(-3)\pm\sqrt{(-3)^2-2\times3}}{2}=\frac{3\pm\sqrt{3}}{2}$

4-1 $2x^2-x=(x-1)(x-4)$에서 $2x^2-x=x^2-5x+4$

$x^2+4x-4=0$

$\therefore x=-2\pm\sqrt{2^2-1\times(-4)}=-2\pm\sqrt{8}$

$=-2\pm2\sqrt{2}$

4-2 $(x+5)(x-5)=2(x-1)$에서 $x^2-25=2x-2$

$x^2-2x-23=0$

$\therefore x=-(-1)\pm\sqrt{(-1)^2-1\times(-23)}$

$=1\pm\sqrt{24}=1\pm2\sqrt{6}$

5-1 $2x^2=(x-1)(x-5)+1$에서 $2x^2=x^2-6x+6$

$x^2+6x-6=0$

$\therefore x=-3\pm\sqrt{3^2-1\times(-6)}=-3\pm\sqrt{15}$

5-2 $x^2+18=6(3-x)$에서 $x^2+18=18-6x$
$x^2+6x=0$, $x(x+6)=0$
$\therefore x=0$ 또는 $x=-6$

6-1 $3x^2=(x+2)(x-3)+7$에서 $3x^2=x^2-x+1$
$2x^2+x-1=0$, $(x+1)(2x-1)=0$
$\therefore x=-1$ 또는 $x=\frac{1}{2}$

6-2 $(x+3)(x-1)=-2-2x^2$에서 $x^2+2x-3=-2-2x^2$
$3x^2+2x-1=0$, $(x+1)(3x-1)=0$
$\therefore x=-1$ 또는 $x=\frac{1}{3}$

7-1 $x(x-2)=(2x+1)(3-x)$에서
$x^2-2x=-2x^2+5x+3$, $3x^2-7x-3=0$
$\therefore x=\frac{-(-7)\pm\sqrt{(-7)^2-4\times3\times(-3)}}{2\times3}$
$=\frac{7\pm\sqrt{85}}{6}$

7-2 $(x-1)(2x+1)=(x+1)^2$에서
$2x^2-x-1=x^2+2x+1$, $x^2-3x-2=0$
$\therefore x=\frac{-(-3)\pm\sqrt{(-3)^2-4\times1\times(-2)}}{2\times1}$
$=\frac{3\pm\sqrt{17}}{2}$

16 복잡한 이차방정식의 풀이(2) : 소수

p. 42~p. 43

1-1 15, 5, 5 **1-2** 8, 7, $x=\frac{4\pm\sqrt{2}}{2}$
2-1 10, $x=2$ 또는 $x=-\frac{5}{2}$ **2-2** 10, 5, $x=\frac{-5\pm\sqrt{10}}{3}$
3-1 9, 10, $x=-2$ 또는 $x=-\frac{5}{2}$
3-2 5, 3, $x=\frac{5\pm\sqrt{145}}{20}$
4-1 $x=\frac{2\pm\sqrt{34}}{3}$ **4-2** $x=\frac{5\pm\sqrt{43}}{6}$
5-1 $x=\frac{1}{2}$ 또는 $x=-\frac{1}{5}$ **5-2** $x=1$ 또는 $x=-\frac{5}{3}$
6-1 $x=1$ (중근) **6-2** $x=\frac{5\pm\sqrt{13}}{4}$
7-1 $x=\frac{5\pm\sqrt{22}}{2}$ **7-2** $x=\frac{-5\pm\sqrt{105}}{20}$

1-2 $0.2x^2-0.8x+0.7=0$의 양변에 10을 곱하면
$2x^2-8x+7=0$
$\therefore x=\frac{-(-4)\pm\sqrt{(-4)^2-2\times7}}{2}=\frac{4\pm\sqrt{2}}{2}$

2-1 $0.2x^2+0.1x-1=0$의 양변에 10을 곱하면
$2x^2+x-10=0$, $(x-2)(2x+5)=0$
$\therefore x=2$ 또는 $x=-\frac{5}{2}$

2-2 $0.3x^2+x+0.5=0$의 양변에 10을 곱하면
$3x^2+10x+5=0$
$\therefore x=\frac{-5\pm\sqrt{5^2-3\times5}}{3}=\frac{-5\pm\sqrt{10}}{3}$

3-1 $0.2x^2+0.9x+1=0$의 양변에 10을 곱하면
$2x^2+9x+10=0$, $(x+2)(2x+5)=0$
$\therefore x=-2$ 또는 $x=-\frac{5}{2}$

3-2 $x^2-0.5x-0.3=0$의 양변에 10을 곱하면
$10x^2-5x-3=0$
$\therefore x=\frac{-(-5)\pm\sqrt{(-5)^2-4\times10\times(-3)}}{2\times10}$
$=\frac{5\pm\sqrt{145}}{20}$

4-1 $0.3x^2-0.4x-1=0$의 양변에 10을 곱하면
$3x^2-4x-10=0$
$\therefore x=\frac{-(-2)\pm\sqrt{(-2)^2-3\times(-10)}}{3}$
$=\frac{2\pm\sqrt{34}}{3}$

4-2 $1.2x^2-2x-0.6=0$의 양변에 10을 곱하면
$12x^2-20x-6=0$, $6x^2-10x-3=0$
$\therefore x=\frac{-(-5)\pm\sqrt{(-5)^2-6\times(-3)}}{6}$
$=\frac{5\pm\sqrt{43}}{6}$

5-1 $x^2-0.3x=0.1$의 양변에 10을 곱하면
$10x^2-3x=1$, $10x^2-3x-1=0$
$(2x-1)(5x+1)=0$
$\therefore x=\frac{1}{2}$ 또는 $x=-\frac{1}{5}$

5-2 $0.3x^2+0.2x=0.5$의 양변에 10을 곱하면
$3x^2+2x=5$, $3x^2+2x-5=0$
$(x-1)(3x+5)=0$
$\therefore x=1$ 또는 $x=-\frac{5}{3}$

6-1 $0.4x^2-0.8x+0.4=0$의 양변에 10을 곱하면
$4x^2-8x+4=0$, $x^2-2x+1=0$
$(x-1)^2=0$
$\therefore x=1$ (중근)

6-2 $0.4x^2-x+0.3=0$의 양변에 10을 곱하면

$4x^2-10x+3=0$

$\therefore x=\frac{-(-5)\pm\sqrt{(-5)^2-4\times3}}{4}=\frac{5\pm\sqrt{13}}{4}$

7-1 $0.2x^2-x+0.15=0$의 양변에 100을 곱하면

$20x^2-100x+15=0$, $4x^2-20x+3=0$

$\therefore x=\frac{-(-10)\pm\sqrt{(-10)^2-4\times3}}{4}=\frac{10\pm\sqrt{88}}{4}$

$=\frac{10\pm2\sqrt{22}}{4}=\frac{5\pm\sqrt{22}}{2}$

7-2 $1.6x^2-0.8x=-1.6x+0.32$의 양변에 100을 곱하면

$160x^2-80x=-160x+32$, $160x^2+80x-32=0$

$10x^2+5x-2=0$

$\therefore x=\frac{-5\pm\sqrt{5^2-4\times10\times(-2)}}{2\times10}=\frac{-5\pm\sqrt{105}}{20}$

17 복잡한 이차방정식의 풀이(3) : 분수

p. 44~p. 45

1-1	$6, 2, 1, -\frac{2}{3}$	**1-2**	$2, 2, x=1\pm\sqrt{3}$
2-1	$2, 1, x=\frac{-1\pm\sqrt{7}}{6}$	**2-2**	$10, 4, x=\frac{5\pm\sqrt{13}}{3}$
3-1	$2, 10, x=\frac{1\pm\sqrt{51}}{5}$	**3-2**	$6, 9, x=3$ (중근)
4-1	$x=-3$ 또는 $x=\frac{1}{2}$	**4-2**	$x=\frac{2\pm\sqrt{22}}{3}$
5-1	$x=\frac{9\pm\sqrt{33}}{12}$	**5-2**	$x=\frac{9\pm\sqrt{69}}{6}$
6-1	$x=\frac{-1\pm\sqrt{11}}{3}$	**6-2**	$x=\frac{-1\pm\sqrt{55}}{3}$
7-1	$x=\frac{-2\pm\sqrt{6}}{2}$	**7-2**	$x=1$ 또는 $x=-\frac{2}{5}$
8-1	$x=\frac{5\pm\sqrt{13}}{4}$	**8-2**	$x=\frac{2\pm\sqrt{7}}{3}$

1-2 $\frac{1}{6}x^2-\frac{1}{3}x-\frac{1}{3}=0$의 양변에 6을 곱하면

$x^2-2x-2=0$

$\therefore x=\frac{-(-1)\pm\sqrt{(-1)^2-1\times(-2)}}{1}=1\pm\sqrt{3}$

2-1 $\frac{3}{2}x^2+\frac{1}{2}x-\frac{1}{4}=0$의 양변에 4를 곱하면

$6x^2+2x-1=0$

$\therefore x=\frac{-1\pm\sqrt{1^2-6\times(-1)}}{6}=\frac{-1\pm\sqrt{7}}{6}$

2-2 $\frac{1}{4}x^2-\frac{5}{6}x+\frac{1}{3}=0$의 양변에 12를 곱하면

$3x^2-10x+4=0$

$\therefore x=\frac{-(-5)\pm\sqrt{(-5)^2-3\times4}}{3}=\frac{5\pm\sqrt{13}}{3}$

3-1 $\frac{1}{2}x^2-\frac{1}{5}x-1=0$의 양변에 10을 곱하면

$5x^2-2x-10=0$

$\therefore x=\frac{-(-1)\pm\sqrt{(-1)^2-5\times(-10)}}{5}=\frac{1\pm\sqrt{51}}{5}$

3-2 $\frac{1}{6}x^2-x+\frac{3}{2}=0$의 양변에 6을 곱하면

$x^2-6x+9=0$, $(x-3)^2=0$

$\therefore x=3$ (중근)

4-1 $\frac{1}{5}x^2+\frac{1}{2}x-\frac{3}{10}=0$의 양변에 10을 곱하면

$2x^2+5x-3=0$, $(x+3)(2x-1)=0$

$\therefore x=-3$ 또는 $x=\frac{1}{2}$

4-2 $\frac{1}{4}x^2-\frac{1}{3}x-\frac{1}{2}=0$의 양변에 12를 곱하면

$3x^2-4x-6=0$

$\therefore x=\frac{-(-2)\pm\sqrt{(-2)^2-3\times(-6)}}{3}=\frac{2\pm\sqrt{22}}{3}$

5-1 $\frac{1}{2}x^2+\frac{1}{6}=\frac{3}{4}x$의 양변에 12를 곱하면

$6x^2+2=9x$, $6x^2-9x+2=0$

$\therefore x=\frac{-(-9)\pm\sqrt{(-9)^2-4\times6\times2}}{2\times6}=\frac{9\pm\sqrt{33}}{12}$

5-2 $\frac{1}{3}x^2+\frac{1}{9}=x$의 양변에 9를 곱하면

$3x^2+1=9x$, $3x^2-9x+1=0$

$\therefore x=\frac{-(-9)\pm\sqrt{(-9)^2-4\times3\times1}}{2\times3}=\frac{9\pm\sqrt{69}}{6}$

6-1 $\frac{3}{4}x^2+\frac{1}{2}x=\frac{5}{6}$의 양변에 12를 곱하면

$9x^2+6x=10$, $9x^2+6x-10=0$

$\therefore x=\frac{-3\pm\sqrt{3^2-9\times(-10)}}{9}=\frac{-3\pm\sqrt{99}}{9}$

$=\frac{-3\pm3\sqrt{11}}{9}=\frac{-1\pm\sqrt{11}}{3}$

6-2 $\frac{x^2}{4}+\frac{x-3}{6}=1$의 양변에 12를 곱하면

$3x^2+2(x-3)=12$, $3x^2+2x-18=0$

$\therefore x=\frac{-1\pm\sqrt{1^2-3\times(-18)}}{3}=\frac{-1\pm\sqrt{55}}{3}$

7-1 $0.2x^2+\frac{2}{5}x-\frac{1}{10}=0$에서 $\frac{1}{5}x^2+\frac{2}{5}x-\frac{1}{10}=0$

양변에 10을 곱하면

$2x^2+4x-1=0$

$\therefore x=\frac{-2\pm\sqrt{2^2-2\times(-1)}}{2}=\frac{-2\pm\sqrt{6}}{2}$

7-2 $\frac{1}{2}x^2-0.3x-\frac{1}{5}=0$에서 $\frac{1}{2}x^2-\frac{3}{10}x-\frac{1}{5}=0$

양변에 10을 곱하면

$5x^2-3x-2=0$, $(x-1)(5x+2)=0$

$\therefore x=1$ 또는 $x=-\frac{2}{5}$

8-1 $\frac{2}{5}x^2+0.3=x$에서 $\frac{2}{5}x^2+\frac{3}{10}=x$

양변에 10을 곱하면

$4x^2+3=10x$, $4x^2-10x+3=0$

$\therefore x=\frac{-(-5)\pm\sqrt{(-5)^2-4\times3}}{4}=\frac{5\pm\sqrt{13}}{4}$

8-2 $0.5x^2-\frac{2}{3}x=\frac{1}{6}$에서 $\frac{1}{2}x^2-\frac{2}{3}x=\frac{1}{6}$

양변에 6을 곱하면

$3x^2-4x-1=0$

$\therefore x=\frac{-(-2)\pm\sqrt{(-2)^2-3\times(-1)}}{3}=\frac{2\pm\sqrt{7}}{3}$

18 복잡한 이차방정식의 풀이⑷ : 치환 p. 46~p. 47

1-1	5, 5, 5, 6	**1-2**	$x+1$, $x=-3$ 또는 $x=-4$
2-1	$x-1$, $x=-2$ (중근)	**2-2**	$x-3$, $x=11$ (중근)
3-1	$x+2$, $x=-6$ 또는 $x=4$	**3-2**	$x+3$, $x=-1$ 또는 $x=4$
4-1	$x=-1$ 또는 $x=-\frac{7}{3}$	**4-2**	$x=5$ 또는 $x=\frac{4}{3}$
5-1	$x=-1$ 또는 $x=\frac{7}{3}$	**5-2**	$x=7$ 또는 $x=\frac{16}{5}$
6-1	$x=-2$ 또는 $x=8$	**6-2**	$x=6$ 또는 $x=-8$
7-1	$x=0$ 또는 $x=\frac{1}{2}$	**7-2**	$x=0$ 또는 $x=-3$

1-2 $x+1=A$로 치환하면

$A^2+5A+6=0$, $(A+2)(A+3)=0$

$\therefore A=-2$ 또는 $A=-3$

즉 $x+1=-2$ 또는 $x+1=-3$

$\therefore x=-3$ 또는 $x=-4$

2-1 $x-1=A$로 치환하면

$A^2+6A+9=0$, $(A+3)^2=0$

$\therefore A=-3$ (중근)

즉 $x-1=-3$ $\therefore x=-2$ (중근)

2-2 $x-3=A$로 치환하면

$A^2-16A+64=0$, $(A-8)^2=0$

$\therefore A=8$ (중근)

즉 $x-3=8$ $\therefore x=11$ (중근)

3-1 $x+2=A$로 치환하면

$A^2-2A-24=0$, $(A+4)(A-6)=0$

$\therefore A=-4$ 또는 $A=6$

즉 $x+2=-4$ 또는 $x+2=6$

$\therefore x=-6$ 또는 $x=4$

3-2 $x+3=A$로 치환하면

$A^2-9A+14=0$, $(A-2)(A-7)=0$

$\therefore A=2$ 또는 $A=7$

즉 $x+3=2$ 또는 $x+3=7$

$\therefore x=-1$ 또는 $x=4$

4-1 $x+2=A$로 치환하면

$3A^2-2A-1=0$, $(A-1)(3A+1)=0$

$\therefore A=1$ 또는 $A=-\frac{1}{3}$

즉 $x+2=1$ 또는 $x+2=-\frac{1}{3}$

$\therefore x=-1$ 또는 $x=-\frac{7}{3}$

4-2 $x-2=A$로 치환하면

$3A^2-7A-6=0$, $(A-3)(3A+2)=0$

$\therefore A=3$ 또는 $A=-\frac{2}{3}$

즉 $x-2=3$ 또는 $x-2=-\frac{2}{3}$

$\therefore x=5$ 또는 $x=\frac{4}{3}$

5-1 $x-2=A$로 치환하면

$3A^2+8A-3=0$, $(A+3)(3A-1)=0$

$\therefore A=-3$ 또는 $A=\frac{1}{3}$

즉 $x-2=-3$ 또는 $x-2=\frac{1}{3}$

$\therefore x=-1$ 또는 $x=\frac{7}{3}$

5-2 $x-3=A$로 치환하면
$5A^2-21A+4=0$, $(A-4)(5A-1)=0$
$\therefore A=4$ 또는 $A=\frac{1}{5}$
즉 $x-3=4$ 또는 $x-3=\frac{1}{5}$
$\therefore x=7$ 또는 $x=\frac{16}{5}$

6-1 $x-1=A$로 치환하면 $A^2-4A=21$
$A^2-4A-21=0$, $(A+3)(A-7)=0$
$\therefore A=-3$ 또는 $A=7$
즉 $x-1=-3$ 또는 $x-1=7$
$\therefore x=-2$ 또는 $x=8$

6-2 $x-2=A$로 치환하면 $A^2+6A=40$
$A^2+6A-40=0$, $(A-4)(A+10)=0$
$\therefore A=4$ 또는 $A=-10$
즉 $x-2=4$ 또는 $x-2=-10$
$\therefore x=6$ 또는 $x=-8$

7-1 $2x+1=A$로 치환하면
$A^2-3A+2=0$, $(A-1)(A-2)=0$
$\therefore A=1$ 또는 $A=2$
즉 $2x+1=1$ 또는 $2x+1=2$
$\therefore x=0$ 또는 $x=\frac{1}{2}$

7-2 $3x+2=A$로 치환하면
$A^2+5A-14=0$, $(A-2)(A+7)=0$
$\therefore A=2$ 또는 $A=-7$
즉 $3x+2=2$ 또는 $3x+2=-7$
$\therefore x=0$ 또는 $x=-3$

STEP 2

기본연산 집중연습 | 13~18

p. 48~p. 49

1-1 $x=\frac{-1\pm\sqrt{5}}{2}$
1-2 $x=1\pm\sqrt{6}$
1-3 $x=\frac{3\pm\sqrt{29}}{2}$
1-4 $x=-3\pm\sqrt{7}$
1-5 $x=-2\pm\sqrt{6}$
1-6 $x=-3\pm\sqrt{14}$
1-7 $x=\frac{-5\pm\sqrt{13}}{6}$
1-8 $x=\frac{-1\pm\sqrt{33}}{4}$
1-9 $x=\frac{2\pm\sqrt{10}}{3}$
1-10 $x=\frac{-7\pm\sqrt{89}}{10}$
1-11 $x=\frac{1\pm\sqrt{33}}{8}$
1-12 $x=\frac{-7\pm\sqrt{37}}{6}$
2-1 $x=-1$ 또는 $x=4$
2-2 $x=\frac{-3\pm\sqrt{19}}{2}$
2-3 $x=2$ 또는 $x=\frac{1}{4}$
2-4 $x=\frac{4\pm\sqrt{46}}{3}$
2-5 $x=\frac{1\pm\sqrt{41}}{10}$
2-6 $x=-1$ 또는 $x=5$
2-7 $x=\frac{1\pm\sqrt{61}}{2}$
2-8 $x=2$ 또는 $x=8$

HOSPITAL(병원)

1-1 $x=\frac{-1\pm\sqrt{1^2-4\times1\times(-1)}}{2\times1}=\frac{-1\pm\sqrt{5}}{2}$

1-2 $x=\frac{-(-1)\pm\sqrt{(-1)^2-1\times(-5)}}{1}=1\pm\sqrt{6}$

1-3 $x=\frac{-(-3)\pm\sqrt{(-3)^2-4\times1\times(-5)}}{2\times1}=\frac{3\pm\sqrt{29}}{2}$

1-4 $x=\frac{-3\pm\sqrt{3^2-1\times2}}{1}=-3\pm\sqrt{7}$

1-5 $x=\frac{-2\pm\sqrt{2^2-1\times(-2)}}{1}=-2\pm\sqrt{6}$

1-6 $x=\frac{-3\pm\sqrt{3^2-1\times(-5)}}{1}=-3\pm\sqrt{14}$

1-7 $x=\frac{-5\pm\sqrt{5^2-4\times3\times1}}{2\times3}=\frac{-5\pm\sqrt{13}}{6}$

1-8 $x=\frac{-1\pm\sqrt{1^2-4\times2\times(-4)}}{2\times2}=\frac{-1\pm\sqrt{33}}{4}$

1-9 $x=\frac{-(-2)\pm\sqrt{(-2)^2-3\times(-2)}}{3}=\frac{2\pm\sqrt{10}}{3}$

1-10 $x=\frac{-7\pm\sqrt{7^2-4\times5\times(-2)}}{2\times5}=\frac{-7\pm\sqrt{89}}{10}$

1-11 $x=\frac{-(-1)\pm\sqrt{(-1)^2-4\times4\times(-2)}}{2\times4}=\frac{1\pm\sqrt{33}}{8}$

1-12 $x=\frac{-7\pm\sqrt{7^2-4\times3\times1}}{2\times3}=\frac{-7\pm\sqrt{37}}{6}$

2-1 $(x+2)(x-2)=3x$에서 $x^2-4=3x$
$x^2-3x-4=0$, $(x+1)(x-4)=0$
$\therefore x=-1$ 또는 $x=4$

2-2 $0.2x(x+3)=0.5$의 양변에 10을 곱하면
$2x(x+3)=5$, $2x^2+6x-5=0$
$\therefore x=\frac{-3\pm\sqrt{3^2-2\times(-5)}}{2}=\frac{-3\pm\sqrt{19}}{2}$

2-3 $\frac{1}{3}x^2+\frac{1}{6}=\frac{3}{4}x$의 양변에 12를 곱하면
$4x^2+2=9x$, $4x^2-9x+2=0$
$(x-2)(4x-1)=0$
$\therefore x=2$ 또는 $x=\frac{1}{4}$

2-4 $0.3x^2-0.8x-1=0$의 양변에 10을 곱하면
$3x^2-8x-10=0$
$\therefore x=\frac{-(-4)\pm\sqrt{(-4)^2-3\times(-10)}}{3}$
$=\frac{4\pm\sqrt{46}}{3}$

2-5 $x^2-0.2x-\frac{2}{5}=0$의 양변에 10을 곱하면
$10x^2-2x-4=0$, $5x^2-x-2=0$
$\therefore x=\frac{-(-1)\pm\sqrt{(-1)^2-4\times5\times(-2)}}{2\times5}$
$=\frac{1\pm\sqrt{41}}{10}$

2-6 $0.6x-\frac{x^2-x}{5}=-1$의 양변에 10을 곱하면
$6x-2(x^2-x)=-10$, $2x^2-8x-10=0$
$x^2-4x-5=0$, $(x+1)(x-5)=0$
$\therefore x=-1$ 또는 $x=5$

2-7 $\frac{x(x-1)}{5}=\frac{(x-3)(x+2)}{3}$의 양변에 15를 곱하면
$3x(x-1)=5(x-3)(x+2)$
$3x^2-3x=5x^2-5x-30$
$2x^2-2x-30=0$, $x^2-x-15=0$
$\therefore x=\frac{-(-1)\pm\sqrt{(-1)^2-4\times1\times(-15)}}{2\times1}$
$=\frac{1\pm\sqrt{61}}{2}$

2-8 $x-3=A$로 치환하면 $A^2-4A-5=0$
$(A+1)(A-5)=0$
$\therefore A=-1$ 또는 $A=5$
즉 $x-3=-1$ 또는 $x-3=5$
$\therefore x=2$ 또는 $x=8$

STEP 1

19 이차방정식의 근의 개수

p. 50~p. 51

1-1 $>$, 2　**1-2** $<$, 0
2-1 $=$, 1　**2-2** $<$, 0
3-1 $<$, 0　**3-2** $>$, 2
4-1 $>$, 2　**4-2** $=$, 1
5-1 (1) $>$, $>$, $<$ (2) $=$, $=$, $=$ (3) $<$, $<$, $>$
5-2 (1) $k>-\frac{25}{12}$ (2) $k=-\frac{25}{12}$ (3) $k<-\frac{25}{12}$
6-1 (1) $k<10$ (2) $k=10$ (3) $k>10$
6-2 (1) $k<7$ (2) $k=7$ (3) $k>7$

1-2 $a=2$, $b=1$, $c=3$이므로
$b^2-4ac=1^2-4\times2\times3=-23<0$
따라서 근의 개수는 0개이다.

2-1 $a=1$, $b=-6$, $c=9$이므로
$b^2-4ac=(-6)^2-4\times1\times9=0$
따라서 근의 개수는 1개이다.

2-2 $a=1$, $b=2$, $c=2$이므로
$b^2-4ac=2^2-4\times1\times2=-4<0$
따라서 근의 개수는 0개이다.

3-1 $a=1$, $b=-1$, $c=1$이므로
$b^2-4ac=(-1)^2-4\times1\times1=-3<0$
따라서 근의 개수는 0개이다.

3-2 $a=4$, $b=-1$, $c=-2$이므로
$b^2-4ac=(-1)^2-4\times4\times(-2)=33>0$
따라서 근의 개수는 2개이다.

4-1 $a=3$, $b=7$, $c=2$이므로
$b^2-4ac=7^2-4\times3\times2=25>0$
따라서 근의 개수는 2개이다.

4-2 $a=9$, $b=-6$, $c=1$이므로
$b^2-4ac=(-6)^2-4\times9\times1=0$
따라서 근의 개수는 1개이다.

5-2 (1) $3x^2-5x-k=0$이 서로 다른 두 근을 가지려면
$(-5)^2-4\times3\times(-k)>0$, $25+12k>0$
$\therefore k>-\frac{25}{12}$
(2) $3x^2-5x-k=0$이 중근을 가지려면
$(-5)^2-4\times3\times(-k)=0$　$\therefore k=-\frac{25}{12}$

(3) $3x^2-5x-k=0$이 근을 갖지 않으려면

$(-5)^2-4\times3\times(-k)<0 \quad \therefore k<-\frac{25}{12}$

6-1 (1) $x^2-6x+k-1=0$이 서로 다른 두 근을 가지려면

$(-6)^2-4\times1\times(k-1)>0,\ -4k+40>0$

$\therefore k<10$

(2) $x^2-6x+k-1=0$이 중근을 가지려면

$(-6)^2-4\times1\times(k-1)=0 \quad \therefore k=10$

(3) $x^2-6x+k-1=0$이 근을 갖지 않으려면

$(-6)^2-4\times1\times(k-1)<0 \quad \therefore k>10$

6-2 (1) $x^2+2x+k-6=0$이 서로 다른 두 근을 가지려면

$2^2-4\times1\times(k-6)>0,\ -4k+28>0$

$\therefore k<7$

(2) $x^2+2x+k-6=0$이 중근을 가지려면

$2^2-4\times1\times(k-6)=0 \quad \therefore k=7$

(3) $x^2+2x+k-6=0$이 근을 갖지 않으려면

$2^2-4\times1\times(k-6)<0 \quad \therefore k>7$

20 이차방정식의 두 근의 합과 곱 p. 52

1-1	2, 3, 2	**1-2**	$-2,\ -\frac{5}{4}$
2-1	$-\frac{10}{3},\ -2$	**2-2**	$\frac{3}{2},\ -\frac{1}{2}$
3-1	2, 0	**3-2**	$-\frac{5}{4},\ \frac{1}{4}$

1-2 $a=4,\ b=8,\ c=-5$이므로

$\alpha+\beta=-\frac{b}{a}=-\frac{8}{4}=-2$

$\alpha\beta=\frac{c}{a}=\frac{-5}{4}=-\frac{5}{4}$

2-1 $a=3,\ b=10,\ c=-6$이므로

$\alpha+\beta=-\frac{b}{a}=-\frac{10}{3}$

$\alpha\beta=\frac{c}{a}=\frac{-6}{3}=-2$

2-2 $a=2,\ b=-3,\ c=-1$이므로

$\alpha+\beta=-\frac{b}{a}=-\frac{-3}{2}=\frac{3}{2}$

$\alpha\beta=\frac{c}{a}=\frac{-1}{2}=-\frac{1}{2}$

3-1 $a=1,\ b=-2,\ c=0$이므로

$\alpha+\beta=-\frac{b}{a}=-\frac{-2}{1}=2$

$\alpha\beta=\frac{c}{a}=\frac{0}{1}=0$

3-2 $a=4,\ b=5,\ c=1$이므로

$\alpha+\beta=-\frac{b}{a}=-\frac{5}{4}$

$\alpha\beta=\frac{c}{a}=\frac{1}{4}$

21 이차방정식 구하기 p. 53~p. 54

1-1	1, 4, 3, 4	**1-2**	$x^2+x-6=0$
2-1	$x^2-x-2=0$	**2-2**	$x^2-x-6=0$
3-1	$3x^2+3x-18=0$	**3-2**	$4x^2+8x-60=0$
4-1	$2x^2-x-3=0$	**4-2**	$6x^2-5x+1=0$
5-1	3, 12, 18	**5-2**	$3x^2-12x+12=0$
6-1	$2x^2+12x+18=0$	**6-2**	$x^2-12x+36=0$
7-1	$\frac{1}{2}x^2+4x+8=0$	**7-2**	$4x^2+4x+1=0$
8-1	5	**8-2**	$x^2+7x+5=0$
9-1	$3x^2-18x-6=0$	**9-2**	$\frac{1}{2}x^2+2x+1=0$

1-2 $(x+3)(x-2)=0 \quad \therefore x^2+x-6=0$

2-1 $(x+1)(x-2)=0 \quad \therefore x^2-x-2=0$

2-2 $(x+2)(x-3)=0 \quad \therefore x^2-x-6=0$

3-1 $3(x-2)(x+3)=0 \quad \therefore 3x^2+3x-18=0$

3-2 $4(x-3)(x+5)=0 \quad \therefore 4x^2+8x-60=0$

4-1 $2(x+1)\left(x-\frac{3}{2}\right)=0 \quad \therefore 2x^2-x-3=0$

4-2 $6\left(x-\frac{1}{2}\right)\left(x-\frac{1}{3}\right)=0 \quad \therefore 6x^2-5x+1=0$

5-2 $3(x-2)^2=0 \quad \therefore 3x^2-12x+12=0$

6-1 $2(x+3)^2=0 \quad \therefore 2x^2+12x+18=0$

6-2 $(x-6)^2=0 \quad \therefore x^2-12x+36=0$

7-1 $\frac{1}{2}(x+4)^2=0$ $\quad\therefore \frac{1}{2}x^2+4x+8=0$

7-2 $4\left(x+\frac{1}{2}\right)^2=0$ $\quad\therefore 4x^2+4x+1=0$

9-1 $3(x^2-6x-2)=0$ $\quad\therefore 3x^2-18x-6=0$

9-2 $\frac{1}{2}(x^2+4x+2)=0$ $\quad\therefore \frac{1}{2}x^2+2x+1=0$

22 계수가 유리수인 이차방정식의 근

p. 55

1-1 (1) $1-\sqrt{2}$ (2) 2 (3) -1 (4) $x^2-2x-1=0$
1-2 (1) $2-\sqrt{6}$ (2) 4 (3) -2 (4) $x^2-4x-2=0$
2-1 (1) $-2-\sqrt{3}$ (2) -4 (3) 1 (4) $x^2+4x+1=0$
2-2 (1) $-1+\sqrt{7}$ (2) -2 (3) -6 (4) $x^2+2x-6=0$
3-1 (1) $4-\sqrt{7}$ (2) 8 (3) 9 (4) $x^2-8x+9=0$
3-2 (1) $3-\sqrt{11}$ (2) 6 (3) -2 (4) $x^2-6x-2=0$

23 이차방정식의 활용

p. 56~p. 59

1-1 (1) $x+3$ (2) $x(x+3)=54$
(3) $x=6$ 또는 $x=-9$ (4) 6, 9
1-2 (1) $x(x+4)=45$ (2) 5, 9
2-1 (1) $x(x-4)=192$ (2) 16살
2-2 (1) $x^2+(x+3)^2=425$ (2) 진희 : 16살, 동생 : 13살
3-1 (1) $x+1$ (2) $x^2+(x+1)^2=85$
(3) $x=-7$ 또는 $x=6$ (4) 6, 7
3-2 (1) $(x+1)^2-(x-1)^2=x^2-5$ (2) 4, 5, 6
4-1 (1) $x-4$ (2) $x(x-4)=45$
(3) $x=9$ 또는 $x=-5$ (4) 9명
4-2 (1) $x(x-7)=120$ (2) 15명
5-1 (1) $x+12, x-6$ (2) $(x+12)(x-6)=88$
(3) $x=-16$ 또는 $x=10$ (4) 10 cm
5-2 (1) $x(x-4)=96$ (2) $x=12$ 또는 $x=-8$ (3) 12 m
5-3 3 cm
6-1 (1) $25x-5x^2$, 2초 후 또는 3초 후 (2) 0, 5초 후
6-2 44, 2초 후 또는 4초 후
6-3 5초 후 또는 7초 후

1-1 (3) $x(x+3)=54$에서 $x^2+3x-54=0$
$(x-6)(x+9)=0$ $\quad\therefore x=6$ 또는 $x=-9$
(4) x는 자연수이므로 $x=6$
따라서 구하는 자연수는 6, 9이다.

1-2 (1) 작은 수를 x라 하면 큰 수는 $x+4$이므로
$x(x+4)=45$
(2) $x(x+4)=45$에서 $x^2+4x-45=0$
$(x-5)(x+9)=0$ $\quad\therefore x=5$ 또는 $x=-9$
이때 x는 자연수이므로 $x=5$
따라서 구하는 자연수는 5, 9이다.

2-1 (1) 진욱이의 나이를 x살이라 하면 동생의 나이는
$(x-4)$살이므로
$x(x-4)=192$
(2) $x(x-4)=192$에서 $x^2-4x-192=0$
$(x-16)(x+12)=0$ $\quad\therefore x=16$ 또는 $x=-12$
이때 x는 자연수이므로 $x=16$
따라서 진욱이의 나이는 16살이다.

2-2 (1) 동생의 나이를 x살이라 하면 진희의 나이는 $(x+3)$살이므로
$x^2+(x+3)^2=425$
(2) $x^2+(x+3)^2=425$에서 $2x^2+6x-416=0$
$x^2+3x-208=0$, $(x+16)(x-13)=0$
$\therefore x=-16$ 또는 $x=13$
이때 x는 자연수이므로 $x=13$
따라서 동생의 나이는 13살, 진희의 나이는
$13+3=16$(살)이다.

3-1 (3) $x^2+(x+1)^2=85$에서 $2x^2+2x-84=0$
$x^2+x-42=0$, $(x+7)(x-6)=0$
$\therefore x=-7$ 또는 $x=6$
(4) x는 자연수이므로 $x=6$
따라서 연속하는 두 자연수는 6, 7이다.

3-2 (1) 연속하는 세 자연수를 $x-1$, x, $x+1$이라 하면
$(x+1)^2-(x-1)^2=x^2-5$
(2) $(x+1)^2-(x-1)^2=x^2-5$에서
$x^2-4x-5=0$, $(x-5)(x+1)=0$
$\therefore x=5$ 또는 $x=-1$
이때 x는 자연수이므로 $x=5$
따라서 연속하는 세 자연수는 4, 5, 6이다.

4-1 (3) $x(x-4)=45$에서 $x^2-4x-45=0$
$(x-9)(x+5)=0$ $\quad\therefore x=9$ 또는 $x=-5$
(4) x는 자연수이므로 $x=9$
따라서 모둠의 학생 수는 9명이다.

4-2 (1) 학생 수를 x명이라 하면 한 학생이 받은 책의 수는 $(x-7)$권이므로

$x(x-7)=120$

(2) $x(x-7)=120$에서 $x^2-7x-120=0$

$(x+8)(x-15)=0$ $\quad\therefore x=-8$ 또는 $x=15$

이때 x는 자연수이므로 $x=15$

따라서 학생 수는 15명이다.

5-1 (3) $(x+12)(x-6)=88$에서 $x^2+6x-160=0$

$(x+16)(x-10)=0$ $\quad\therefore x=-16$ 또는 $x=10$

(4) x는 양수이므로 $x=10$

따라서 처음 정사각형의 한 변의 길이는 10 cm이다.

5-2 (1) 텃밭의 가로의 길이를 x m라 하면

세로의 길이는 $(x-4)$ m이므로

$x(x-4)=96$

(2) $x(x-4)=96$에서 $x^2-4x-96=0$

$(x-12)(x+8)=0$ $\quad\therefore x=12$ 또는 $x=-8$

(3) x는 양수이므로 $x=12$

따라서 텃밭의 가로의 길이는 12 m이다.

5-3 처음 정사각형의 한 변의 길이를 x cm라 하면

나중 직사각형의 가로의 길이는 $(x+2)$ cm,

세로의 길이는 $(x+6)$ cm이므로

$(x+2)(x+6)=5x^2$

$x^2+8x+12=5x^2$, $4x^2-8x-12=0$

$x^2-2x-3=0$, $(x-3)(x+1)=0$

$\therefore x=3$ 또는 $x=-1$

이때 x는 양수이므로 $x=3$

따라서 처음 정사각형의 한 변의 길이는 3 cm이다.

6-1 (1) $25x-5x^2=30$에서 $x^2-5x+6=0$

$(x-2)(x-3)=0$ $\quad\therefore x=2$ 또는 $x=3$

따라서 공의 높이가 30 m가 되는 것은 공을 던진 지 2초 후 또는 3초 후이다.

(2) $25x-5x^2=0$에서 $5x(5-x)=0$

$\therefore x=0$ 또는 $x=5$

따라서 공을 던진 지 5초 후에 다시 땅에 떨어진다.

6-2 $-5x^2+30x+4=44$에서 $x^2-6x+8=0$

$(x-2)(x-4)=0$ $\quad\therefore x=2$ 또는 $x=4$

따라서 물 로켓의 높이가 44 m가 되는 것은 공을 던진 지 2초 후 또는 4초 후이다.

6-3 $60t-5t^2=175$에서 $t^2-12t+35=0$

$(t-5)(t-7)=0$ $\quad\therefore t=5$ 또는 $t=7$

따라서 물체의 높이가 175 m가 되는 것은 쏘아 올린 지 5초 후 또는 7초 후이다.

STEP 2

기본연산 집중연습 | 19~23

p. 60~p. 61

1 $a=4, b=7$

2-1 $\frac{5}{4}, -\frac{1}{2}$ **2-2** $\frac{7}{5}, -1$

2-3 3, 2 **2-4** $-9, -5$

2-5 $-\frac{2}{3}, -2$ **2-6** $-4, -3$

3-1 $x^2+3x+2=0$ **3-2** $3x^2-9x-30=0$

3-3 $-3x^2-2x-\frac{1}{3}=0$ **3-4** $2x^2+6x-14=0$

4-1 7 **4-2** 4초 후

4-3 가로의 길이 : 13 m, 세로의 길이 : 8 m

4-4 14쪽, 15쪽

---

1 ㉠ $x^2+x+5=0$에서 $1^2-4\times1\times5=-19<0$이므로 근을 갖지 않는다.

㉡ $4x^2-12x+9=0$에서 $(-6)^2-4\times9=0$이므로 중근을 가진다.

㉢ $x^2-7x+12=0$에서 $(-7)^2-4\times1\times12=1>0$이므로 서로 다른 두 근을 가진다.

㉣ $x^2-5x+3=0$에서 $(-5)^2-4\times1\times3=13>0$이므로 서로 다른 두 근을 가진다.

㉤ $x^2-2x+1=0$에서 $(-1)^2-1\times1=0$이므로 중근을 가진다.

㉥ $3x^2-6x-5=0$에서 $(-3)^2-3\times(-5)=24>0$이므로 서로 다른 두 근을 가진다.

㉦ $x^2+x+1=0$에서 $1^2-4\times1\times1=-3<0$이므로 근을 갖지 않는다.

㉧ $2x^2-x-3=0$에서 $(-1)^2-4\times2\times(-3)=25>0$이므로 서로 다른 두 근을 가진다.

㉨ $x^2-18x+81=0$에서 $(-9)^2-1\times81=0$이므로 중근을 가진다.

따라서 서로 다른 두 개의 근을 갖는 이차방정식은 ㉢, ㉣, ㉥, ㉧의 4개이고, 근을 갖는 이차방정식은 ㉡, ㉢, ㉣, ㉤, ㉥, ㉧, ㉨의 7개이므로

$a=4, b=7$

2-4 $x^2=-9x+5$에서 $x^2+9x-5=0$

$\therefore$ (두 근의 합)$=-\frac{9}{1}=-9$

(두 근의 곱)$=\frac{-5}{1}=-5$

2-5 $3x^2+5x=3(x+2)$에서 $3x^2+2x-6=0$

$\therefore$ (두 근의 합)$=-\frac{2}{3}$

(두 근의 곱)$=\frac{-6}{3}=-2$

2-6 $(x+2)^2=7$에서 $x^2+4x-3=0$

$\therefore$ (두 근의 합)$=-\frac{4}{1}=-4$

(두 근의 곱)$=\frac{-3}{1}=-3$

3-1 $(x+1)(x+2)=0$ $\quad\therefore x^2+3x+2=0$

3-2 $3(x+2)(x-5)=0$ $\quad\therefore 3x^2-9x-30=0$

3-3 $-3\left(x+\frac{1}{3}\right)^2=0$ $\quad\therefore -3x^2-2x-\frac{1}{3}=0$

3-4 $2(x^2+3x-7)=0$ $\quad\therefore 2x^2+6x-14=0$

4-1 연속하는 세 자연수를 x, $x+1$, $x+2$라 하면

$(x+2)^2=x^2+(x+1)^2-32$

$x^2-2x-35=0$, $(x+5)(x-7)=0$

$\therefore x=-5$ 또는 $x=7$

이때 x는 자연수이므로 $x=7$

따라서 가장 작은 수는 7이다.

4-2 $20t-5t^2=0$에서 $5t(4-t)=0$

$\therefore t=0$ 또는 $t=4$

따라서 물체가 다시 지면으로 떨어지는 것은 쏘아 올린 지 4초 후이다.

4-3 세로의 길이를 x m라 하면 가로의 길이는 $(x+5)$ m이므로 $x(x+5)=104$

$x^2+5x-104=0$, $(x+13)(x-8)=0$

$\therefore x=-13$ 또는 $x=8$

이때 x는 양수이므로 $x=8$

따라서 가로의 길이는 13 m, 세로의 길이는 8 m이다.

4-4 펼쳐진 두 면 중 왼쪽 면의 쪽수를 x쪽이라 하면 오른쪽 면의 쪽수는 $(x+1)$쪽이므로

$x(x+1)=210$

$x^2+x-210=0$, $(x+15)(x-14)=0$

$\therefore x=-15$ 또는 $x=14$

이때 x는 자연수이므로 $x=14$

따라서 두 면의 쪽수는 14쪽, 15쪽이다.

STEP 3

기본연산 테스트

p. 62 ~ p. 63

1 (1) ○ (2) × (3) × (4) ○ (5) ×

2 ㉢, ㉣

3 (1) -4 (2) $x=1$

4 (1) $x=-4$ 또는 $x=9$ (2) $x=\frac{1\pm\sqrt{3}}{2}$

(3) $x=1$ 또는 $x=-\frac{1}{5}$ (4) $x=\frac{5}{2}$ 또는 $x=-\frac{2}{3}$

(5) $x=\frac{5\pm\sqrt{61}}{18}$ (6) $x=-1$ 또는 $x=\frac{1}{2}$

(7) $x=\frac{-5\pm\sqrt{10}}{3}$ (8) $x=-1$ 또는 $x=\frac{5}{2}$

(9) $x=1$ 또는 $x=\frac{3}{2}$ (10) $x=-1$ 또는 $x=\frac{5}{2}$

5 (1) $k>2$ (2) $k\le\frac{15}{2}$

6 (두 근의 합)$=-2$, (두 근의 곱)$=-\frac{3}{2}$

7 (1) $2x^2-4x-30=0$ (2) $x^2-14x+49=0$

(3) $3x^2+12x+3=0$ (4) $x^2-4x-1=0$

8 4, 6

9 15 cm

10 (1) 1초 후 또는 7초 후 (2) 8초

---

1 (3) $x^2+\frac{1}{2}x=x^2$에서 $\frac{1}{2}x=0$

즉 이차방정식이 아니다.

(4) $x(x-1)=2x$에서 $x^2-x=2x$

$x^2-3x=0$ (이차방정식)

(5) $(2x+1)(x-1)=2x^2$에서 $2x^2-x-1=2x^2$

$-x-1=0$, 즉 이차방정식이 아니다.

2 주어진 수를 이차방정식에 대입하여 등식이 성립하면 주어진 수는 이차방정식의 해이다.

㉠ $3\times(3-3)=0$

㉡ $2\times(-7)^2-98=0$

㉢ $3\times(-2)^2-9\times(-2)+6\neq0$

㉣ $(4-4)\times(4+4)\neq16$

㉤ $-1\times(-1+1)-2\times(-1)\times(-1+1)=0$

3 (1) $x=3$을 $x^2+ax-(a+1)=0$에 대입하면

$3^2+3a-(a+1)=0$, $2a+8=0$

$\therefore a=-4$

(2) $x^2-4x+3=0$에서 $(x-1)(x-3)=0$

$\therefore x=1$ 또는 $x=3$

따라서 다른 한 근은 $x=1$이다.

4 (1) $x^2-5x-36=0$에서 $(x+4)(x-9)=0$

$\therefore x=-4$ 또는 $x=9$

(2) $2x^2-2x-1=0$에서

$x=\dfrac{-(-1)\pm\sqrt{(-1)^2-2\times(-1)}}{2}=\dfrac{1\pm\sqrt{3}}{2}$

(3) $5x^2-4x-1=0$에서 $(x-1)(5x+1)=0$

$\therefore x=1$ 또는 $x=-\dfrac{1}{5}$

(4) $6x^2-11x-10=0$에서 $(2x-5)(3x+2)=0$

$x=\dfrac{5}{2}$ 또는 $x=-\dfrac{2}{3}$

(5) $9x^2-5x-1=0$에서

$x=\dfrac{-(-5)\pm\sqrt{(-5)^2-4\times9\times(-1)}}{2\times9}=\dfrac{5\pm\sqrt{61}}{18}$

(6) $3x^2=(x+2)(x-3)+7$에서 $3x^2=x^2-x-6+7$

$2x^2+x-1=0$, $(x+1)(2x-1)=0$

$\therefore x=-1$ 또는 $x=\dfrac{1}{2}$

(7) $0.3x^2+x+0.5=0$의 양변에 10을 곱하면

$3x^2+10x+5=0$

$x=\dfrac{-5\pm\sqrt{5^2-3\times5}}{3}=\dfrac{-5\pm\sqrt{10}}{3}$

(8) $\dfrac{x^2+x}{5}-\dfrac{x^2+2}{3}=-1$의 양변에 15를 곱하면

$3(x^2+x)-5(x^2+2)=-15$

$2x^2-3x-5=0$, $(x+1)(2x-5)=0$

$\therefore x=-1$ 또는 $x=\dfrac{5}{2}$

(9) $\dfrac{2}{5}x^2+0.6=x$의 양변에 10을 곱하면

$4x^2+6=10x$, $4x^2-10x+6=0$

$2x^2-5x+3=0$, $(x-1)(2x-3)=0$

$\therefore x=1$ 또는 $x=\dfrac{3}{2}$

(10) $2(x-1)^2+(x-1)-6=0$에서

$x-1=A$로 치환하면

$2A^2+A-6=0$, $(A+2)(2A-3)=0$

$\therefore A=-2$ 또는 $A=\dfrac{3}{2}$

즉 $x-1=-2$ 또는 $x-1=\dfrac{3}{2}$

$\therefore x=-1$ 또는 $x=\dfrac{5}{2}$

5 (1) $2x^2+4x+k=0$이 근을 갖지 않으려면

$2^2-2k<0$, $2k>4$

$\therefore k>2$

(2) $x^2+8x+2k+1=0$이 근을 가지려면

$4^2-(2k+1)\geq0$, $16-2k-1\geq0$

$2k\leq15$ $\quad\therefore k\leq\dfrac{15}{2}$

7 (1) $2(x+3)(x-5)=0$ $\quad\therefore 2x^2-4x-30=0$

(2) $(x-7)^2=0$ $\quad\therefore x^2-14x+49=0$

(3) $3(x^2+4x+1)=0$ $\quad\therefore 3x^2+12x+3=0$

(4) 다른 한 근은 $2+\sqrt{5}$이므로

두 근의 합은 4, 두 근의 곱은 -1이다.

$\therefore x^2-4x-1=0$

8 연속하는 두 짝수를 x, $x+2$라 하면

$x^2+(x+2)^2=52$, $2x^2+4x+4=52$

$x^2+2x-24=0$, $(x+6)(x-4)=0$

$\therefore x=-6$ 또는 $x=4$

이때 x는 자연수이므로 $x=4$

따라서 두 짝수는 4, 6이다.

9 처음 정사각형의 한 변의 길이를 x cm라 하면

나중 직사각형의 가로의 길이는 $(x+5)$ cm,

세로의 길이는 $(x-3)$ cm이므로

$(x+5)(x-3)=240$, $x^2+2x-15=240$

$x^2+2x-255=0$, $(x+17)(x-15)=0$

$\therefore x=-17$ 또는 $x=15$

이때 x는 양수이므로 $x=15$

따라서 처음 정사각형의 한 변의 길이는 15 cm이다.

10 (1) $40t-5t^2=35$에서 $t^2-8t+7=0$

$(t-1)(t-7)=0$ $\quad\therefore t=1$ 또는 $t=7$

따라서 지면에서 높이가 35 m인 지점을 지나는 것은 쏘아 올린 지 1초 후 또는 7초 후이다.

(2) $40t-5t^2=0$에서 $5t(8-t)=0$

$\therefore t=0$ 또는 $t=8$

따라서 쏘아 올린 후 지면으로 다시 떨어질 때까지 걸린 시간은 8초이다.

2
이차함수의 그래프(1)

STEP 1

01 함수와 함숫값의 뜻
p. 66

1-1 ○ 1-2 ×
2-1 × 2-2 ○
3-1 7 3-2 4
4-1 -4 4-2 -6

1-1 x와 y 사이의 관계를 표로 나타내면

x	1	2	3	4	…
y	1	2	2	3	…

x의 값이 하나 정해짐에 따라 y의 값이 오직 하나씩 정해지므로 함수이다.

1-2 x와 y 사이의 관계를 표로 나타내면

x	1	2	3	4	…
y	1	1, 2	1, 3	1, 2, 4	…

x의 값이 하나 정해짐에 따라 y의 값이 오직 하나로 정해지지 않으므로 함수가 아니다.

2-1 x와 y 사이의 관계를 표로 나타내면

x	1	2	3	4	…
y	2, 3, 4, …	3, 4, 5, …	4, 5, 6, …	5, 6, 7, …	…

x의 값이 하나 정해짐에 따라 y의 값이 오직 하나로 정해지지 않으므로 함수가 아니다.

2-2 x와 y 사이의 관계를 표로 나타내면

x	1	2	3	4	…
y	1000	2000	3000	4000	…

x의 값이 하나 정해짐에 따라 y의 값이 오직 하나씩 정해지므로 함수이다.

3-1 $f(-2)=-3\times(-2)+1=7$

3-2 $f(6)=\frac{2}{3}\times 6=4$

4-1 $2f(4)=2\times\left(-\frac{1}{2}\times 4\right)=-4$

4-2 $f(1)=2\times 1-3=-1$, $f(-1)=2\times(-1)-3=-5$
$\therefore f(1)+f(-1)=-1+(-5)=-6$

02 일차함수의 뜻
p. 67

1-1 ○ 1-2 ×
2-1 × 2-2 ○
3-1 $4x$, ○ 3-2 x^2, ×
4-1 $50x+5000$, ○ 4-2 $\frac{100}{x}$, ×

1-2 일차방정식이다.

2-1 일차식이다.

3-2 $y=x^2$, 즉 x^2이 있으므로 일차함수가 아니다.

4-2 (시간)$=\frac{(거리)}{(속력)}$이므로 $y=\frac{100}{x}$
즉 분모에 x가 있으므로 일차함수가 아니다.

03 이차함수의 뜻
p. 68~p. 69

1-1 × 1-2 ○
2-1 ○ 2-2 ×
3-1 × 3-2 ○
4-1 × 4-2 ×
5-1 ○ 5-2 ○
6-1 $4x$, × 6-2 x^2+4x, ○
7-1 $2x^2+6x+9$, ○ 7-2 $-x^2+15x$, ○
8-1 $2\pi x$, × 8-2 πx^2, ○
9-1 $2x^3$, × 9-2 $\frac{4}{3}\pi x^3$, ×
10-1 $5000-3x$, × 10-2 $60x$, ×

6-2 $y=x(x+4)=x^2+4x$

7-1 $y=x^2+(x+3)^2=2x^2+6x+9$

7-2 직사각형의 세로의 길이는
$\frac{1}{2}\times(30-2x)=15-x$ (cm)
$\therefore y=x(15-x)=-x^2+15x$

9-1 (직육면체의 부피)=(밑넓이)×(높이)이므로
$y=x^2\times 2x=2x^3$

10-2 (거리)=(속력)×(시간)이므로
$y=60x$

04 이차함수의 함숫값

p. 70~p. 71

1-1	$-4, 17$	**1-2**	-15
2-1	0	**2-2**	28
3-1	-9	**3-2**	-12
4-1	13	**4-2**	46
5-1	$2, 8+k, 8+k, 2$	**5-2**	5
6-1	2	**6-2**	-3
7-1	1	**7-2**	3
8-1	10	**8-2**	-9
9-1	-4	**9-2**	-18

1-2 $-3f(2)=-3\times(2^2+1)=-15$

2-1 $f(1)=1^2+1=2$
$f(-1)=(-1)^2+1=2$
$\therefore f(1)-f(-1)=2-2=0$

2-2 $f(5)=5^2+1=26$
$f(3)=3^2+1=10$
$\therefore 3f(5)-5f(3)=3\times26-5\times10=28$

3-1 $f(2)=-2\times2^2+2-3=-9$

3-2 $2f(-1)=2\times\{-2\times(-1)^2+(-1)-3\}=-12$

4-1 $f(3)=-2\times3^2+3-3=-18$
$f(4)=-2\times4^2+4-3=-31$
$\therefore f(3)-f(4)=-18-(-31)=13$

4-2 $f(-2)=-2\times(-2)^2+(-2)-3=-13$
$f(-3)=-2\times(-3)^2+(-3)-3=-24$
$\therefore 2f(-2)-3f(-3)=2\times(-13)-3\times(-24)=46$

5-2 $f(4)=-\frac{1}{2}\times4^2+k=-8+k$
$f(4)=-3$이므로 $-8+k=-3$ $\quad\therefore k=5$

6-1 $f(-1)=(-1)^2+2\times(-1)+k=-1+k$
$f(-1)=1$이므로 $-1+k=1$ $\quad\therefore k=2$

6-2 $f(2)=-2\times2^2+2-k=-6-k$
$f(2)=-3$이므로 $-6-k=-3$ $\quad\therefore k=-3$

7-1 $f(1)=k\times1^2+2=k+2$
$f(1)=3$이므로 $k+2=3$ $\quad\therefore k=1$

7-2 $f(-1)=3\times(-1)^2-k\times(-1)+4=k+7$
$f(-1)=10$이므로 $k+7=10$ $\quad\therefore k=3$

8-1 $f\left(-\frac{1}{2}\right)=4\times\left(-\frac{1}{2}\right)^2+2\times\left(-\frac{1}{2}\right)+k=k$
$f\left(-\frac{1}{2}\right)=4$이므로 $k=4$
따라서 $f(x)=4x^2+2x+4$이므로
$f(1)=4\times1^2+2\times1+4=10$

8-2 $f(1)=-1^2+3\times1+k=2+k$
$f(1)=3$이므로 $2+k=3$ $\quad\therefore k=1$
따라서 $f(x)=-x^2+3x+1$이므로
$f(-2)=-(-2)^2+3\times(-2)+1=-9$

9-1 $f(3)=2\times3^2-3+k=15+k$
$f(3)=8$이므로 $15+k=8$ $\quad\therefore k=-7$
따라서 $f(x)=2x^2-x-7$이므로
$f\left(\frac{3}{2}\right)=2\times\left(\frac{3}{2}\right)^2-\frac{3}{2}-7=-4$

9-2 $f(-1)=k\times(-1)^2+3\times(-1)+2=k-1$
$f(-1)=-3$이므로 $k-1=-3$ $\quad\therefore k=-2$
따라서 $f(x)=-2x^2+3x+2$이므로
$f(4)=-2\times4^2+3\times4+2=-18$

STEP 2

기본연산 집중연습 | 01~04

p. 72~p. 73

1	태국	**2-1**	(1) 3 (2) -3 (3) -4
2-2	(1) 0 (2) -4 (3) -18	**2-3**	(1) 10 (2) 0 (3) 6
3-1	3	**3-2**	7
3-3	25	**3-4**	-9

1

출발

$y=-2x$ $\quad y=\frac{1}{3}x^2+1$ $\quad y=\frac{2}{x}$ $\quad y=5x(x-1)$ 일본

$y=5x-2$ $\quad y=2x(x-3)$ $\quad y=-x^2+2x-1$ $\quad$ 반지름의 길이가 x인 원의 넓이 y 중국

$y=(x+1)(x-1)$ $\quad y=\frac{1}{2}x+3$ $\quad$ 한 변의 길이가 x인 정사각형의 둘레의 길이 y $\quad y=-x^2+5$ 발리

$y=x^2$ $\quad$ 한 모서리의 길이가 x인 정육면체의 부피 y $\quad y=-7$ $\quad y=x^2-(x+3)^2$ 태국

2-1 (1) $f(-2)=-(-2)^2+7=3$

(2) $-f(2)=-(-2^2+7)=-3$

(3) $2f(-3)=2\times\{-(-3)^2+7\}=-4$

2-2 (1) $f(1)=-1^2+2\times1-1=0$

(2) $f(-1)=-(-1)^2+2\times(-1)-1=-4$

(3) $2f(-2)=2\times\{-(-2)^2+2\times(-2)-1\}=-18$

2-3 (1) $f(-4)=\frac{1}{3}\times(-4)^2-(-4)+\frac{2}{3}=10$

(2) $-3f(1)=-3\times\left(\frac{1}{3}\times1^2-1+\frac{2}{3}\right)=0$

(3) $f(-1)=\frac{1}{3}\times(-1)^2-(-1)+\frac{2}{3}=2$

$f(4)=\frac{1}{3}\times4^2-4+\frac{2}{3}=2$

$\therefore\ 4f(-1)-f(4)=4\times2-2=6$

3-1 $f(-1)=-k\times(-1)^2=-k$

$f(-1)=-3$이므로 $-k=-3$ $\quad\therefore k=3$

3-2 $f(2)=-3\times2^2+k=-12+k$

$f(2)=-5$이므로 $-12+k=-5$ $\quad\therefore k=7$

3-3 $f(-1)=(-1)^2-k\times(-1)+5=k+6$

$f(-1)=7$이므로 $k+6=7$ $\quad\therefore k=1$

따라서 $f(x)=x^2-x+5$이므로

$f(-4)=(-4)^2-(-4)+5=25$

3-4 $f(1)=-3\times1^2+k\times1-1=k-4$

$f(1)=-2$이므로 $k-4=-2$ $\quad\therefore k=2$

따라서 $f(x)=-3x^2+2x-1$이므로

$f(2)=-3\times2^2+2\times2-1=-9$

STEP 1

05 일차함수 $y=ax$의 그래프

p. 74

1-1 ① 0 ② 1, 1

③

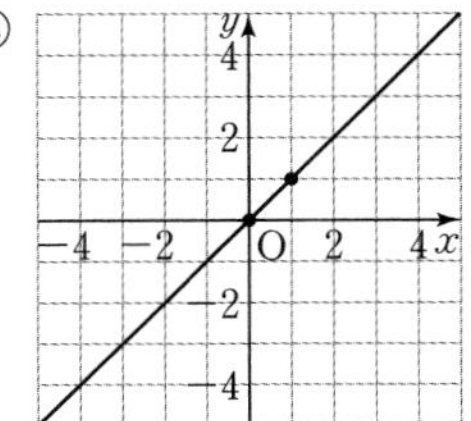

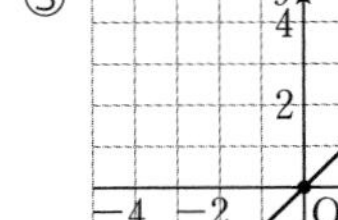

1-2 ① 0 ② 1, -1

③

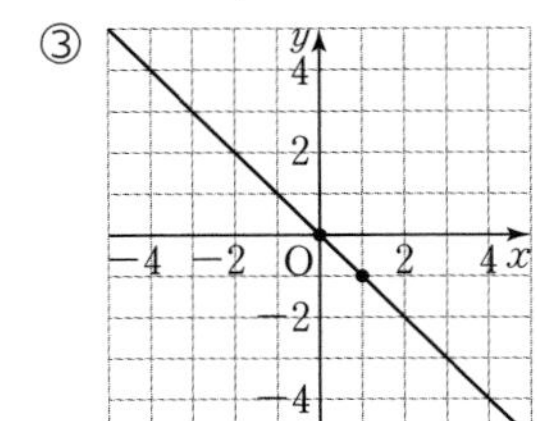

2-1

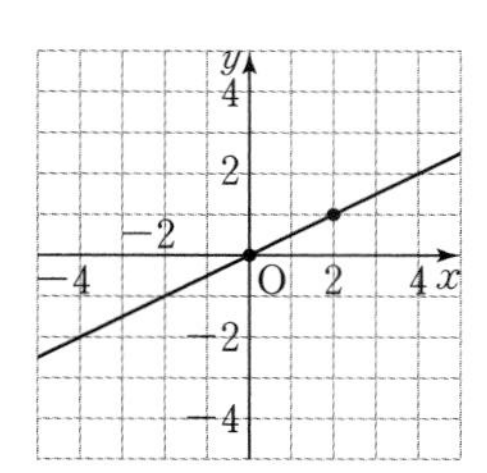

2-2

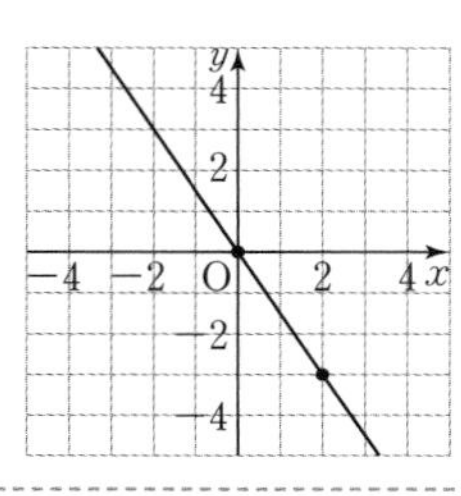

06 일차함수 $y=ax+b$의 그래프

p. 75

1-1 $\frac{1}{2}x$, 1

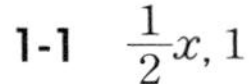

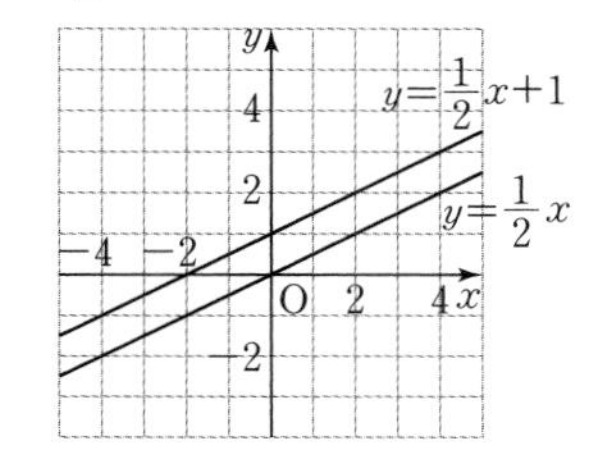

1-2 $-x$, -3

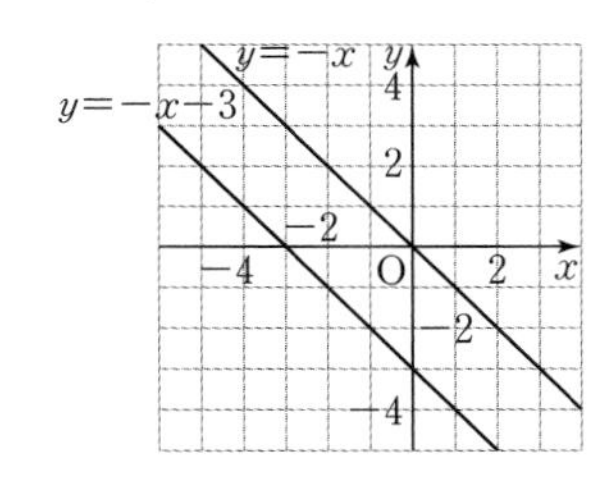

2-1 x절편 : 2, y절편 : -4, 기울기 : 2

2-2 x절편 : 9, y절편 : 6, 기울기 : $-\frac{2}{3}$

07 이차함수 $y=x^2$, $y=-x^2$의 그래프

p. 76

1-1 (1) 9, 4, 1, 0, 1, 4, 9

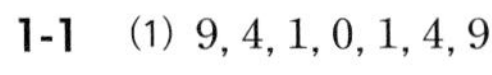

(2)

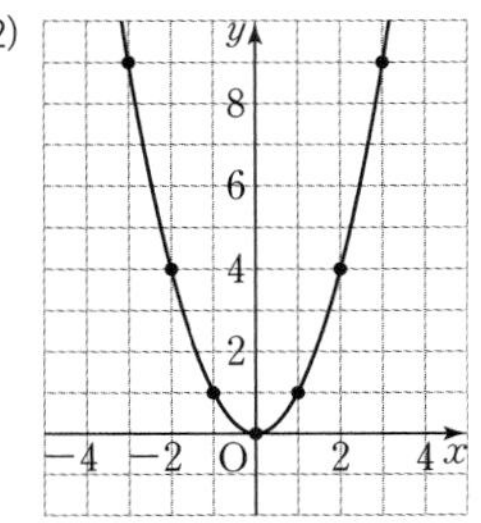

(3) 아래 (4) y (5) 감소, 증가

1-2 (1) -9, -4, -1, 0, -1, -4, -9

(2)

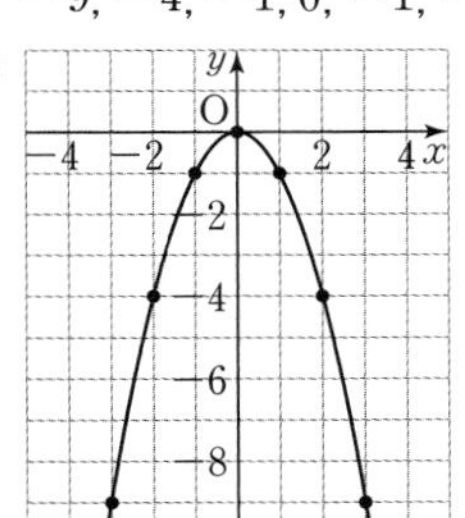

(3) 위 (4) y (5) 증가, 감소

08 이차함수 $y=ax^2$의 그래프 p. 77~p. 79

1-1 (1) ㉠ $8, 2, 0, 2, 8$ ㉡ $12, 3, 0, 3, 12$

(2)

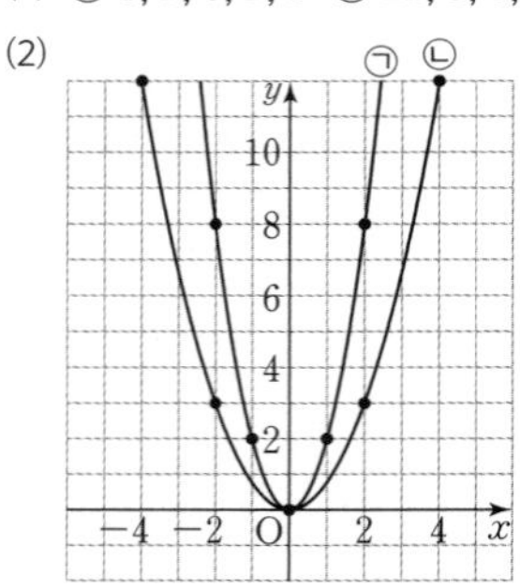

1-2 (1) ㉠ $-4, -1, 0, -1, -4$ ㉡ $-8, -2, 0, -2, -8$

(2)

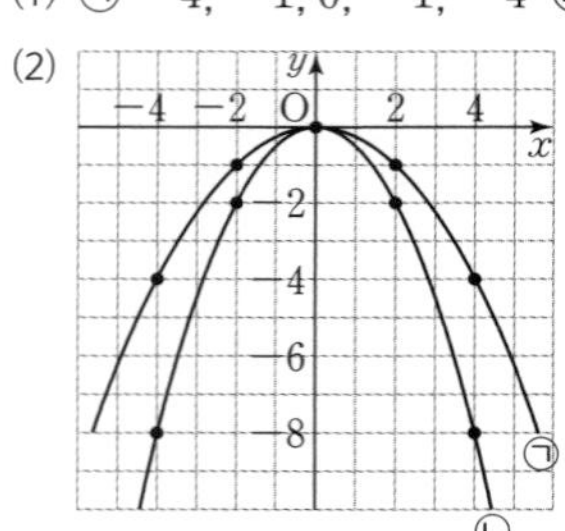

2-1

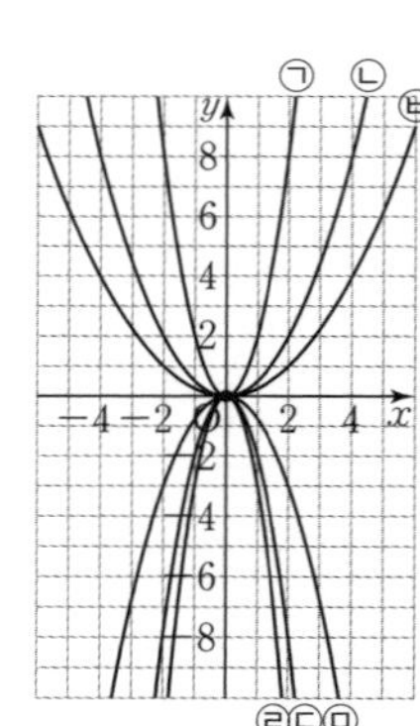

(1) ㉠, ㉡, ㉥
(2) ㉢, ㉣, ㉤
(3) ㉣
(4) ㉠, ㉡, ㉥
(5) ㉢, ㉣, ㉤
(6) ㉠과 ㉢

2-2 (1) ㉠, ㉢, ㉥ (2) ㉠ (3) ㉡, ㉣, ㉤ (4) ㉡과 ㉥, ㉢과 ㉣

2-3 (1) ㉠, ㉣, ㉤ (2) ㉥ (3) ㉡, ㉢, ㉥ (4) ㉡과 ㉣

3-1 ① 아래 ② $0, 0, x=0$ ③ $6, 6$ ④

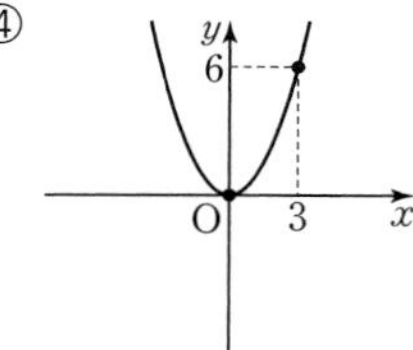

3-2

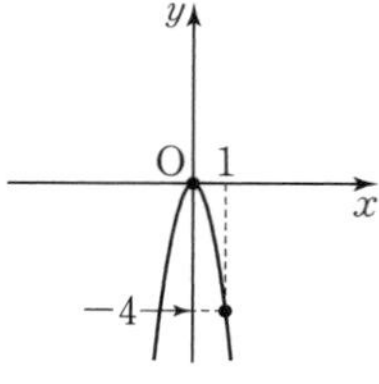

3-3

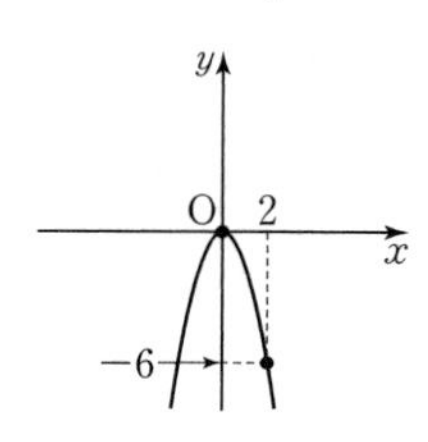

4-1

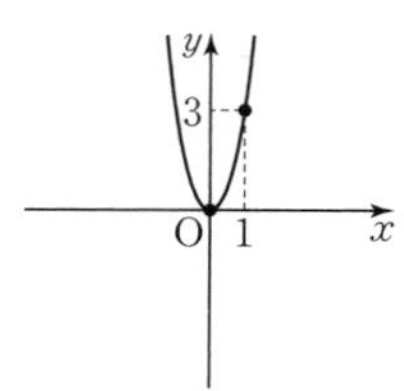

4-2

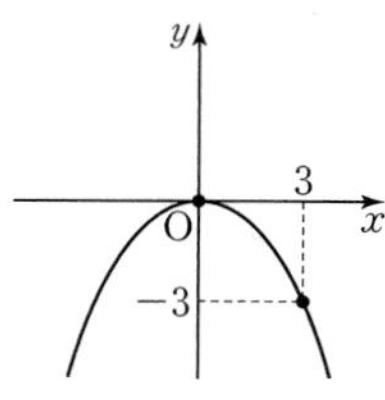

09 이차함수 $y=ax^2$의 그래프가 지나는 점 p. 80~p. 81

1-1 ㉡, ㉣, ㉥ **1-2** ㉠, ㉤, ㉥

2-1 $-\frac{1}{9}$ **2-2** $a=2$

3-1 $a=-5$ **3-2** $a=8$

4-1 $a=-2, b=-8$ **4-2** $a=\frac{1}{4}, b=9$

5-1 $a=9, b=9$ **5-2** $a=\frac{1}{8}, b=\frac{1}{2}$

6-1 $1, 2, 2, 1, 2$ **6-2** $-\frac{1}{16}$

7-1 $-\frac{1}{3}$ **7-2** $-\frac{3}{4}$

8-1 $\frac{1}{2}$ **8-2** 1

1-1 ㉡ $6=\frac{3}{2}\times(-2)^2$ ㉣ $\frac{3}{2}=\frac{3}{2}\times1^2$ ㉥ $24=\frac{3}{2}\times4^2$

1-2 ㉠ $18=2\times(-3)^2$ ㉤ $2=2\times1^2$ ㉥ $8=2\times2^2$

2-2 $y=ax^2$에 $x=2, y=8$을 대입하면
$8=a\times2^2$ $\therefore a=2$

3-1 $y=ax^2$에 $x=-1, y=-5$를 대입하면 $a=-5$

3-2 $y=ax^2$에 $x=\frac{1}{2}, y=2$를 대입하면
$2=a\times\left(\frac{1}{2}\right)^2$ $\therefore a=8$

4-1 $y=ax^2$에 $x=1, y=-2$를 대입하면 $a=-2$
$y=-2x^2$에 $x=-2, y=b$를 대입하면
$b=-2\times(-2)^2=-8$

4-2 $y=ax^2$에 $x=2, y=1$을 대입하면
$1=a\times2^2$ $\therefore a=\frac{1}{4}$
$y=\frac{1}{4}x^2$에 $x=-6, y=b$를 대입하면
$b=\frac{1}{4}\times(-6)^2=9$

5-1 $y=ax^2$에 $x=-\frac{1}{3}, y=1$을 대입하면
$1=a\times\left(-\frac{1}{3}\right)^2$ $\therefore a=9$
$y=9x^2$에 $x=1, y=b$를 대입하면 $b=9$

5-2 $y=ax^2$에 $x=4, y=2$를 대입하면
$2=a\times4^2$ $\therefore a=\frac{1}{8}$
$y=\frac{1}{8}x^2$에 $x=-2, y=b$를 대입하면
$b=\frac{1}{8}\times(-2)^2=\frac{1}{2}$

6-2 그래프가 점 $(-4, -1)$을 지나므로
$y=ax^2$에 $x=-4$, $y=-1$을 대입하면
$-1=a\times(-4)^2 \quad \therefore a=-\frac{1}{16}$

7-1 그래프가 점 $(6, -12)$를 지나므로
$y=ax^2$에 $x=6$, $y=-12$를 대입하면
$-12=a\times6^2 \quad \therefore a=-\frac{1}{3}$

7-2 그래프가 점 $(-2, -3)$을 지나므로
$y=ax^2$에 $x=-2$, $y=-3$을 대입하면
$-3=a\times(-2)^2 \quad \therefore a=-\frac{3}{4}$

8-1 그래프가 점 $(-2, 2)$를 지나므로
$y=ax^2$에 $x=-2$, $y=2$를 대입하면
$2=a\times(-2)^2 \quad \therefore a=\frac{1}{2}$

8-2 그래프가 점 $(3, 9)$를 지나므로
$y=ax^2$에 $x=3$, $y=9$를 대입하면
$9=a\times3^2 \quad \therefore a=1$

STEP 2

기본연산 집중연습 | 05~09

p. 82~p. 83

1-1	㉡, ㉣	**1-2**	㉡-㉠-㉢-㉣
2	㉠-ⓒ, ㉡-ⓑ, ㉢-ⓐ	**3**	㉠-ⓑ, ㉡-ⓒ, ㉢-ⓐ
4-1	지민 : C팀, 수호 : B팀	**4-2**	경아 : A팀, 용재 : D팀

1-1 이차함수 $y=ax^2$의 그래프는 $a<0$일 때 위로 볼록한 포물선이다.

1-2 이차함수 $y=ax^2$의 그래프는 a의 절댓값이 클수록 폭이 좁다.
㉠ $\left|-\frac{8}{3}\right|=\frac{8}{3}$ ㉡ $|5|=5$
㉢ $\left|\frac{3}{4}\right|=\frac{3}{4}$ ㉣ $\left|-\frac{1}{2}\right|=\frac{1}{2}$
$5>\frac{8}{3}>\frac{3}{4}>\frac{1}{2}$이므로 그래프의 폭이 좁은 것부터 차례대로 나열하면 ㉡-㉠-㉢-㉣이다.

2 이차함수 $y=ax^2$의 그래프와 이차함수 $y=-ax^2$의 그래프는 x축에 서로 대칭이다.

4-1 지민 : ① ➡ ④ ➡ ⑥ ➡ ⑧ ➡ C팀
수호 : ② ➡ ③ ➡ ⑤ ➡ ⑦ ➡ B팀

4-2 경아 : ① ➡ ③ ➡ ⑥ ➡ ⑦ ➡ A팀
용재 : ② ➡ ④ ➡ ⑤ ➡ ⑧ ➡ D팀

STEP 1

10 이차함수 $y=ax^2+q$의 그래프

p. 84~p. 88

1-1 (1) ㉠ 7, 4, 3, 4, 7 ㉡ 2, −1, −2, −1, 2
(2)
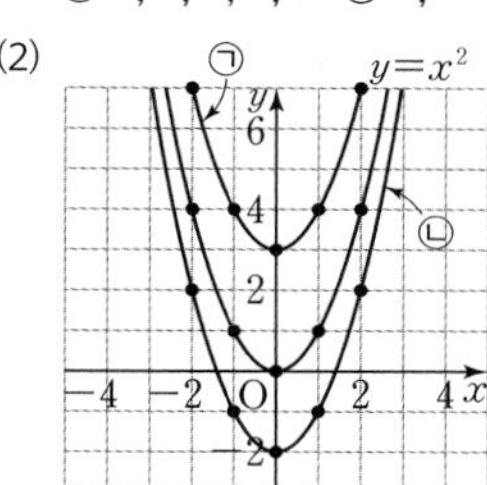

(3) 3, 0, 3, $x=0$ (4) −2, 0, −2, $x=0$

1-2 (1) ㉠ −7, −1, 1, −1, −7 ㉡ −12, −6, −4, −6, −12
(2)
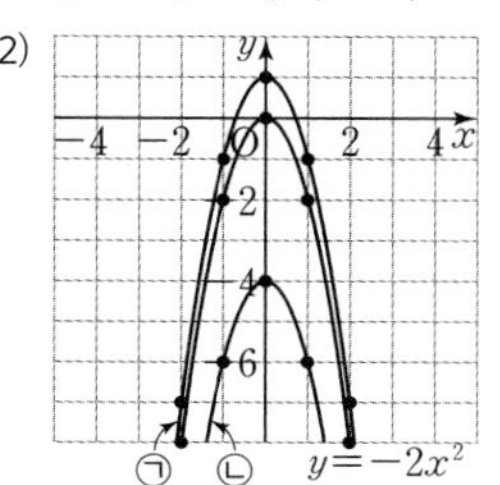

(3) 1, 0, 1, $x=0$ (4) −4, 0, −4, $x=0$

2-1
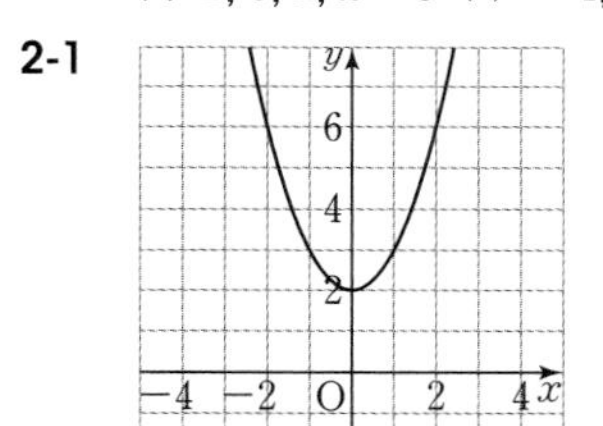
① x^2, 2
② 0, 2
③ $x=0$
④ 아래
⑤ $x>0$

2-2
① $-x^2$, −2
② 0, −2
③ $x=0$
④ 위
⑤ $x<0$

3-1
① $\frac{1}{2}x^2$, 2
② 0, 2
③ $x=0$
④ 아래
⑤ $x<0$

3-2
① $-\frac{1}{2}x^2$, −1
② 0, −1
③ $x=0$
④ 위
⑤ $x>0$

4-1 2, ① 1 ② 0

4-2

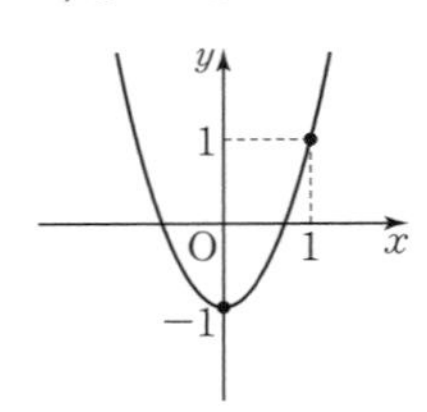

① (0, −1) ② $x=0$

5-1

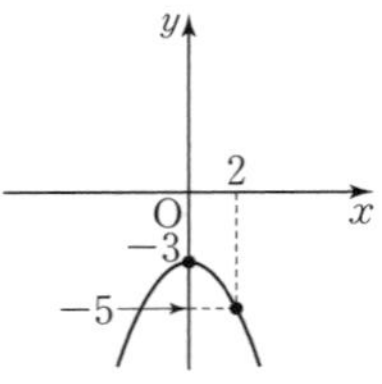

① (0, −3) ② $x=0$

5-2

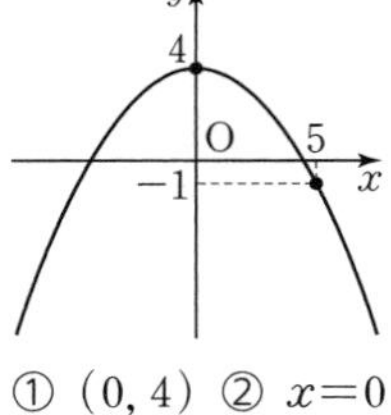

① (0, 4) ② $x=0$

6-1

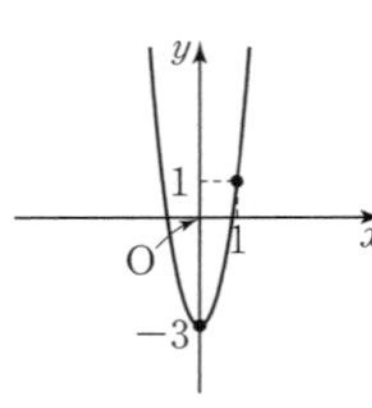

① (0, −3) ② $x=0$

6-2

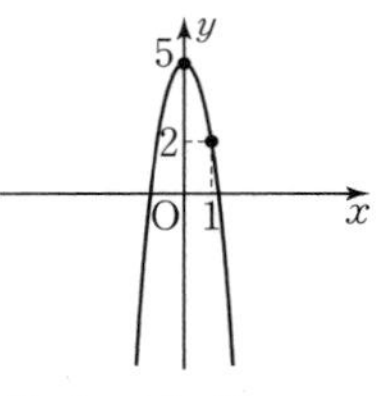

① (0, 5) ② $x=0$

7-1

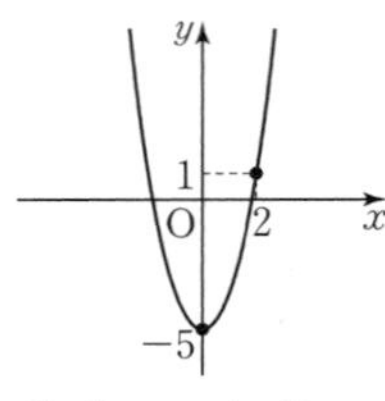

① (0, −5) ② $x=0$

7-2

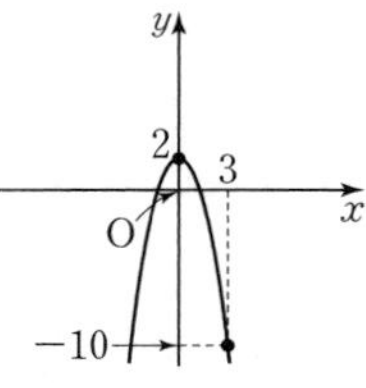

① (0, 2) ② $x=0$

8-1 (1) $y=2x^2+5$ (2) $(0, 5)$ (3) $x=0$ (4) $x>0$

8-2 (1) $y=-3x^2-4$ (2) $(0, -4)$ (3) $x=0$ (4) $x>0$

9-1 (1) $y=-2x^2-1$ (2) $(0, -1)$ (3) $x=0$ (4) $x<0$

9-2 (1) $y=\frac{3}{4}x^2+2$ (2) $(0, 2)$ (3) $x=0$ (4) $x<0$

10-1 (1) $y=4x^2-3$ (2) $(0, -3)$ (3) $x=0$ (4) $x<0$

10-2 (1) $y=-\frac{1}{5}x^2+1$ (2) $(0, 1)$ (3) $x=0$ (4) $x<0$

11 이차함수 $y=ax^2+q$의 그래프가 지나는 점 p. 89

1-1 3, 3, 1, 4 **1-2** −5

2-1 0 **2-2** −2

3-1 $\frac{2}{3}$ **3-2** 6

1-2 평행이동한 그래프가 나타내는 이차함수의 식은

$y=-x^2-4$

$y=-x^2-4$에 $x=-1$, $y=k$를 대입하면

$k=-(-1)^2-4=-5$

2-1 평행이동한 그래프가 나타내는 이차함수의 식은

$y=\frac{1}{2}x^2-2$

$y=\frac{1}{2}x^2-2$에 $x=2$, $y=k$를 대입하면

$k=\frac{1}{2}\times2^2-2=0$

2-2 평행이동한 그래프가 나타내는 이차함수의 식은

$y=-\frac{1}{2}x^2+6$

$y=-\frac{1}{2}x^2+6$에 $x=-4$, $y=k$를 대입하면

$k=-\frac{1}{2}\times(-4)^2+6=-2$

3-1 평행이동한 그래프가 나타내는 이차함수의 식은

$y=-3x^2+1$

$y=-3x^2+1$에 $x=-\frac{1}{3}$, $y=k$를 대입하면

$k=-3\times\left(-\frac{1}{3}\right)^2+1=\frac{2}{3}$

3-2 평행이동한 그래프가 나타내는 이차함수의 식은

$y=4x^2+5$

$y=4x^2+5$에 $x=\frac{1}{2}$, $y=k$를 대입하면

$k=4\times\left(\frac{1}{2}\right)^2+5=6$

12 이차함수 $y=a(x-p)^2$의 그래프

p. 90~p. 94

1-1 (1) ㉠ 4, 1, 0, 1, 4 ㉡ 4, 1, 0, 1, 4

(2)

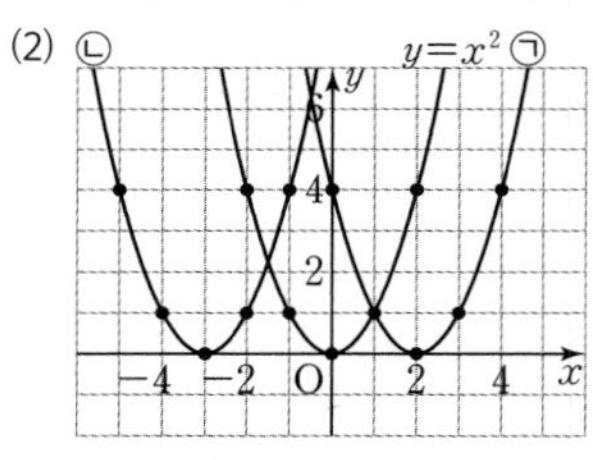

(3) 2, 2, 0, $x=2$ (4) −3, −3, 0, $x=-3$

1-2 (1) ㉠ −4, −1, 0, −1, −4 ㉡ −4, −1, 0, −1, −4

(2)

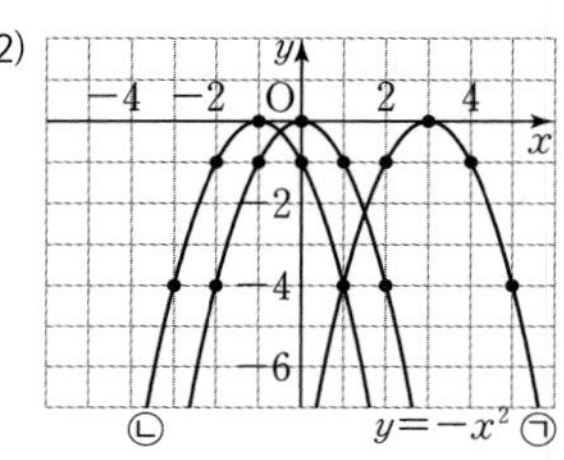

(3) 3, 3, 0, $x=3$ (4) −1, −1, 0, $x=-1$

2-1 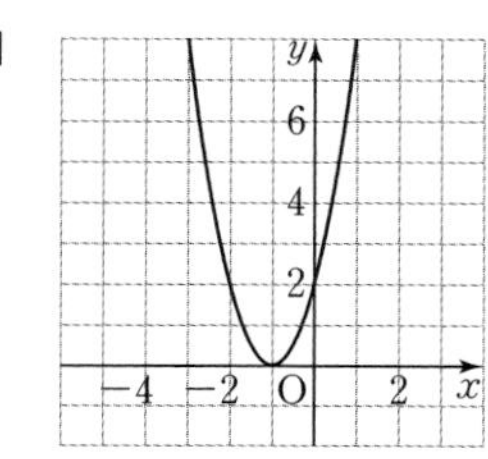

① $2x^2$, x, -1
② -1, 0
③ $x=-1$
④ 아래
⑤ $x<-1$

2-2 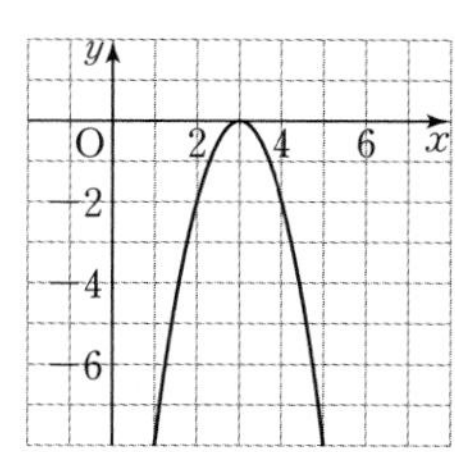

① $-2x^2$, x, 3
② 3, 0
③ $x=3$
④ 위
⑤ $x<3$

3-1 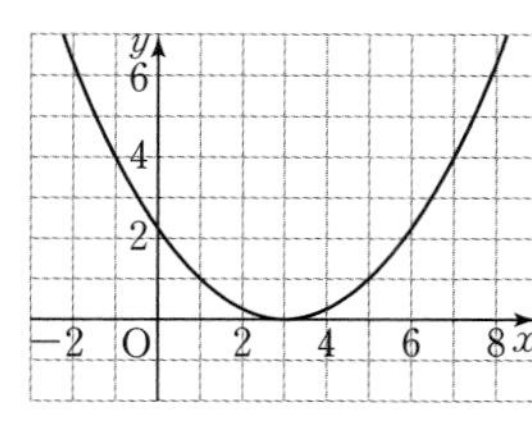

① $\frac{1}{4}x^2$, x, 3
② 3, 0
③ $x=3$
④ 아래
⑤ $x>3$

3-2 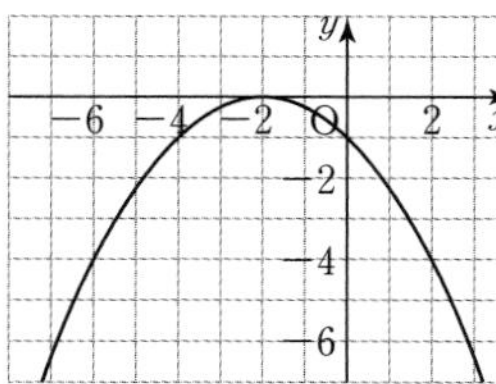

① $-\frac{1}{4}x^2$, x, -2
② -2, 0
③ $x=-2$
④ 위
⑤ $x>-2$

4-1 1, ① 1 ② 1

4-2 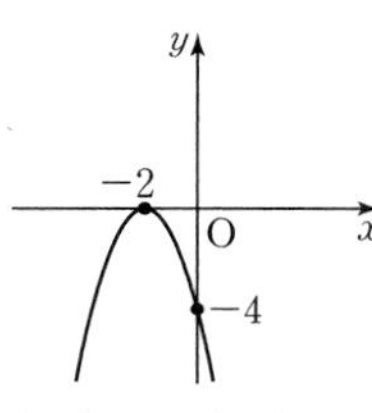

① $(-2, 0)$ ② $x=-2$

5-1 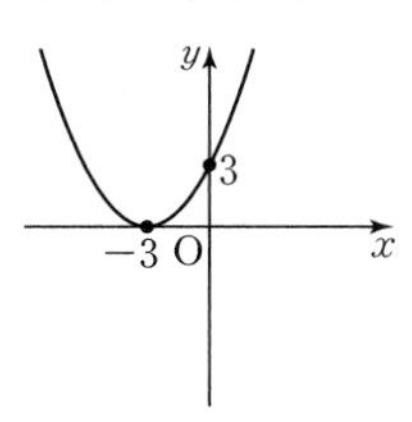

① $(-3, 0)$ ② $x=-3$

5-2 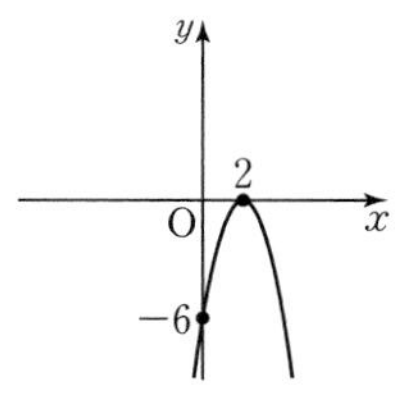

① $(2, 0)$ ② $x=2$

6-1 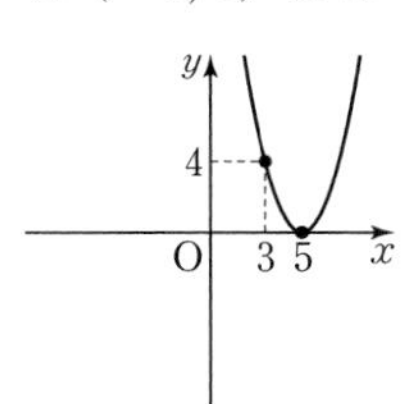

① $(5, 0)$ ② $x=5$

6-2 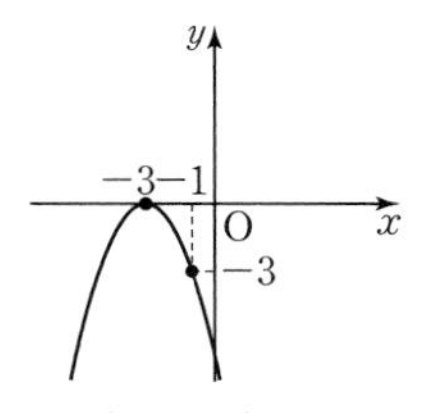

① $(-3, 0)$ ② $x=-3$

7-1 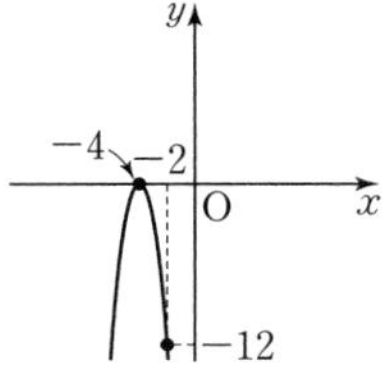

① $(-4, 0)$ ② $x=-4$

7-2 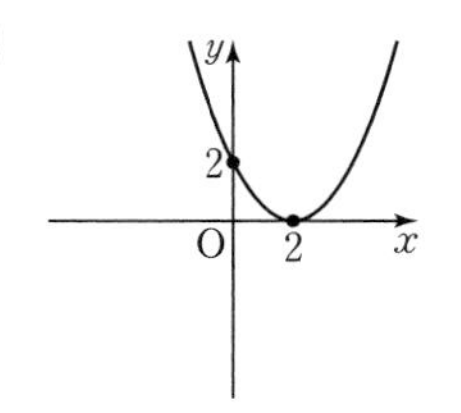

① $(2, 0)$ ② $x=2$

8-1 (1) $y=2(x-4)^2$ (2) $(4, 0)$ (3) $x=4$ (4) $x>4$

8-2 (1) $y=\frac{1}{3}(x+1)^2$ (2) $(-1, 0)$ (3) $x=-1$ (4) $x<-1$

9-1 (1) $y=-(x+3)^2$ (2) $(-3, 0)$ (3) $x=-3$ (4) $x<-3$

9-2 (1) $y=5(x-7)^2$ (2) $(7, 0)$ (3) $x=7$ (4) $x>7$

10-1 (1) $y=\frac{3}{4}(x+2)^2$ (2) $(-2, 0)$ (3) $x=-2$ (4) $x<-2$

10-2 (1) $y=-\frac{5}{2}(x-5)^2$ (2) $(5, 0)$ (3) $x=5$ (4) $x>5$

13 이차함수 $y=a(x-p)^2$의 그래프가 지나는 점 p. 95

1-1	3, 3, 1, −8	**1-2**	1
2-1	4	**2-2**	−27
3-1	20	**3-2**	−24

1-2 평행이동한 그래프가 나타내는 이차함수의 식은
$y=(x+3)^2$
$y=(x+3)^2$에 $x=-4$, $y=k$를 대입하면
$k=(-4+3)^2=1$

2-1 평행이동한 그래프가 나타내는 이차함수의 식은
$y=4(x+2)^2$
$y=4(x+2)^2$에 $x=-1$, $y=k$를 대입하면
$k=4\times(-1+2)^2=4$

2-2 평행이동한 그래프가 나타내는 이차함수의 식은
$y=-3(x-1)^2$
$y=-3(x-1)^2$에 $x=4$, $y=k$를 대입하면
$k=-3\times(4-1)^2=-27$

3-1 평행이동한 그래프가 나타내는 이차함수의 식은
$y=\frac{5}{4}(x+1)^2$
$y=\frac{5}{4}(x+1)^2$에 $x=3$, $y=k$를 대입하면
$k=\frac{5}{4}\times(3+1)^2=20$

3-2 평행이동한 그래프가 나타내는 이차함수의 식은
$y=-\frac{3}{2}(x-2)^2$
$y=-\frac{3}{2}(x-2)^2$에 $x=-2$, $y=k$를 대입하면
$k=-\frac{3}{2}\times(-2-2)^2=-24$

STEP 2

기본연산 집중연습 | 10~13

p. 96~p. 97

1-1 ㉠－ⓑ, ㉡－ⓐ, ㉢－ⓒ **1-2** ㉠－ⓒ, ㉡－ⓑ, ㉢－ⓐ

2-1 지민 : A코스, 수호 : C코스

2-2 경아 : D코스, 용재 : B코스

2-1 지민 : ① ➡ ④ ➡ ⑤ ➡ ⑦ ➡ A코스
수호 : ② ➡ ③ ➡ ⑥ ➡ ⑧ ➡ C코스

2-2 경아 : ① ➡ ③ ➡ ⑤ ➡ ⑧ ➡ D코스
용재 : ② ➡ ④ ➡ ⑥ ➡ ⑦ ➡ B코스

STEP 1

14 이차함수 $y=a(x-p)^2+q$의 그래프

p. 98~p. 102

1-1 (1)

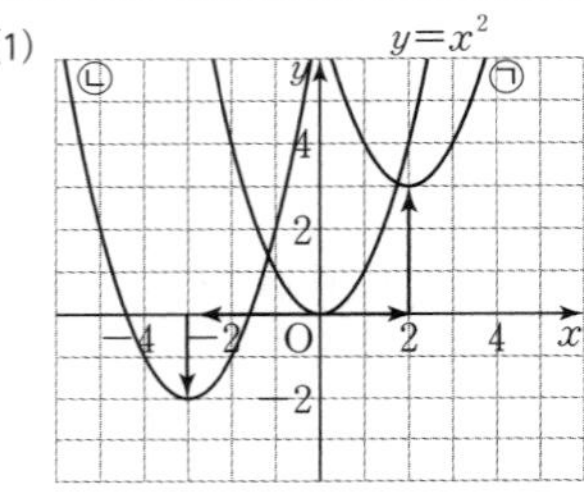

(2) 2, 3, 2, 3, $x=2$
(3) -3, -2, -3, -2, $x=-3$

1-2 (1)

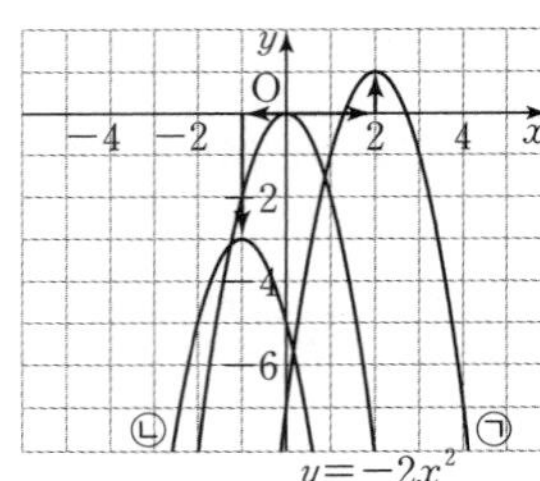

(2) 2, 1, 2, 1, $x=2$
(3) -1, -3, -1, -3, $x=-1$

2-1

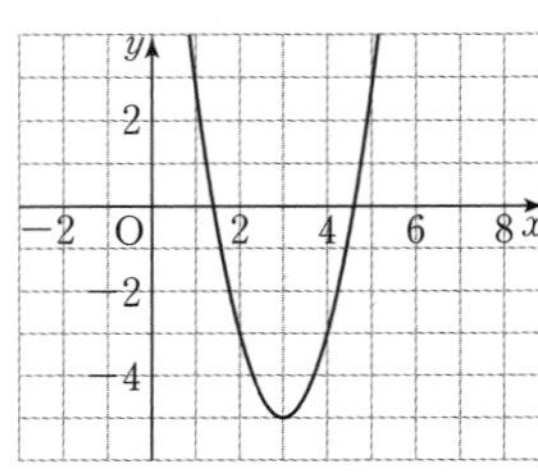

① $2x^2$, 3, -5
② 3, -5
③ $x=3$
④ 아래
⑤ $x<3$

2-2

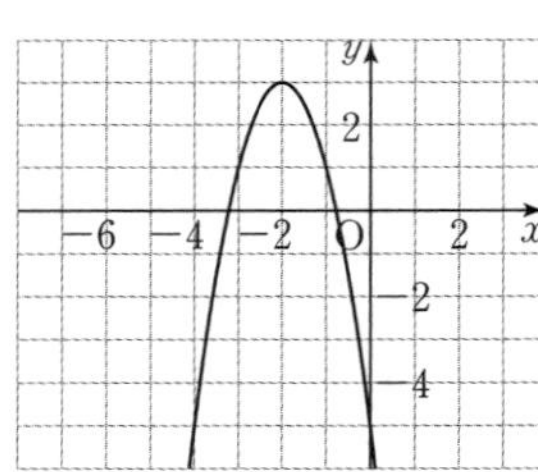

① $-2x^2$, -2, 3
② -2, 3
③ $x=-2$
④ 위
⑤ $x<-2$

3-1

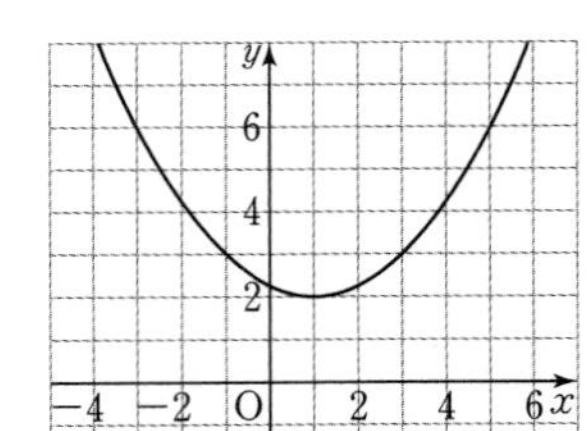

① $\frac{1}{4}x^2$, 1, 2
② 1, 2
③ $x=1$
④ 아래
⑤ $x>1$

3-2

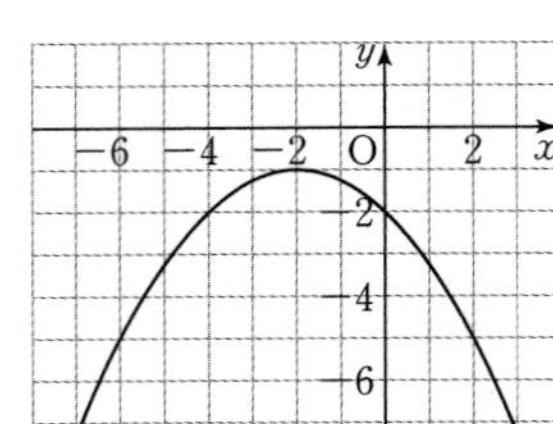

① $-\frac{1}{4}x^2$, -2, -1
② -2, -1
③ $x=-2$
④ 위
⑤ $x>-2$

4-1 2, 1, 2

4-2

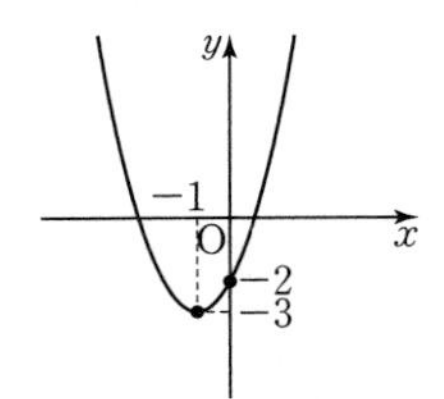

① $(-1, -3)$ ② $x=-1$

5-1

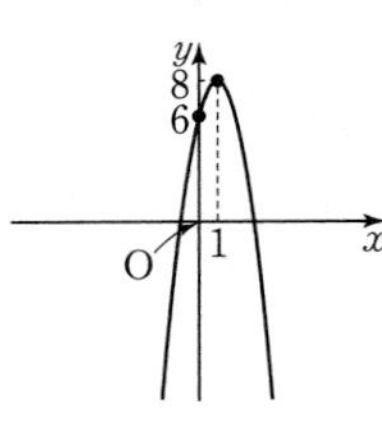

① $(1, 8)$ ② $x=1$

5-2

① $(3, 2)$ ② $x=3$

6-1

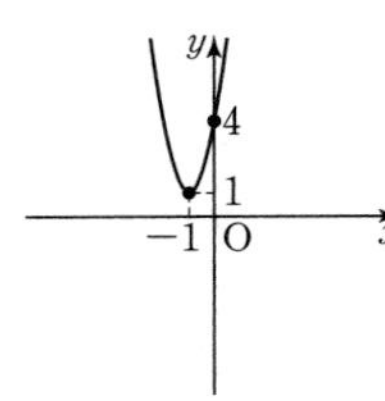

① $(-1, 1)$ ② $x=-1$

6-2

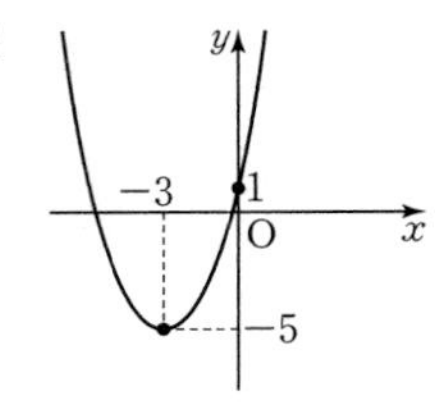

① $(-3, -5)$
② $x=-3$

7-1

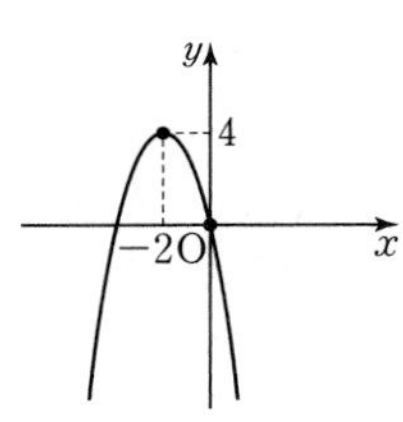

① $(-2, 4)$ ② $x=-2$

7-2

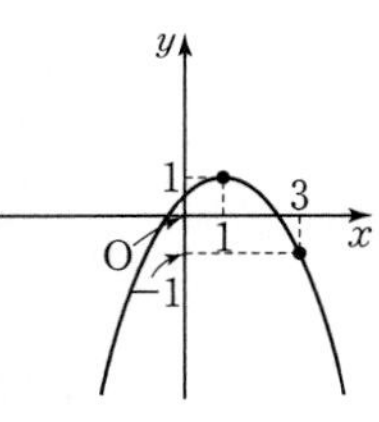

① $(1, 1)$ ② $x=1$

8-1 (1) $y=3(x+1)^2+2$ (2) $(-1, 2)$ (3) $x=-1$ (4) $x<-1$

8-2 (1) $y=\frac{3}{4}(x-2)^2+5$ (2) $(2, 5)$ (3) $x=2$ (4) $x>2$

9-1 (1) $y=-2(x-4)^2+7$ (2) $(4, 7)$ (3) $x=4$ (4) $x>4$

9-2 (1) $y=-3(x-1)^2-6$ (2) $(1, -6)$ (3) $x=1$ (4) $x<1$

10-1 (1) $y=-\frac{3}{2}(x+3)^2-4$ (2) $(-3, -4)$ (3) $x=-3$ (4) $x<-3$

10-2 (1) $y=\frac{1}{2}(x+5)^2+3$ (2) $(-5, 3)$ (3) $x=-5$ (4) $x<-5$

15 이차함수 $y=a(x-p)^2+q$의 그래프가 지나는 점 p. 103

1-1 $1, k, 1, 1$ **1-2** -3
2-1 8 **2-2** -2
3-1 -3 **3-2** -5

1-2 $y=-2(x+3)^2-1$에 $x=-2$, $y=k$를 대입하면
$k=-2(-2+3)^2-1=-3$

2-1 평행이동한 그래프가 나타내는 이차함수의 식은
$y=\frac{3}{4}(x-3)^2+5$
$y=\frac{3}{4}(x-3)^2+5$에 $x=5$, $y=k$를 대입하면
$k=\frac{3}{4}(5-3)^2+5=8$

2-2 평행이동한 그래프가 나타내는 이차함수의 식은
$y=2(x-1)^2-4$
$y=2(x-1)^2-4$에 $x=2$, $y=k$를 대입하면
$k=2(2-1)^2-4=-2$

3-1 평행이동한 그래프가 나타내는 이차함수의 식은
$y=-(x+4)^2-2$
$y=-(x+4)^2-2$에 $x=-3$, $y=k$를 대입하면
$k=-(-3+4)^2-2=-3$

3-2 평행이동한 그래프가 나타내는 이차함수의 식은
$y=\frac{1}{3}(x-3)^2-8$
$y=\frac{1}{3}(x-3)^2-8$에 $x=6$, $y=k$를 대입하면
$k=\frac{1}{3}(6-3)^2-8=-5$

16 이차함수의 그래프의 종합 p. 104~p. 108

1-1 $2, 0, 0, 0$

1-2

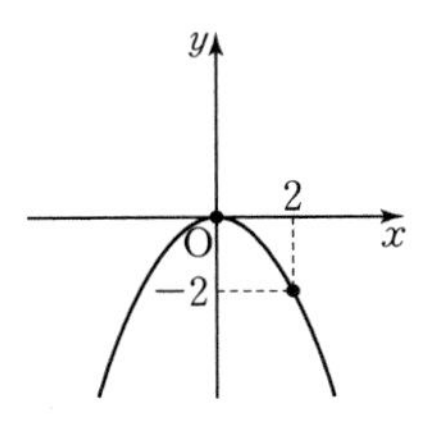

① $(0, 0)$ ② $x=0$

2-1

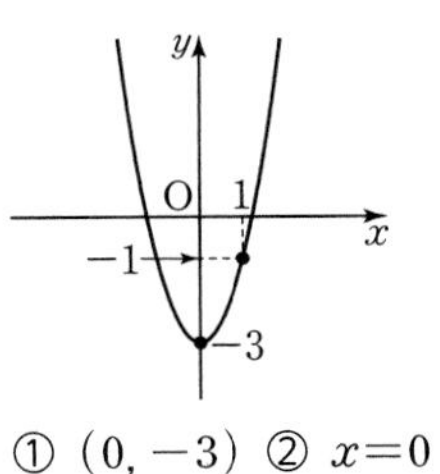

① $(0, -3)$ ② $x=0$

2-2

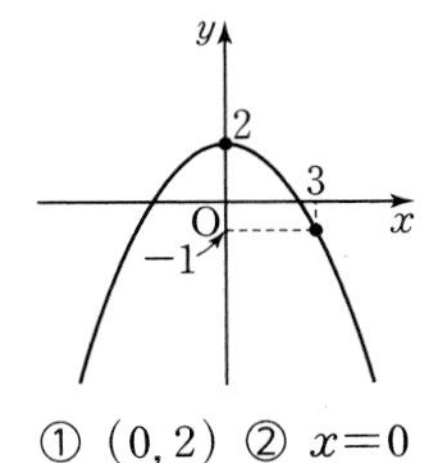

① $(0, 2)$ ② $x=0$

3-1

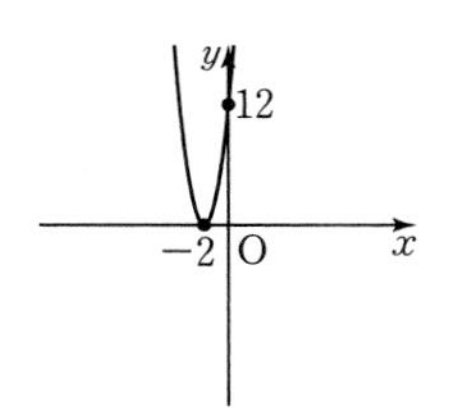

① $(-2, 0)$ ② $x=-2$

3-2

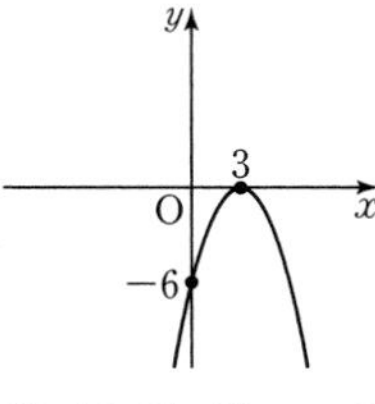

① $(3, 0)$ ② $x=3$

4-1

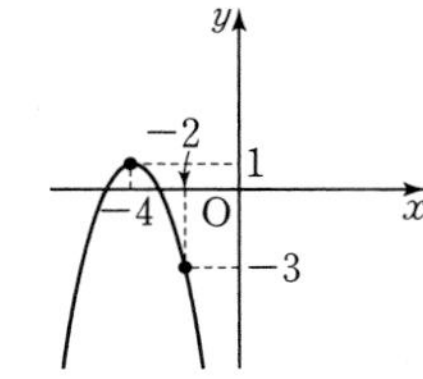

① $(-4, 1)$ ② $x=-4$

4-2

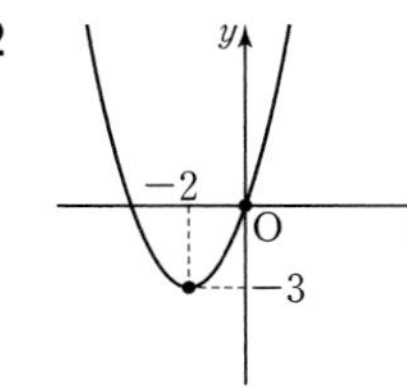

① $(-2, -3)$ ② $x=-2$

5-1 (1) ㉡, ㉢, ㉣ (2) ㉠, ㉤, ㉥ (3) ㉡-㉤-㉠-㉢-㉣-㉥
(4) ㉠, ㉥ (5) ㉤ (6) ㉢
5-2 (1) ㉡, ㉣, ㉤ (2) ㉠, ㉢, ㉥ (3) ㉠ (4) ㉢ (5) ㉤, ㉥ (6) ㉣
6-1 (1) 아래 (2) $(0, 0)$ (3) $x=0$ (4) $1, 2$ (5) $y=-4x^2$ (6) $x>0$
6-2 (1) 위 (2) $(0, -1)$ (3) $x=0$ (4) $3, 4$ (5) $y=3x^2$ (6) $x>0$
7-1 (1) 아래 (2) $(-2, 0)$ (3) $x=-2$ (4) $1, 2$ (5) $x, -2$
(6) 감소
7-2 (1) 위 (2) $(-1, -5)$ (3) $x=-1$ (4) $3, 4$ (5) $-1, -5$
(6) 감소

STEP 2

기본연산 집중연습 | 14~16 p. 109~p. 110

1-1 ㉠-ⓒ, ㉡-ⓐ, ㉢-ⓑ **1-2** ㉠-ⓒ, ㉡-ⓑ, ㉢-ⓐ
2-1 지민 : C마을, 수호 : B마을
2-2 경아 : A마을, 용재 : D마을

2-1 지민 : ① ➡ ④ ➡ ⑥ ➡ ⑧ ➡ C마을
수호 : ② ➡ ③ ➡ ⑤ ➡ ⑦ ➡ B마을

2-2 경아 : ① ➡ ④ ➡ ⑥ ➡ ⑦ ➡ A마을
용재 : ② ➡ ③ ➡ ⑤ ➡ ⑧ ➡ D마을

STEP 1

17 이차함수 $y=a(x-p)^2+q$에서 a, p, q의 부호 p. 111~p. 112

1-1 $<$ **1-2** $<, <, =$
2-1 $>, <, >$ **2-2** $<, <, <$

3-1 $>, =, =$　3-2 $<, =, >$
4-1 $<, >, =$　4-2 $>, <, <$
5-1 $>, >, <$　5-2 $<, >, >$

3-1 그래프가 아래로 볼록하므로 $a>0$
꼭짓점이 원점이므로 $p=0, q=0$

3-2 그래프가 위로 볼록하므로 $a<0$
꼭짓점이 y축 위에 있으므로 $p=0$
꼭짓점이 x축보다 위쪽에 있으므로 $q>0$

4-1 그래프가 위로 볼록하므로 $a<0$
꼭짓점이 y축보다 오른쪽에 있으므로 $p>0$
꼭짓점이 x축 위에 있으므로 $q=0$

4-2 그래프가 아래로 볼록하므로 $a>0$
꼭짓점이 제3사분면 위에 있으므로 $p<0, q<0$

5-1 그래프가 아래로 볼록하므로 $a>0$
꼭짓점이 제4사분면 위에 있으므로 $p>0, q<0$

5-2 그래프가 위로 볼록하므로 $a<0$
꼭짓점이 제1사분면 위에 있으므로 $p>0, q>0$

18 이차함수 $y=a(x-p)^2+q$의 그래프의 평행이동

p. 113~p. 114

1-1 ① 4 ② 4
③
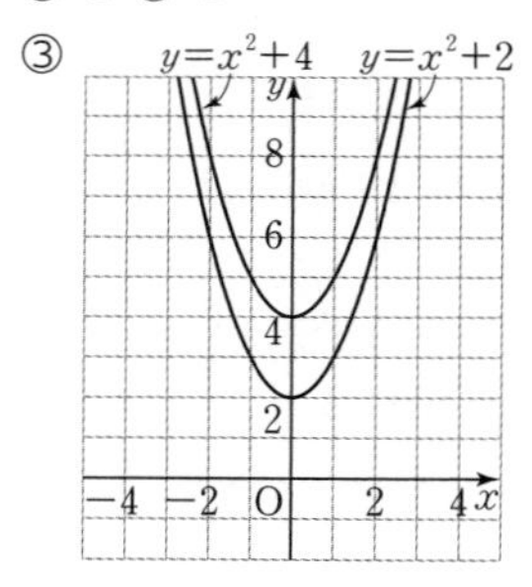

1-2 ① 3, -1, 3 ② $y=-2(x+1)^2+3$
③
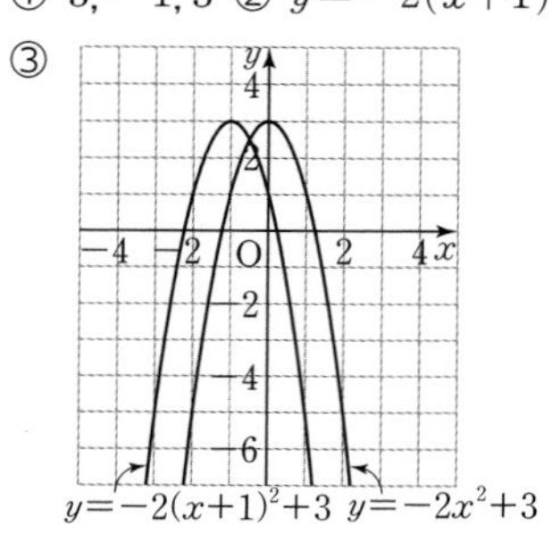

2-1 ① $-1, -3$ ② $y=-(x+3)^2$
③
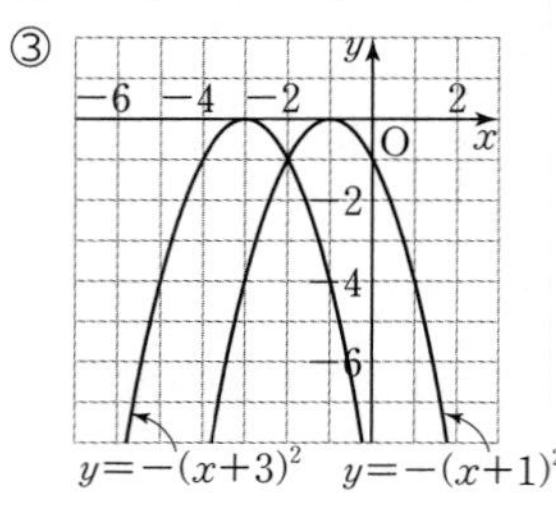

2-2 ① 2, 2, 4 ② $y=\frac{1}{2}(x-2)^2+4$
③
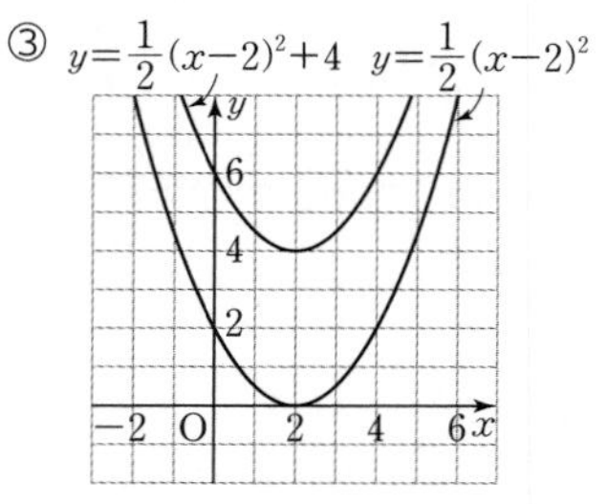

3-1 ① 1, 0 ② $y=-(x-1)^2$
③
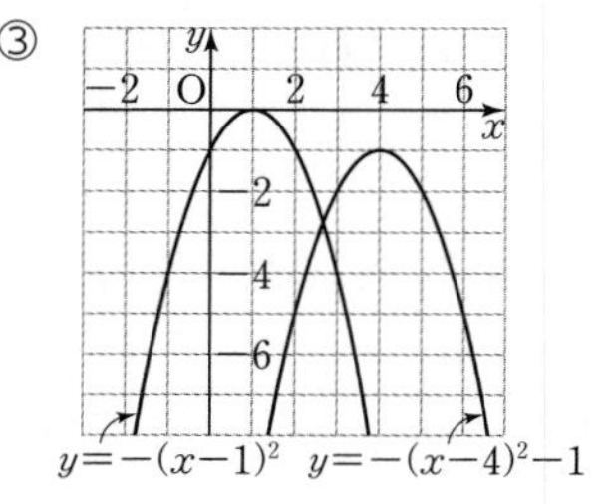

3-2 ① $-1, -2, 1, 1$ ② $y=2(x-1)^2+1$
③
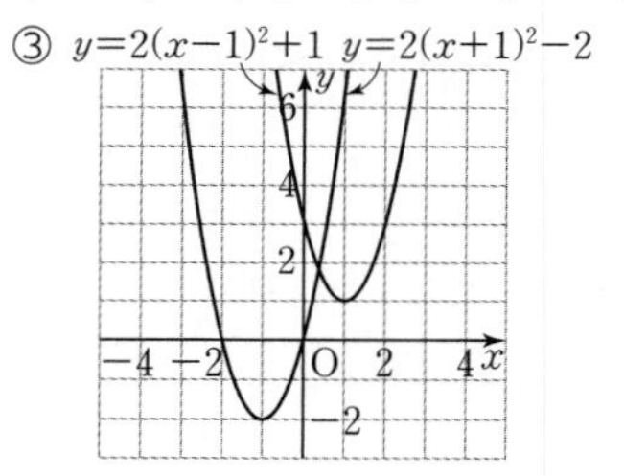

STEP 2

기본연산 집중연습 | 17~18

p. 115

1-1 $<, =, =$　1-2 $>, >, =$
1-3 $<, >, <$　1-4 $>, >, >$
2-1 $y=-3(x-2)^2+4$　2-2 $y=-\frac{1}{4}(x-5)^2-2$
2-3 $y=5(x-2)^2-8$　2-4 $y=\frac{3}{2}(x+4)^2+5$

1-1 그래프가 위로 볼록하므로 $a<0$
꼭짓점이 원점이므로 $p=0, q=0$

1-2 그래프가 아래로 볼록하므로 $a>0$
꼭짓점이 y축보다 오른쪽에 있으므로 $p>0$
꼭짓점이 x축 위에 있으므로 $q=0$

1-3 그래프가 위로 볼록하므로 $a<0$
꼭짓점이 제4사분면 위에 있으므로 $p>0$, $q<0$

1-4 그래프가 아래로 볼록하므로 $a>0$
꼭짓점이 제1사분면 위에 있으므로 $p>0$, $q>0$

2-1 꼭짓점의 좌표는
$(0, 1) \longrightarrow (0+2,\ 1+3)$, 즉 $(2, 4)$
따라서 평행이동한 그래프가 나타내는 이차함수의 식은
$y=-3(x-2)^2+4$

2-2 꼭짓점의 좌표는
$(6, 0) \longrightarrow (6-1,\ 0-2)$, 즉 $(5, -2)$
따라서 평행이동한 그래프가 나타내는 이차함수의 식은
$y=-\frac{1}{4}(x-5)^2-2$

2-3 꼭짓점의 좌표는
$(-2, -5) \longrightarrow (-2+4, -5-3)$, 즉 $(2, -8)$
따라서 평행이동한 그래프가 나타내는 이차함수의 식은
$y=5(x-2)^2-8$

2-4 꼭짓점의 좌표는
$(1, 4) \longrightarrow (1-5, 4+1)$, 즉 $(-4, 5)$
따라서 평행이동한 그래프가 나타내는 이차함수의 식은
$y=\frac{3}{2}(x+4)^2+5$

STEP 3

기본연산 테스트

p. 116 ~ p. 119

1 (1) × (2) ○ (3) ○ (4) × (5) ○
2 ㉠, ㉤, ㉥
3 (1) -12 (2) 0 (3) 8
4 (1) 18 (2) -3 (3) 24
5 (1) 4 (2) 6 (3) $\frac{1}{2}$
6 ㉠ $y=\frac{1}{5}x^2$ ㉡ $y=x^2$ ㉢ $y=2x^2$ ㉣ $y=-\frac{1}{5}x^2$
㉤ $y=-x^2$ ㉥ $y=-2x^2$
7 ㉠, ㉢, ㉤
8 (1) $(0, 0)$, $x=0$ (2) $(0, 4)$, $x=0$ (3) $(-5, 0)$, $x=-5$
(4) $(-1, -3)$, $x=-1$ (5) $(4, 2)$, $x=4$
9 (1) 24 (2) 13 (3) -8 (4) 7
10 (1) 직선 $x=1$에 대칭이다.
(2) 위로 볼록한 포물선이다.
(3) ○ (4) ○
(5) $x>1$일 때, x의 값이 증가하면 y의 값은 감소한다.
(6) ○
11 (1) $a>0, p=0, q>0$ (2) $a<0, p>0, q>0$
(3) $a>0, p<0, q=0$ (4) $a<0, p<0, q>0$
12 (1) $y=(x-2)^2-5$ (2) $y=-2(x+4)^2+6$
(3) $y=\frac{2}{3}(x-4)^2+3$ (4) $y=-4(x-2)^2+4$

---

1 (1) 일차함수이다.
(4) 이차식이다.
(5) $y=2x(x-3)-x^2=x^2-6x$이므로 이차함수이다.

2 ㉠ $y=6\times x\times x=6x^2$
㉡ $y=\frac{1}{2}\times x\times 8=4x$
㉢ $y=1500\times x=1500x$
㉣ $y=x\times 3=3x$
㉤ $y=\frac{1}{3}\pi\times(2x)^2\times 6=8\pi x^2$
㉥ $y=x\times 3x=3x^2$
따라서 y가 x에 대한 이차함수인 것은 ㉠, ㉤, ㉥이다.

3 (1) $f(0)=0^2+4\times 0-12=-12$
(2) $f(2)=2^2+4\times 2-12=0$
(3) $f(1)=1^2+4\times 1-12=-7$
$f(-1)=(-1)^2+4\times(-1)-12=-15$
$\therefore\ f(1)-f(-1)=-7-(-15)=8$

4 (1) $f(-6)=\frac{1}{2}\times(-6)^2=18$
(2) $\frac{1}{2}f(2)=\frac{1}{2}\times(-3\times 2^2+2+4)=-3$
(3) $f(-3)=-(-3)^2+5\times(-3)+24=0$
$f(5)=-5^2+5\times 5+24=24$
$\therefore\ 3f(-3)+f(5)=3\times 0+24=24$

5 (1) $f(3)=3^2-2\times 3+k=3+k$
$f(3)=7$이므로 $3+k=7$ $\therefore\ k=4$
(2) $f(-1)=2\times(-1)^2+k\times(-1)+3=5-k$
$f(-1)=-1$이므로 $5-k=-1$ $\therefore\ k=6$
(3) $f(2)=k\times 2^2+4\times 2-10=4k-2$
$f(2)=0$이므로 $4k-2=0$ $\therefore\ k=\frac{1}{2}$

6 아래로 볼록한 그래프는 $y=x^2$, $y=2x^2$, $y=\frac{1}{5}x^2$

이때 $\left|\frac{1}{5}\right|<|1|<|2|$이고 절댓값이 클수록 그래프의 폭이 좁으므로 이차함수의 식과 그래프를 짝지으면

㉠ $y=\frac{1}{5}x^2$, ㉡ $y=x^2$, ㉢ $y=2x^2$

위로 볼록한 그래프는 $y=-x^2$, $y=-2x^2$, $y=-\frac{1}{5}x^2$

이때 $\left|-\frac{1}{5}\right|<|-1|<|-2|$이고 절댓값이 클수록 그래프의 폭이 좁으므로 이차함수의 식과 그래프를 짝지으면

㉣ $y=-\frac{1}{5}x^2$, ㉤ $y=-x^2$, ㉥ $y=-2x^2$

7 x^2의 계수가 같으면 이차함수의 그래프를 평행이동하여 포갤 수 있으므로 x^2의 계수가 $\frac{3}{2}$인 것을 찾으면 ㉠, ㉢, ㉤이다.

9 (1) $y=ax^2$에 $x=3$, $y=6$을 대입하면

$6=a\times 3^2$ $\quad\therefore a=\frac{2}{3}$

$y=\frac{2}{3}x^2$에 $x=-6$, $y=k$를 대입하면

$k=\frac{2}{3}\times(-6)^2=24$

(2) 평행이동한 그래프가 나타내는 이차함수의 식은

$y=2x^2-5$

$y=2x^2-5$에 $x=3$, $y=k$를 대입하면

$k=2\times 3^2-5=13$

(3) 평행이동한 그래프가 나타내는 이차함수의 식은

$y=-\frac{1}{2}(x+3)^2$

$y=-\frac{1}{2}(x+3)^2$에 $x=1$, $y=k$를 대입하면

$k=-\frac{1}{2}(1+3)^2=-8$

(4) 평행이동한 그래프가 나타내는 이차함수의 식은

$y=5(x+1)^2+2$

$y=5(x+1)^2+2$에 $x=-2$, $y=k$를 대입하면

$k=5(-2+1)^2+2=7$

11 (1) 그래프가 아래로 볼록하므로 $a>0$

꼭짓점이 y축 위에 있으므로 $p=0$

꼭짓점이 x축보다 위쪽에 있으므로 $q>0$

(2) 그래프가 위로 볼록하므로 $a<0$

꼭짓점이 제1사분면 위에 있으므로 $p>0$, $q>0$

(3) 그래프가 아래로 볼록하므로 $a>0$

꼭짓점이 y축보다 왼쪽에 있으므로 $p<0$

꼭짓점이 x축 위에 있으므로 $q=0$

(4) 그래프가 위로 볼록하므로 $a<0$

꼭짓점이 제2사분면 위에 있으므로 $p<0$, $q>0$

12 (1) 꼭짓점의 좌표는

$(0, -4) \longrightarrow (0+2, -4-1)$, 즉 $(2, -5)$

따라서 평행이동한 그래프가 나타내는 이차함수의 식은

$y=(x-2)^2-5$

(2) 꼭짓점의 좌표는

$(-3, 0) \longrightarrow (-3-1, 0+6)$, 즉 $(-4, 6)$

따라서 평행이동한 그래프가 나타내는 이차함수의 식은

$y=-2(x+4)^2+6$

(3) 꼭짓점의 좌표는

$(1, -2) \longrightarrow (1+3, -2+5)$, 즉 $(4, 3)$

따라서 평행이동한 그래프가 나타내는 이차함수의 식은

$y=\frac{2}{3}(x-4)^2+3$

(4) 꼭짓점의 좌표는

$(-2, 7) \longrightarrow (-2+4, 7-3)$, 즉 $(2, 4)$

따라서 평행이동한 그래프가 나타내는 이차함수의 식은

$y=-4(x-2)^2+4$

3 이차함수의 그래프(2)

STEP 1

01 이차함수 $y=ax^2+bx+c$의 그래프 p. 122~p. 126

1-1 16, 16, 16, 8, 4, 9

1-2 $y=-(x-2)^2+7$

2-1 $y=3(x-1)^2-12$

2-2 $y=-\frac{1}{3}(x-3)^2-2$

3-1 $y=2(x-1)^2+5$

3-2 $y=-(x-3)^2+9$

4-1 $y=2(x-2)^2-3$

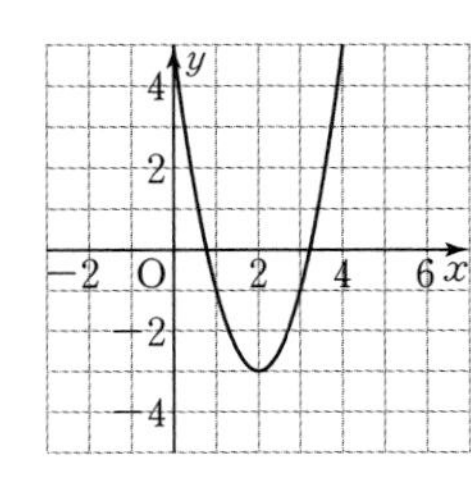

① $2x^2$, 2, -3 ② $(2, -3)$ ③ $x=2$ ④ 아래

4-2 $y=-\frac{1}{2}(x+3)^2+2$

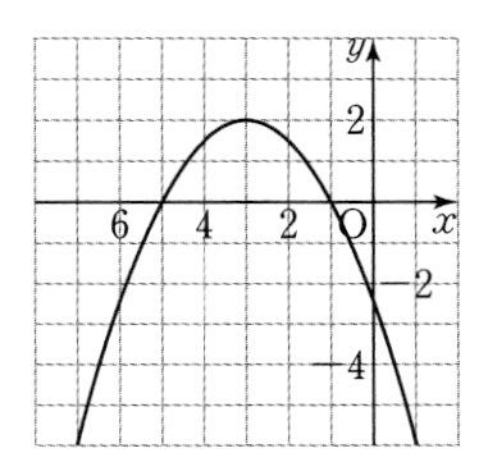

① $-\frac{1}{2}x^2$, -3, 2 ② $(-3, 2)$ ③ $x=-3$ ④ 위

5-1 $y=3(x+1)^2-2$

① $3x^2$, -1, -2 ② $(-1, -2)$ ③ $x=-1$ ④ 아래

5-2 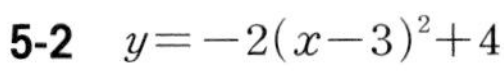 $y=-2(x-3)^2+4$

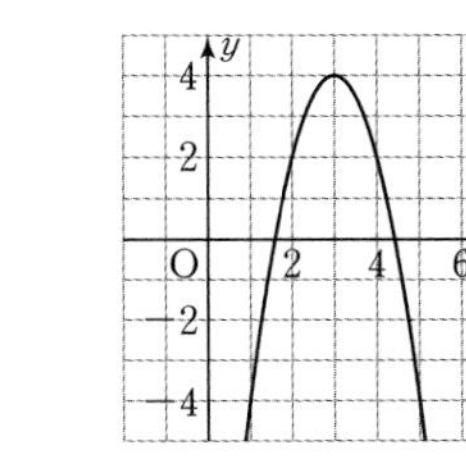

① $-2x^2$, 3, 4 ② $(3, 4)$ ③ $x=3$ ④ 위

6-1 3, 1, 1, 1

6-2 $y=(x-1)^2+1$

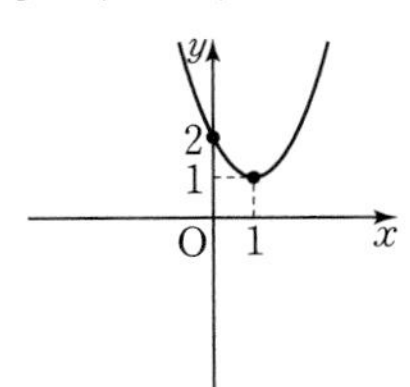

① $(1, 1)$ ② $x=1$

7-1 $y=-(x+3)^2+10$

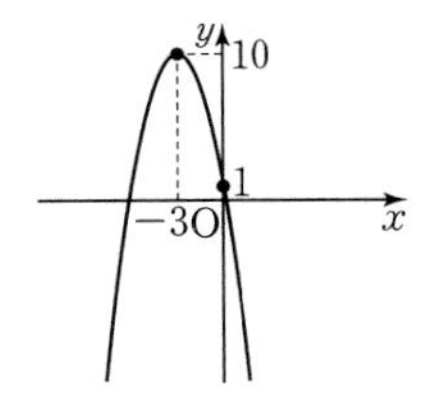

① $(-3, 10)$ ② $x=-3$

7-2 $y=2(x+2)^2-7$

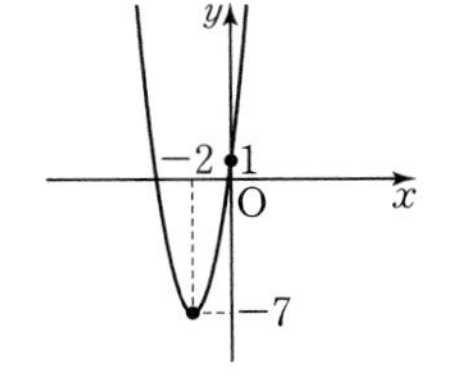

① $(-2, -7)$ ② $x=-2$

8-1 $y=\frac{1}{3}(x-3)^2-1$

① $(3, -1)$ ② $x=3$

8-2 $y=-3(x-1)^2+1$

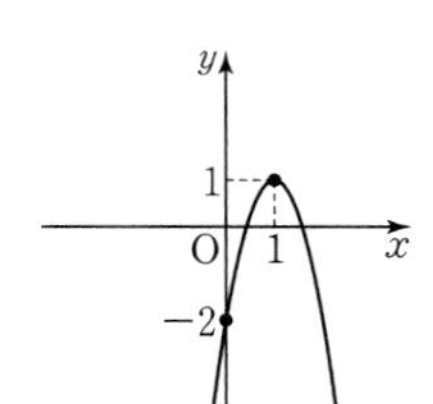

① $(1, 1)$ ② $x=1$

9-1 $y=\frac{3}{2}(x+1)^2-2$

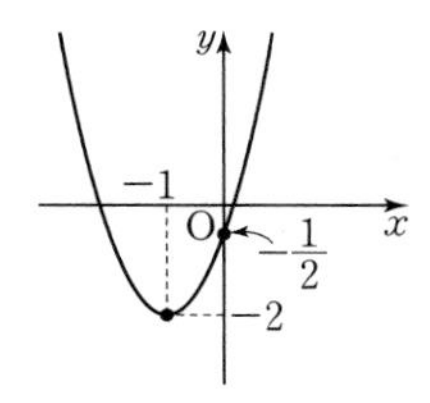

① $(-1, -2)$
② $x=-1$

9-2 $y=\frac{1}{2}(x+1)^2+3$

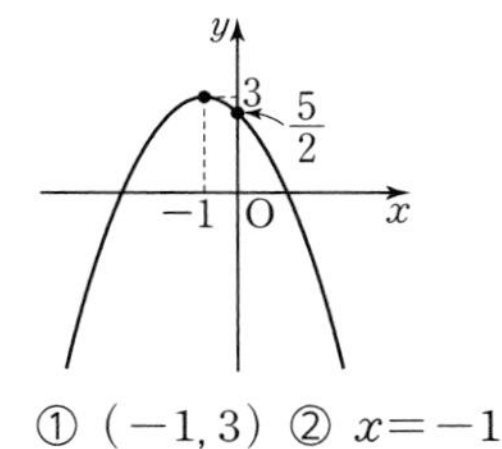

① $(-1, 3)$ ② $x=-1$

10-1 (1) 꼭짓점의 좌표는 $(2, -5)$이다.
(2) 직선 $x=2$를 축으로 한다.
(3) ○
(4) $y=3x^2$의 그래프를 x축의 방향으로 2만큼, y축의 방향으로 -5만큼 평행이동한 것이다.
(5) ○ (6) ○

10-2 (1) 꼭짓점의 좌표는 $(2, -1)$이다.
(2) ○ (3) ○
(4) 제3, 4사분면을 지난다.
(5) $x<2$일 때, x의 값이 증가하면 y의 값도 증가한다.
(6) ○

1-2 $y=-x^2+4x+3$
$=-(x^2-4x)+3$
$=-(x^2-4x+4-4)+3$
$=-(x^2-4x+4)+4+3$
$=-(x-2)^2+7$

2-1 $y=3x^2-6x-9$
$=3(x^2-2x)-9$
$=3(x^2-2x+1-1)-9$
$=3(x^2-2x+1)-3-9$
$=3(x-1)^2-12$

2-2 $y=-\frac{1}{3}x^2+2x-5$
$=-\frac{1}{3}(x^2-6x)-5$
$=-\frac{1}{3}(x^2-6x+9-9)-5$
$=-\frac{1}{3}(x^2-6x+9)+3-5$
$=-\frac{1}{3}(x-3)^2-2$

3-1 $y=2x^2-4x+7$
$=2(x^2-2x)+7$
$=2(x^2-2x+1-1)+7$
$=2(x^2-2x+1)-2+7$
$=2(x-1)^2+5$

3-2 $y=-x^2+6x$
$=-(x^2-6x)$
$=-(x^2-6x+9-9)$
$=-(x-3)^2+9$

4-1 $y=2x^2-8x+5$
$=2(x^2-4x)+5$
$=2(x^2-4x+4-4)+5$
$=2(x^2-4x+4)-8+5$
$=2(x-2)^2-3$

4-2 $y=-\frac{1}{2}x^2-3x-\frac{5}{2}$
$=-\frac{1}{2}(x^2+6x)-\frac{5}{2}$
$=-\frac{1}{2}(x^2+6x+9-9)-\frac{5}{2}$
$=-\frac{1}{2}(x^2+6x+9)+\frac{9}{2}-\frac{5}{2}$
$=-\frac{1}{2}(x+3)^2+2$

5-1 $y=3x^2+6x+1$
$=3(x^2+2x)+1$
$=3(x^2+2x+1-1)+1$
$=3(x^2+2x+1)-3+1$
$=3(x+1)^2-2$

5-2 $y=-2x^2+12x-14$
$=-2(x^2-6x)-14$
$=-2(x^2-6x+9-9)-14$
$=-2(x^2-6x+9)+18-14$
$=-2(x-3)^2+4$

6-1 $y=-2x^2+4x+1$
$=-2(x^2-2x+1-1)+1$
$=-2(x^2-2x+1)+2+1$
$=-2(x-1)^2+3$

6-2 $y=x^2-2x+2$
$=(x^2-2x+1-1)+2$
$=(x-1)^2+1$

7-1 $y=-x^2-6x+1$
$=-(x^2+6x)+1$
$=-(x^2+6x+9-9)+1$
$=-(x^2+6x+9)+9+1$
$=-(x+3)^2+10$

7-2 $y=2x^2+8x+1$
$=2(x^2+4x)+1$
$=2(x^2+4x+4-4)+1$
$=2(x^2+4x+4)-8+1$
$=2(x+2)^2-7$

8-1 $y=\frac{1}{3}x^2-2x+2$
$=\frac{1}{3}(x^2-6x)+2$
$=\frac{1}{3}(x^2-6x+9-9)+2$
$=\frac{1}{3}(x^2-6x+9)-3+2$
$=\frac{1}{3}(x-3)^2-1$

8-2 $y=-3x^2+6x-2$
$=-3(x^2-2x)-2$
$=-3(x^2-2x+1-1)-2$
$=-3(x^2-2x+1)+3-2$
$=-3(x-1)^2+1$

9-1 $y=\frac{3}{2}x^2+3x-\frac{1}{2}$
$=\frac{3}{2}(x^2+2x)-\frac{1}{2}$
$=\frac{3}{2}(x^2+2x+1-1)-\frac{1}{2}$
$=\frac{3}{2}(x^2+2x+1)-\frac{3}{2}-\frac{1}{2}$
$=\frac{3}{2}(x+1)^2-2$

9-2 $y=-\frac{1}{2}x^2-x+\frac{5}{2}$
$=-\frac{1}{2}(x^2+2x)+\frac{5}{2}$
$=-\frac{1}{2}(x^2+2x+1-1)+\frac{5}{2}$
$=-\frac{1}{2}(x^2+2x+1)+\frac{1}{2}+\frac{5}{2}$
$=-\frac{1}{2}(x+1)^2+3$

10-1 $y=3x^2-12x+7$
$=3(x^2-4x)+7$
$=3(x^2-4x+4-4)+7$
$=3(x^2-4x+4)-12+7$
$=3(x-2)^2-5$

10-2 $y=-x^2+4x-5$
$=-(x^2-4x)-5$
$=-(x^2-4x+4-4)-5$
$=-(x^2-4x+4)+4-5$
$=-(x-2)^2-1$

02 이차함수 $y=ax^2+bx+c$의 그래프의 평행이동

p. 127~p. 128

1-1 ① 3 ② 3, 1, -4 ③ 1, 4, 2
1-2 ① 2, 13 ② 2, 13, 3, 8 ③ $y=-2x^2+12x-10$
2-1 ① $\frac{1}{2}(x-4)^2-6$ ② 4, -6, 2, -9 ③ $y=\frac{1}{2}x^2-2x-7$
2-2 ① $-\frac{1}{2}(x+2)^2-1$ ② -2, -1, 0, -2 ③ $y=-\frac{1}{2}x^2-2$
3-1 ① $(x-5)^2-24$ ② 5, -24, 7, -16
③ $y=x^2-14x+33$
3-2 ① $-(x+1)^2+4$ ② -1, 4, 4, 5 ③ $y=-x^2+8x-11$
4-1 ① $3(x-1)^2+1$ ② 1, 1, 2, 0 ③ $y=3x^2-12x+12$
4-2 ① $-3(x-1)^2+3$ ② 1, 3, -3, 1
③ $y=-3x^2-18x-26$
5-1 ① $\frac{2}{3}(x+3)^2-1$ ② -3, -1, 3, 1 ③ $y=\frac{2}{3}x^2-4x+7$
5-2 ① $-\frac{2}{3}(x+6)^2+28$ ② -6, 28, -9, 32
③ $y=-\frac{2}{3}x^2-12x-22$

1-1 ① $y=2x^2-12x+13$
$=2(x^2-6x+9-9)+13$
$=2(x-3)^2-5$

1-2 ① $y=-2x^2+8x+5$
$=-2(x^2-4x+4-4)+5$
$=-2(x-2)^2+13$
③ $y=-2(x-3)^2+8=-2x^2+12x-10$

2-1 ① $y=\frac{1}{2}x^2-4x+2$
$=\frac{1}{2}(x^2-8x+16-16)+2$
$=\frac{1}{2}(x-4)^2-6$
③ $y=\frac{1}{2}(x-2)^2-9=\frac{1}{2}x^2-2x-7$

2-2 ① $y=-\frac{1}{2}x^2-2x-3$
$=-\frac{1}{2}(x^2+4x+4-4)-3$
$=-\frac{1}{2}(x+2)^2-1$

3-1 ① $y=x^2-10x+1$
$=(x^2-10x+25-25)+1$
$=(x-5)^2-24$
③ $y=(x-7)^2-16=x^2-14x+33$

3-2 ① $y=-x^2-2x+3$
$=-(x^2+2x+1-1)+3$
$=-(x+1)^2+4$
③ $y=-(x-4)^2+5=-x^2+8x-11$

4-1 ① $y=3x^2-6x+4$
$=3(x^2-2x+1-1)+4$
$=3(x-1)^2+1$
③ $y=3(x-2)^2=3x^2-12x+12$

4-2 ① $y=-3x^2+6x$
$=-3(x^2-2x+1-1)$
$=-3(x-1)^2+3$
③ $y=-3(x+3)^2+1=-3x^2-18x-26$

5-1 ① $y=\frac{2}{3}x^2+4x+5$
$=\frac{2}{3}(x^2+6x+9-9)+5$
$=\frac{2}{3}(x+3)^2-1$
③ $y=\frac{2}{3}(x-3)^2+1=\frac{2}{3}x^2-4x+7$

5-2 ① $y=-\frac{2}{3}x^2-8x+4$
$=-\frac{2}{3}(x^2+12x+36-36)+4$
$=-\frac{2}{3}(x+6)^2+28$
③ $y=-\frac{2}{3}(x+9)^2+32=-\frac{2}{3}x^2-12x-22$

STEP 2

기본연산 집중연습 | 01~02

p. 129~p. 130

1-1 ①–㉡, ②–㉢, ③–㉠
1-2 ①–㉢, ②–㉠, ③–㉡
2-1 (1) $2(x-3)^2-7$ (2) $(3, -7)$ (3) $x=3$ (4) 2, 8, 4
2-2 (1) $-\frac{1}{4}(x-4)^2-2$ (2) $(4, -2)$ (3) $x=4$ (4) $-\frac{1}{4}$, 2

1-1 ① $y=-x^2+2x+3$
$=-(x^2-2x+1-1)+3$
$=-(x-1)^2+4$
② $y=2x^2+16x+32$
$=2(x^2+8x+16-16)+32$
$=2(x+4)^2$
③ $y=\frac{3}{2}x^2-6x+4$
$=\frac{3}{2}(x^2-4x+4-4)+4$
$=\frac{3}{2}(x-2)^2-2$

1-2 ① $y=2x^2+12x+10$
$=2(x^2+6x+9-9)+10$
$=2(x+3)^2-8$
② $y=-x^2+6x-11$
$=-(x^2-6x+9-9)-11$
$=-(x-3)^2-2$
③ $y=-\frac{7}{4}x^2+7x+1$
$=-\frac{7}{4}(x^2-4x+4-4)+1$
$=-\frac{7}{4}(x-2)^2+8$

2-1 (1) $y=2x^2-12x+11$
$=2(x^2-6x+9-9)+11$
$=2(x-3)^2-7$
(4) 꼭짓점의 좌표는
$(3, -7) \longrightarrow (3-1, -7+3)$, 즉 $(2, -4)$
따라서 평행이동한 그래프가 나타내는 이차함수의 식은
$y=2(x-2)^2-4=2x^2-8x+4$

2-2 (1) $y=-\frac{1}{4}x^2+2x-6$
$=-\frac{1}{4}(x^2-8x+16-16)-6$
$=-\frac{1}{4}(x-4)^2-2$
(4) 꼭짓점의 좌표는
$(4, -2) \longrightarrow (4-2, -2+5)$, 즉 $(2, 3)$
따라서 평행이동한 그래프가 나타내는 이차함수의 식은
$y=-\frac{1}{4}(x-2)^2+3=-\frac{1}{4}x^2+x+2$

STEP 1

03 이차함수의 식 구하기(1)

p. 131~p. 132

1-1 ① 1 ② 1, 3, 1, 4 ③ 4, 1, 4, 8, 3
1-2 $3, y=-\frac{1}{4}x^2+\frac{3}{2}x-\frac{9}{4}$ **1-3** $2, y=-x^2+2$
2-1 $y=-\frac{1}{3}x^2+2x+1$ **2-2** $y=x^2-4x+5$
3-1 $-3, 3, y=-\frac{2}{3}x^2-4x-6$
3-2 $y=\frac{1}{2}x^2-2x+2$
4-1 $y=x^2+4x+5$ **4-2** $y=-\frac{5}{4}x^2+4$
5-1 $y=x^2-4x-1$ **5-2** $y=-3x^2+6x-1$

1-2 $y=a(x-3)^2$에 $x=1, y=-1$을 대입하면
$-1=a(1-3)^2$, $-1=4a$ $\therefore a=-\frac{1}{4}$
따라서 구하는 이차함수의 식은
$y=-\frac{1}{4}(x-3)^2=-\frac{1}{4}x^2+\frac{3}{2}x-\frac{9}{4}$

1-3 $y=ax^2+2$에 $x=2, y=-2$를 대입하면
$-2=a\times2^2+2$, $-4=4a$ $\therefore a=-1$
따라서 구하는 이차함수의 식은
$y=-x^2+2$

2-1 $y=a(x-3)^2+4$에 $x=6, y=1$을 대입하면
$1=a(6-3)^2+4$, $-3=9a$ $\therefore a=-\frac{1}{3}$
따라서 구하는 이차함수의 식은
$y=-\frac{1}{3}(x-3)^2+4=-\frac{1}{3}x^2+2x+1$

2-2 $y=a(x-2)^2+1$에 $x=3, y=2$를 대입하면
$2=a(3-2)^2+1$ $\therefore a=1$
따라서 구하는 이차함수의 식은
$y=(x-2)^2+1=x^2-4x+5$

3-1 $y=a(x+3)^2$에 $x=0, y=-6$을 대입하면
$-6=a(0+3)^2$, $-6=9a$ $\therefore a=-\frac{2}{3}$
따라서 구하는 이차함수의 식은
$y=-\frac{2}{3}(x+3)^2=-\frac{2}{3}x^2-4x-6$

3-2 꼭짓점의 좌표가 $(2, 0)$이고 점 $(0, 2)$를 지나는 포물선이므로
$y=a(x-2)^2$에 $x=0, y=2$를 대입하면
$2=a(0-2)^2$, $2=4a$ $\therefore a=\frac{1}{2}$
따라서 구하는 이차함수의 식은
$y=\frac{1}{2}(x-2)^2=\frac{1}{2}x^2-2x+2$

4-1 꼭짓점의 좌표가 $(-2, 1)$이고 점 $(0, 5)$를 지나는 포물선이므로

$y=a(x+2)^2+1$에 $x=0$, $y=5$를 대입하면

$5=a(0+2)^2+1$, $4=4a$ $\therefore a=1$

따라서 구하는 이차함수의 식은

$y=(x+2)^2+1=x^2+4x+5$

4-2 꼭짓점의 좌표가 $(0, 4)$이고 점 $(-2, -1)$을 지나는 포물선이므로

$y=ax^2+4$에 $x=-2$, $y=-1$을 대입하면

$-1=a\times(-2)^2+4$, $-5=4a$ $\therefore a=-\frac{5}{4}$

따라서 구하는 이차함수의 식은

$y=-\frac{5}{4}x^2+4$

5-1 꼭짓점의 좌표가 $(2, -5)$이고 점 $(0, -1)$을 지나는 포물선이므로

$y=a(x-2)^2-5$에 $x=0$, $y=-1$을 대입하면

$-1=a(0-2)^2-5$, $4=4a$ $\therefore a=1$

따라서 구하는 이차함수의 식은

$y=(x-2)^2-5=x^2-4x-1$

5-2 꼭짓점의 좌표가 $(1, 2)$이고 점 $(0, -1)$을 지나는 포물선이므로

$y=a(x-1)^2+2$에 $x=0$, $y=-1$을 대입하면

$-1=a(0-1)^2+2$ $\therefore a=-3$

따라서 구하는 이차함수의 식은

$y=-3(x-1)^2+2=-3x^2+6x-1$

04 이차함수의 식 구하기(2)

p. 133~p. 134

1-1 ① 3 ② 3, 4, -9, $-\frac{1}{2}$, -1 ③ $-\frac{1}{2}$, $-\frac{1}{2}$, 3

1-2	$y=3x^2-5$	**1-3**	2, $y=5x^2+20x+21$
2-1	$y=-x^2+4x-3$	**2-2**	$y=x^2+2x-3$
3-1	-2, 2, $y=\frac{1}{2}x^2+2x-2$	**3-2**	$y=-x^2+8x-10$
4-1	$y=2x^2-4x+3$	**4-2**	$y=-\frac{3}{2}x^2-6x$
5-1	$y=\frac{2}{3}x^2-4x+4$	**5-2**	$y=-\frac{1}{4}x^2-3x-8$

1-2 $y=ax^2+q$에 두 점의 좌표를 각각 대입하면

$-2=a+q$ ……㉠

$7=4a+q$ ……㉡

㉠, ㉡을 연립하여 풀면 $a=3$, $q=-5$

따라서 구하는 이차함수의 식은

$y=3x^2-5$

1-3 $y=a(x+2)^2+q$에 두 점의 좌표를 각각 대입하면

$6=a+q$ ……㉠

$1=q$ ……㉡

㉠, ㉡을 연립하여 풀면 $a=5$, $q=1$

따라서 구하는 이차함수의 식은

$y=5(x+2)^2+1=5x^2+20x+21$

2-1 $y=a(x-2)^2+q$에 두 점의 좌표를 각각 대입하면

$0=a+q$ ……㉠

$-8=9a+q$ ……㉡

㉠, ㉡을 연립하여 풀면 $a=-1$, $q=1$

따라서 구하는 이차함수의 식은

$y=-(x-2)^2+1=-x^2+4x-3$

2-2 $y=a(x+1)^2+q$에 두 점의 좌표를 각각 대입하면

$0=4a+q$ ……㉠

$5=9a+q$ ……㉡

㉠, ㉡을 연립하여 풀면 $a=1$, $q=-4$

따라서 구하는 이차함수의 식은

$y=(x+1)^2-4=x^2+2x-3$

3-1 $y=a(x+2)^2+q$에 두 점의 좌표를 각각 대입하면

$4=16a+q$ ……㉠

$-2=4a+q$ ……㉡

㉠, ㉡을 연립하여 풀면 $a=\frac{1}{2}$, $q=-4$

따라서 구하는 이차함수의 식은

$y=\frac{1}{2}(x+2)^2-4=\frac{1}{2}x^2+2x-2$

3-2 축의 방정식이 $x=4$이고 두 점 $(0, -10)$, $(2, 2)$를 지나는 포물선이므로

$y=a(x-4)^2+q$에 두 점의 좌표를 각각 대입하면

$-10=16a+q$ ……㉠

$2=4a+q$ ……㉡

㉠, ㉡을 연립하여 풀면 $a=-1$, $q=6$

따라서 구하는 이차함수의 식은

$y=-(x-4)^2+6=-x^2+8x-10$

4-1 축의 방정식이 $x=1$이고 두 점 $(0, 3)$, $(3, 9)$를 지나는 포물선이므로

$y=a(x-1)^2+q$에 두 점의 좌표를 각각 대입하면

$3=a+q$ ……㉠

$9=4a+q$ ……㉡

㉠, ㉡을 연립하여 풀면 $a=2$, $q=1$

따라서 구하는 이차함수의 식은

$y=2(x-1)^2+1=2x^2-4x+3$

4-2 축의 방정식이 $x=-2$이고 두 점 $\left(-3, \frac{9}{2}\right)$, $(0, 0)$을 지나는 포물선이므로
$y=a(x+2)^2+q$에 두 점의 좌표를 각각 대입하면
$\frac{9}{2}=a+q$ ……㉠
$0=4a+q$ ……㉡
㉠, ㉡을 연립하여 풀면 $a=-\frac{3}{2}$, $q=6$
따라서 구하는 이차함수의 식은
$y=-\frac{3}{2}(x+2)^2+6=-\frac{3}{2}x^2-6x$

5-1 축의 방정식이 $x=3$이고 두 점 $(0, 4)$, $\left(5, \frac{2}{3}\right)$를 지나는 포물선이므로
$y=a(x-3)^2+q$에 두 점의 좌표를 각각 대입하면
$4=9a+q$ ……㉠
$\frac{2}{3}=4a+q$ ……㉡
㉠, ㉡을 연립하여 풀면 $a=\frac{2}{3}$, $q=-2$
따라서 구하는 이차함수의 식은
$y=\frac{2}{3}(x-3)^2-2=\frac{2}{3}x^2-4x+4$

5-2 축의 방정식이 $x=-6$이고 두 점 $(-4, 0)$, $(0, -8)$을 지나는 포물선이므로
$y=a(x+6)^2+q$에 두 점의 좌표를 각각 대입하면
$0=4a+q$ ……㉠
$-8=36a+q$ ……㉡
㉠, ㉡을 연립하여 풀면 $a=-\frac{1}{4}$, $q=1$
따라서 구하는 이차함수의 식은
$y=-\frac{1}{4}(x+6)^2+1=-\frac{1}{4}x^2-3x-8$

05 이차함수의 식 구하기(3) p. 135~p. 136

1-1 $-1, -3, 2, -x^2-3x+2$
1-2 $y=x^2-6x+8$ **1-3** $y=3x^2-15x+12$
2-1 $y=\frac{1}{4}x^2-x-3$ **2-2** $y=2x^2-x+1$
3-1 $8, 1, -4, y=x^2-8x+8$ **3-2** $y=-2x^2+3x+2$
4-1 $y=-\frac{3}{8}x^2+\frac{3}{4}x+3$ **4-2** $y=\frac{1}{2}x^2+2x-2$
5-1 $y=-2x^2-8x-5$ **5-2** $y=\frac{1}{3}x^2-\frac{7}{3}x+2$

1-2 $y=ax^2+bx+c$에 세 점의 좌표를 각각 대입하면
$8=c$ ……㉠
$0=4a+2b+c$ ……㉡
$3=25a+5b+c$ ……㉢
㉠, ㉡, ㉢을 연립하여 풀면 $a=1$, $b=-6$, $c=8$
따라서 구하는 이차함수의 식은
$y=x^2-6x+8$

1-3 $y=ax^2+bx+c$에 세 점의 좌표를 각각 대입하면
$12=c$ ……㉠
$0=a+b+c$ ……㉡
$-6=4a+2b+c$ ……㉢
㉠, ㉡, ㉢을 연립하여 풀면 $a=3$, $b=-15$, $c=12$
따라서 구하는 이차함수의 식은
$y=3x^2-15x+12$

2-1 $y=ax^2+bx+c$에 세 점의 좌표를 각각 대입하면
$0=4a-2b+c$ ……㉠
$-3=c$ ……㉡
$-4=4a+2b+c$ ……㉢
㉠, ㉡, ㉢을 연립하여 풀면 $a=\frac{1}{4}$, $b=-1$, $c=-3$
따라서 구하는 이차함수의 식은
$y=\frac{1}{4}x^2-x-3$

2-2 $y=ax^2+bx+c$에 세 점의 좌표를 각각 대입하면
$4=a-b+c$ ……㉠
$1=c$ ……㉡
$2=a+b+c$ ……㉢
㉠, ㉡, ㉢을 연립하여 풀면 $a=2$, $b=-1$, $c=1$
따라서 구하는 이차함수의 식은
$y=2x^2-x+1$

3-1 $y=ax^2+bx+c$에 세 점의 좌표를 각각 대입하면
$8=c$ ……㉠
$1=a+b+c$ ……㉡
$-4=36a+6b+c$ ……㉢
㉠, ㉡, ㉢을 연립하여 풀면 $a=1$, $b=-8$, $c=8$
따라서 구하는 이차함수의 식은
$y=x^2-8x+8$

3-2 세 점 $(-1, -3)$, $(0, 2)$, $(2, 0)$을 지나는 포물선이므로
$y=ax^2+bx+c$에 세 점의 좌표를 각각 대입하면
$-3=a-b+c$ ……㉠
$2=c$ ……㉡
$0=4a+2b+c$ ……㉢

㉠, ㉡, ㉢을 연립하여 풀면 $a=-2$, $b=3$, $c=2$
따라서 구하는 이차함수의 식은
$y=-2x^2+3x+2$

4-1 세 점 $(-2, 0)$, $(0, 3)$, $(2, 3)$을 지나는 포물선이므로
$y=ax^2+bx+c$에 세 점의 좌표를 각각 대입하면
$0=4a-2b+c$ ……㉠
$3=c$ ……㉡
$3=4a+2b+c$ ……㉢
㉠, ㉡, ㉢을 연립하여 풀면 $a=-\frac{3}{8}$, $b=\frac{3}{4}$, $c=3$
따라서 구하는 이차함수의 식은
$y=-\frac{3}{8}x^2+\frac{3}{4}x+3$

4-2 세 점 $(-6, 4)$, $(-4, -2)$, $(0, -2)$를 지나는 포물선이므로
$y=ax^2+bx+c$에 세 점의 좌표를 각각 대입하면
$4=36a-6b+c$ ……㉠
$-2=16a-4b+c$ ……㉡
$-2=c$ ……㉢
㉠, ㉡, ㉢을 연립하여 풀면 $a=\frac{1}{2}$, $b=2$, $c=-2$
따라서 구하는 이차함수의 식은
$y=\frac{1}{2}x^2+2x-2$

5-1 세 점 $(-4, -5)$, $(-3, 1)$, $(0, -5)$를 지나는 포물선이므로
$y=ax^2+bx+c$에 세 점의 좌표를 각각 대입하면
$-5=16a-4b+c$ ……㉠
$1=9a-3b+c$ ……㉡
$-5=c$ ……㉢
㉠, ㉡, ㉢을 연립하여 풀면 $a=-2$, $b=-8$, $c=-5$
따라서 구하는 이차함수의 식은
$y=-2x^2-8x-5$

5-2 세 점 $(0, 2)$, $(3, -2)$, $(6, 0)$을 지나는 포물선이므로
$y=ax^2+bx+c$에 세 점의 좌표를 각각 대입하면
$2=c$ ……㉠
$-2=9a+3b+c$ ……㉡
$0=36a+6b+c$ ……㉢
㉠, ㉡, ㉢을 연립하여 풀면 $a=\frac{1}{3}$, $b=-\frac{7}{3}$, $c=2$
따라서 구하는 이차함수의 식은
$y=\frac{1}{3}x^2-\frac{7}{3}x+2$

06 이차함수의 식 구하기(4)

p. 137~p. 138

1-1 ② -2 ③ $-2, -2, 2, 24$
1-2 $y=-x^2+4x+5$ **1-3** $y=x^2-4x+3$
2-1 $y=-\frac{1}{2}x^2-\frac{1}{2}x+3$ **2-2** $y=\frac{3}{4}x^2+6x+9$
3-1 $5, 1, y=x^2+2x-3$ **3-2** $y=\frac{2}{3}x^2+\frac{4}{3}x-2$
4-1 $y=-x^2+2x+8$ **4-2** $y=-\frac{1}{4}x^2+\frac{5}{4}x-1$
5-1 $y=\frac{2}{5}x^2-\frac{8}{5}x-2$ **5-2** $y=2x^2-8x+6$

1-2 $y=a(x+1)(x-5)$에 $x=0$, $y=5$를 대입하면
$5=-5a$ $\therefore a=-1$
따라서 구하는 이차함수의 식은
$y=-(x+1)(x-5)=-x^2+4x+5$

1-3 $y=a(x-1)(x-3)$에 $x=2$, $y=-1$을 대입하면
$-1=-a$ $\therefore a=1$
따라서 구하는 이차함수의 식은
$y=(x-1)(x-3)=x^2-4x+3$

2-1 $y=a(x-2)(x+3)$에 $x=0$, $y=3$을 대입하면
$3=-6a$ $\therefore a=-\frac{1}{2}$
따라서 구하는 이차함수의 식은
$y=-\frac{1}{2}(x-2)(x+3)=-\frac{1}{2}x^2-\frac{1}{2}x+3$

2-2 $y=a(x+6)(x+2)$에 $x=0$, $y=9$를 대입하면
$9=12a$ $\therefore a=\frac{3}{4}$
따라서 구하는 이차함수의 식은
$y=\frac{3}{4}(x+6)(x+2)=\frac{3}{4}x^2+6x+9$

3-1 $y=a(x+3)(x-1)$에 $x=2$, $y=5$를 대입하면
$5=5a$ $\therefore a=1$
따라서 구하는 이차함수의 식은
$y=(x+3)(x-1)=x^2+2x-3$

3-2 x축과 두 점 $(-3, 0)$, $(1, 0)$에서 만나고 한 점 $(0, -2)$를 지나는 포물선이므로
$y=a(x+3)(x-1)$에 $x=0$, $y=-2$를 대입하면
$-2=-3a$ $\therefore a=\frac{2}{3}$
따라서 구하는 이차함수의 식은
$y=\frac{2}{3}(x+3)(x-1)=\frac{2}{3}x^2+\frac{4}{3}x-2$

4-1 x축과 두 점 $(-2, 0)$, $(4, 0)$에서 만나고 한 점 $(0, 8)$을 지나는 포물선이므로
$y=a(x+2)(x-4)$에 $x=0, y=8$을 대입하면
$8=-8a$ $\quad\therefore a=-1$
따라서 구하는 이차함수의 식은
$y=-(x+2)(x-4)=-x^2+2x+8$

4-2 x축과 두 점 $(1, 0)$, $(4, 0)$에서 만나고 한 점 $(0, -1)$을 지나는 포물선이므로
$y=a(x-1)(x-4)$에 $x=0, y=-1$을 대입하면
$-1=4a$ $\quad\therefore a=-\frac{1}{4}$
따라서 구하는 이차함수의 식은
$y=-\frac{1}{4}(x-1)(x-4)=-\frac{1}{4}x^2+\frac{5}{4}x-1$

5-1 x축과 두 점 $(-1, 0)$, $(5, 0)$에서 만나고 한 점 $(0, -2)$를 지나는 포물선이므로
$y=a(x+1)(x-5)$에 $x=0, y=-2$를 대입하면
$-2=-5a$ $\quad\therefore a=\frac{2}{5}$
따라서 구하는 이차함수의 식은
$y=\frac{2}{5}(x+1)(x-5)=\frac{2}{5}x^2-\frac{8}{5}x-2$

5-2 x축과 두 점 $(1, 0)$, $(3, 0)$에서 만나고 한 점 $(0, 6)$을 지나는 포물선이므로
$y=a(x-1)(x-3)$에 $x=0, y=6$을 대입하면
$6=3a$ $\quad\therefore a=2$
따라서 구하는 이차함수의 식은
$y=2(x-1)(x-3)=2x^2-8x+6$

07 이차함수 $y=ax^2+bx+c$에서 a, b, c의 부호

p. 139~p. 140

1-1	$>, <, <$	**1-2**	$<, <, >$
2-1	$>, >, >$	**2-2**	$<, <, <$
3-1	$<, >, =$	**3-2**	$>, <, =$
4-1	$<, >, <$	**4-2**	$>, <, >$

2-1 그래프가 아래로 볼록하므로 $a>0$
축이 y축의 왼쪽에 있으므로 a, b는 같은 부호이다.
$\therefore b>0$
y축과의 교점이 x축보다 위쪽에 있으므로 $c>0$

2-2 그래프가 위로 볼록하므로 $a<0$
축이 y축의 왼쪽에 있으므로 a, b는 같은 부호이다.
$\therefore b<0$
y축과의 교점이 x축보다 아래쪽에 있으므로 $c<0$

3-1 그래프가 위로 볼록하므로 $a<0$
축이 y축의 오른쪽에 있으므로 a, b는 다른 부호이다.
$\therefore b>0$
y축과의 교점이 원점이므로 $c=0$

3-2 그래프가 아래로 볼록하므로 $a>0$
축이 y축의 오른쪽에 있으므로 a, b는 다른 부호이다.
$\therefore b<0$
y축과의 교점이 원점이므로 $c=0$

4-1 그래프가 위로 볼록하므로 $a<0$
축이 y축의 오른쪽에 있으므로 a, b는 다른 부호이다.
$\therefore b>0$
y축과의 교점이 x축보다 아래쪽에 있으므로 $c<0$

4-2 그래프가 아래로 볼록하므로 $a>0$
축이 y축의 오른쪽에 있으므로 a, b는 다른 부호이다.
$\therefore b<0$
y축과의 교점이 x축보다 위쪽에 있으므로 $c>0$

STEP 2

기본연산 집중연습 | 03~07

p. 141~p. 142

1-1	$y=-x^2-2x+1$	**1-2**	$y=x^2-6x+5$
1-3	$y=3x^2-x-4$	**1-4**	$y=-\frac{3}{4}x^2-\frac{3}{2}x+6$
2	여름		
3-1	$>, >, >$	**3-2**	$>, <, >$
3-3	$<, <, >$	**3-4**	$<, >, <$

준태

1-1 $y=a(x+1)^2+2$에 $x=0, y=1$을 대입하면
$1=a+2$ $\quad\therefore a=-1$
따라서 구하는 이차함수의 식은
$y=-(x+1)^2+2=-x^2-2x+1$

1-2 $y=a(x-3)^2+q$에 두 점의 좌표를 각각 대입하면

$5=9a+q$ ······㉠

$0=4a+q$ ······㉡

㉠, ㉡을 연립하여 풀면 $a=1$, $q=-4$

따라서 구하는 이차함수의 식은

$y=(x-3)^2-4=x^2-6x+5$

1-3 $y=ax^2+bx+c$에 세 점의 좌표를 각각 대입하면

$-4=c$ ······㉠

$-2=a+b+c$ ······㉡

$6=4a+2b+c$ ······㉢

㉠, ㉡, ㉢을 연립하여 풀면 $a=3$, $b=-1$, $c=-4$

따라서 구하는 이차함수의 식은

$y=3x^2-x-4$

1-4 $y=a(x+4)(x-2)$에 $x=0$, $y=6$을 대입하면

$6=-8a \quad \therefore a=-\frac{3}{4}$

따라서 구하는 이차함수의 식은

$y=-\frac{3}{4}(x+4)(x-2)=-\frac{3}{4}x^2-\frac{3}{2}x+6$

2 $y=a(x+2)^2+4$에 $x=0$, $y=3$을 대입하면

$3=4a+4$, $4a=-1 \quad \therefore a=-\frac{1}{4}$

따라서 구하는 이차함수의 식은

$y=-\frac{1}{4}(x+2)^2+4=-\frac{1}{4}x^2-x+3$

3-1 그래프가 아래로 볼록하므로 $a>0$

축이 y축의 왼쪽에 있으므로 a, b는 같은 부호이다.

$\therefore b>0$

y축과의 교점이 x축보다 위쪽에 있으므로 $c>0$

3-2 그래프가 아래로 볼록하므로 $a>0$

축이 y축의 오른쪽에 있으므로 a, b는 다른 부호이다.

$\therefore b<0$

y축과의 교점이 x축보다 위쪽에 있으므로 $c>0$

3-3 그래프가 위로 볼록하므로 $a<0$

축이 y축의 왼쪽에 있으므로 a, b는 같은 부호이다.

$\therefore b<0$

y축과의 교점이 x축보다 위쪽에 있으므로 $c>0$

3-4 그래프가 위로 볼록하므로 $a<0$

축이 y축의 오른쪽에 있으므로 a, b는 다른 부호이다.

$\therefore b>0$

y축과의 교점이 x축보다 아래쪽에 있으므로 $c<0$

STEP 3

기본연산 테스트

p. 143~p. 144

1 (가) 6 (나) 9 (다) 3 (라) 3 (마) 2

2 (1) 꼭짓점의 좌표 : $(3, 5)$, 축의 방정식 : $x=3$

(2) 꼭짓점의 좌표 : $(-1, -7)$, 축의 방정식 : $x=-1$

(3) 꼭짓점의 좌표 : $\left(1, -\frac{7}{2}\right)$, 축의 방정식 : $x=1$

3 ㉠, ㉢, ㉣, ㉤

4 (1) $y=2x^2-8x+7$ (2) $y=-3x^2+6$

5 (1) $a=-1, b=4, c=3$ (2) $a=2, b=4, c=0$

(3) $a=-2, b=4, c=4$ (4) $a=\frac{1}{2}, b=\frac{3}{2}, c=-2$

6 (1) $a>0, b>0, c=0$ (2) $a<0, b<0, c=0$

(3) $a<0, b>0, c>0$ (4) $a>0, b<0, c>0$

---

1 $y=\frac{1}{3}x^2+2x+5$

$=\frac{1}{3}(x^2+\boxed{(가)\ 6}\,x)+5$

$=\frac{1}{3}(x^2+\boxed{(가)\ 6}\,x+\boxed{(나)\ 9}-\boxed{(나)\ 9})+5$

$=\frac{1}{3}(x+\boxed{(다)\ 3})^2-\boxed{(라)\ 3}+5$

$=\frac{1}{3}(x+\boxed{(다)\ 3})^2+\boxed{(마)\ 2}$

2 (1) $y=-x^2+6x-4$

$=-(x^2-6x+9-9)-4$

$=-(x-3)^2+5$

(2) $y=2x^2+4x-5$

$=2(x^2+2x+1-1)-5$

$=2(x+1)^2-7$

(3) $y=-\frac{1}{2}x^2+x-4$

$=-\frac{1}{2}(x^2-2x+1-1)-4$

$=-\frac{1}{2}(x-1)^2-\frac{7}{2}$

3 $y=-\frac{1}{4}x^2+x+2$

$=-\frac{1}{4}(x^2-4x+4-4)+2$

$=-\frac{1}{4}(x-2)^2+3$

㉡ 꼭짓점의 좌표는 $(2, 3)$이다.

㉥ $y=-\frac{1}{4}x^2+x+2$에 $x=4$, $y=-2$를 대입하면

$-2\neq-\frac{1}{4}\times4^2+4+2$

따라서 $y=-\frac{1}{4}x^2+x+2$의 그래프는 점 $(4, -2)$를 지나지 않는다.

4 (1) $y=2x^2-4x+5$

$=2(x^2-2x+1-1)+5$

$=2(x-1)^2+3$

꼭짓점의 좌표는

$(1, 3) \longrightarrow (1+1, 3-4)$, 즉 $(2, -1)$

따라서 평행이동한 그래프가 나타내는 이차함수의 식은

$y=2(x-2)^2-1=2x^2-8x+7$

(2) $y=-3x^2+12x-11$

$=-3(x^2-4x+4-4)-11$

$=-3(x-2)^2+1$

꼭짓점의 좌표는

$(2, 1) \longrightarrow (2-2, 1+5)$, 즉 $(0, 6)$

따라서 평행이동한 그래프가 나타내는이차함수의 식은

$y=-3x^2+6$

(3) 세 점 $(-1, -2)$, $(0, 4)$, $(2, 4)$를 지나는 포물선이므로

$y=ax^2+bx+c$에 세 점의 좌표를 각각 대입하면

$-2=a-b+c$ ……㉠

$4=c$ ……㉡

$4=4a+2b+c$ ……㉢

㉠, ㉡, ㉢을 연립하여 풀면 $a=-2$, $b=4$, $c=4$

(4) x축과 두 점 $(-4, 0)$, $(1, 0)$에서 만나고 한 점 $(0, -2)$를 지나는 포물선이므로

$y=a(x+4)(x-1)$에 $x=0$, $y=-2$를 대입하면

$-2=-4a$ $\therefore a=\frac{1}{2}$

따라서 구하는 이차함수의 식은

$y=\frac{1}{2}(x+4)(x-1)=\frac{1}{2}x^2+\frac{3}{2}x-2$이므로

$a=\frac{1}{2}$, $b=\frac{3}{2}$, $c=-2$

5 (1) 꼭짓점의 좌표가 $(2, 7)$이고 한 점 $(0, 3)$을 지나는 포물선이므로

$y=a(x-2)^2+7$에 $x=0$, $y=3$을 대입하면

$3=4a+7$, $4a=-4$ $\therefore a=-1$

따라서 구하는 이차함수의 식은

$y=-(x-2)^2+7=-x^2+4x+3$이므로

$a=-1$, $b=4$, $x=3$

(2) 축의 방정식이 $x=-1$이고 두 점 $(0, 0)$, $(1, 6)$을 지나는 포물선이므로

$y=a(x+1)^2+q$에 두 점의 좌표를 각각 대입하면

$0=a+q$ ……㉠

$6=4a+q$ ……㉡

㉠, ㉡을 연립하여 풀면 $a=2$, $q=-2$

따라서 구하는 이차함수의 식은

$y=2(x+1)^2-2=2x^2+4x$이므로

$a=2$, $b=4$, $c=0$

6 (1) 그래프가 아래로 볼록하므로 $a>0$

축이 y축의 왼쪽에 있으므로 a, b는 같은 부호이다.

$\therefore b>0$

y축과의 교점이 원점이므로 $c=0$

(2) 그래프가 위로 볼록하므로 $a<0$

축이 y축의 왼쪽에 있으므로 a, b는 같은 부호이다.

$\therefore b<0$

y축과의 교점이 원점이므로 $c=0$

(3) 그래프가 위로 볼록하므로 $a<0$

축이 y축의 오른쪽에 있으므로 a, b는 다른 부호이다.

$\therefore b>0$

y축과의 교점이 x축보다 위쪽에 있으므로 $c>0$

(4) 그래프가 아래로 볼록하므로 $a>0$

축이 y축의 오른쪽에 있으므로 a, b는 다른 부호이다.

$\therefore b<0$

y축과의 교점이 x축보다 위쪽에 있으므로 $c>0$

메모

MEMO

메모

MEMO

중학 연산의 빅데이터

빅터 연산